全国高等农林院校"十三五"规划教材
国家级实验教学示范中心教材
国家级卓越农林人才教育培养计划改革试点项目教材

预防兽医学实验

第二版

曾显成　殷光文　主编

中国农业出版社

编写人员名单

主编 曾显成 殷光文
参编（按姓氏笔画为序）
　　王　松
　　吴异健
　　殷光文
　　曾显成

第二版前言

为了适应国家、科技和社会发展以及高等学校发展改革对高素质人才的需求，福建农林大学动物医学专业先后进行了多项专业建设，如国家级实验教学示范中心、国家特色专业、国家卓越农林人才教育培养计划（复合应用型）、福建省特色专业、福建省专业综合改革试点、福建省人才培养模式创新实验区、福建省专业群试点项目等。在专业建设过程中，坚持"以人为本，德育为先，能力为重，全面发展"的教育理念，以着力提高学生的专业素质、知识应用能力、实践能力、创业和创新能力为核心，对人才培养模式、专业培养方案、课程设置和学时数等进行了调整。在此基础上，依托国家级实验教学示范中心，对相关实验课程进行整合和改革，科学处理了学科间的交叉和融合问题，加强了学生创新能力和动手能力的培养，经过一段时间的探索与改革实践后，编写了动物医学专业实验教材。

该教材的初版经过5年试用，基本上能满足课程教学的需要，但在教学过程中仍发现了一些不足之处。同时，由于实验内容的更新以及新诊断仪器的不断出现，因此有必要对该教材进行修订。

本次修订的重点是补充了病原分子生物学实验技术，如病毒的Western blotting实验、病毒的实时荧光定量检测、病毒的单克隆抗体制备、病毒的金标技术、鸡球虫病PCR检测、鸡球虫抗原的Western blotting检测等。同时，在寄生虫实验中增加了一些图谱，以更新实验内容、提高学生实践技能。实验一、五、十二、六十一由吴异健修订，实验二、六、十五、六十四由王松修订，实验二十七至三十二、五十三至五十九、六十六至六十八由殷光文修订，其他实验均由曾显成修订，书稿完成后由曾显成统稿。

本书在编写与出版过程中，得到了中国农业出版社的大力帮助，得到了福建农林大学动物科学学院院长陈吉龙教授、池有忠书记和福建农林大学教务处的大力支持，得到了福建农林大学教材出版基金的资助。同时还得到了福建农林大学陈家祥老师、陈琳老师的全力支持，他们不辞辛苦，对本书内容进行了仔细审阅，并提出许多建设性的意见和建议，在此一并致以由衷感谢。在编写过程中参阅和引用文献资料，在此谨向原作者表示衷心的感谢。

由于业务水平有限，书中不妥之处在所难免，恳请广大读者批评指正。

编　者
2018年3月于福建农林大学

第一版前言

实验教学是培养创新型人才的必要途径。实验技术是保障实验教学和科学研究工作顺利进行的条件,也是学生动手能力和创新思维培养的基础。为了适应我国动物医学高等教育的改革和现代动物医学实验教学改革的需要,结合国家实验教学示范中心的建设要求,构建了有利于培养学生实践能力和创新能力的实验教学体系,并按照课程体系设置,编写实验教材。

《预防兽医学实验》的编写是围绕培养目标,突出特色,注重实际操作,体现科学规范性和简明扼要性,遵照由提高动手能力到培养创新思维的宗旨设置教材内容。该书系统介绍预防兽医临床各学科(兽医微生物学、兽医传染病学、兽医寄生虫学、兽医免疫学)在学习过程中应该掌握的主要实验,每个实验基本内容包括实验目的、实验原理、实验准备(包括仪器、实验材料、试剂)、实验方法或操作、注意事项和思考题。在编写过程中力求做到学生能够按照实验指导方法自行完成实验;操作过程中可能遇到的问题要详细,要有解决的办法;注意事项要有针对性。这是本书编写的特色,目的是突出同学"自行"完成实验。

本书的编者是来自兽医临床教学和科研第一线的教师,具有丰富的教学实践经验。在编写与出版过程中,得到福建农林大学副校长黄一帆教授、福建农林大学动物科学学院院长王寿昆教授、张文昌教授的大力支持;在资料收集过程中得到了曾显成老师和陈琳老师的全力帮助,在此致以由衷感谢。在编写过程中参阅和引用文献资料,在此谨向原作者表示衷心的感谢。

由于业务水平有限,书中不妥之处在所难免,恳请广大读者批评指正。

编 者

2010 年 10 月于福建农林大学

目 录

第二版前言
第一版前言

第一章　基础性实验 ·· 1

实验一　细菌培养基的制备及灭菌技术 ·· 1
实验二　细菌的分离培养及培养性状观察 ·· 4
实验三　细菌的涂片制备、革兰染色、镜检 ·· 9
实验四　细菌的生化试验 ·· 12
实验五　细菌的药敏试验 ·· 17
实验六　细菌的平板菌落计数法 ··· 20
实验七　厌氧菌的分离培养 ··· 22
实验八　常见细胞培养基的配制 ··· 26
实验九　原代细胞培养 ··· 28
实验十　传代细胞培养 ··· 31
实验十一　病毒半数组织感染剂量（$TCID_{50}$）的测定 ···································· 34
实验十二　病毒的中和试验 ··· 37
实验十三　病毒的鸡胚培养 ··· 40
实验十四　病毒的血凝及血凝抑制试验 ·· 43
实验十五　病毒的电子显微镜观察 ·· 47
实验十六　巨噬细胞体内（外）吞噬试验 ··· 49
实验十七　T 淋巴细胞酸性 α-醋酸萘酯酶染色法 ··· 53
实验十八　E-玫瑰花环试验 ··· 55
实验十九　EA-玫瑰花环试验 ··· 58
实验二十　凝集试验 ·· 60
实验二十一　沉淀试验 ··· 64
实验二十二　间接血凝试验 ··· 66
实验二十三　酶联免疫吸附试验 ··· 70
实验二十四　荧光抗体染色 ··· 73
实验二十五　免疫胶体金标记技术 ·· 76
实验二十六　病毒的实时荧光定量 PCR 检测 ··· 79
实验二十七　畜禽常见吸虫病原、中间宿主的识别 ·· 81
实验二十八　绦虫的结构、分类及绦蚴的形态识别 ·· 90
实验二十九　畜禽常见线虫病、棘头虫病病原的形态识别 ································· 95

实验三十　寄生性蜱、螨、昆虫的形态识别 …… 100
实验三十一　畜禽常见原虫病病原识别 …… 104
实验三十二　蠕虫病实验室常规诊断技术 …… 108

第二章　综合性实验 …… 113

实验三十三　兽医卫生消毒及效果检验 …… 113
实验三十四　疫病检（监）测诊断样品的取材与送检 …… 117
实验三十五　动物的免疫接种与采血技术 …… 122
实验三十六　多克隆抗体（免疫血清）的制备 …… 125
实验三十七　病毒的单克隆抗体制备 …… 129
实验三十八　病毒的 Western blotting 技术 …… 136
实验三十九　病（死）鸡的剖检及实验室检查 …… 142
实验四十　大肠杆菌病的诊断 …… 148
实验四十一　巴氏杆菌病的诊断 …… 151
实验四十二　鸡新城疫的诊断 …… 154
实验四十三　牛结核病的检疫 …… 156
实验四十四　猪链球菌病的诊断 …… 158
实验四十五　猪瘟的诊断 …… 160
实验四十六　猪伪狂犬病 PCR 检测 …… 164
实验四十七　猪蓝耳病 RT-PCR 检测 …… 168
实验四十八　猪瘟抗体检（监）测与分析 …… 173
实验四十九　猪伪狂犬病 gE 抗体检（监）测与分析 …… 177
实验五十　鸡大肠杆菌油乳佐剂苗的制作 …… 180
实验五十一　鸡霍乱的诊断及组织灭活苗的制作 …… 183
实验五十二　病（死）猪的剖检及实验室检查 …… 186
实验五十三　寄生性蜱、螨、昆虫标本的采集 …… 189
实验五十四　寄生性蜱、螨、昆虫标本的制作和保存 …… 193
实验五十五　硬蜱科虫体属的鉴别 …… 197
实验五十六　鸡粪便中球虫卵囊的收集与纯化 …… 199
实验五十七　鸡球虫病 PCR 检测 …… 202
实验五十八　鸡球虫抗原的 Western blotting 检测 …… 206
实验五十九　鸡球虫子孢子的免疫荧光检测 …… 209

第三章　设计性实验 …… 213

实验六十　猪伪狂犬病毒人工感染动物实验 …… 213
实验六十一　规模化猪场猪瘟免疫程序及其免疫效果比较分析 …… 214
实验六十二　商品肉鸡新城疫不同免疫程序及其免疫效果比较分析 …… 214
实验六十三　鸡大肠杆菌的致病性及血清型鉴定 …… 215
实验六十四　猪链球菌 PCR 检测方法的建立及应用 …… 216

实验六十五　猪伪狂犬病病毒的分离鉴定及 gD 基因的序列分析 ………………… 216
实验六十六　动物园动物寄生虫感染种类及强度调查 …………………………… 218
实验六十七　动物弓形虫感染情况血清学调查 …………………………………… 218
实验六十八　鸡球虫人工感染鸡实验 ……………………………………………… 219

附录Ⅰ　预防兽医学实验基础 …………………………………………………………… 220

第一节　常用仪器的使用 …………………………………………………………… 220
第二节　常用器械的清洗、包扎和灭菌 …………………………………………… 230
第三节　常用染色液的配制及特殊染色法 ………………………………………… 233
第四节　常用试剂及缓冲液 ………………………………………………………… 236
第五节　常用培养基的制备 ………………………………………………………… 238
第六节　常用动物的采血技术 ……………………………………………………… 239

附录Ⅱ　预防兽医学综合实习安排参考 ……………………………………………… 242

附录Ⅲ　预防兽医学实验理论考试试卷 ……………………………………………… 245

附录Ⅳ　预防兽医学实验实践操作考试试卷 ………………………………………… 251

主要参考文献 ……………………………………………………………………………… 253

第一章 基础性实验

实验一 细菌培养基的制备及灭菌技术

一、实验目的

(1) 掌握一般培养基制备的基本原则和要求。
(2) 熟悉一般培养基制备的具体过程及注意事项。
(3) 了解高压蒸汽灭菌锅的工作原理。

二、实验原理

培养基是根据各类微生物生长繁殖的需要,用人工方法将多种物质配合而成的营养物,一般用来分离、培养、鉴定、保存各种微生物。由于微生物的种类不同,对营养物质的要求也各不相同,加之实验和研究的目的不同,所以培养基的种类很多。常用的培养基有基础培养基、增菌培养基、选择培养基、鉴别培养基和厌氧培养基,不同的培养基使用的原料不同。从营养角度分析,培养基中一般含有微生物所必需的碳源、氮源、无机盐、生长因子以及水分等。另外,培养基还应具有适宜的 pH、一定的缓冲能力、一定的氧化还原电位及合适的渗透压。

培养基的制备原则和要求如下。

(1) 培养基必须含有细菌生长繁殖所需要的营养物质。配制培养基所用的化学药品必须纯净,称取的质量务必准确。

(2) 培养基的酸碱度应符合细菌的生长要求。按各种培养基要求准确测定、调节 pH。多数细菌生长的适宜 pH 为 7.2~7.6,呈弱碱性。

(3) 培养基的灭菌时间和温度,应按照各种培养基的规定进行,以保证灭菌效果,又不导致培养基的营养成分被破坏和损失。培养基经灭菌后,必须置 37℃ 温箱中培养 24h,无细菌生长者方可应用。

(4) 保存培养基的器皿必须洁净,忌用铁质或钢质器皿,要求器皿内没有抑制细菌生长的物质存在。

(5) 制成的培养基应该是透明的,以便观察细菌的生长性状以及其他代谢活动所产生的变化。

三、实验准备

1. 仪器设备 高压蒸汽灭菌锅,电子天平(0~100g),普通冰箱,微波炉,电磁炉,恒温培养箱,酸度计,蒸馏水,超净工作台。

2. 器材 称量纸，牛角匙，精密 pH 试纸，pH 比色器，量筒，刻度搪瓷杯，试管及配套的硅胶塞，试管架，三角瓶或盐水瓶及配套的塞子，漏斗，移液管，培养皿，玻璃棒，烧杯，铁丝筐，剪刀，酒精灯，棉花，线绳，牛皮纸或报纸，纱布，乳胶管，电磁炉，12 号针头，标签纸，记号笔。

3. 药品、试剂 蛋白胨，牛肉膏，NaCl，K_2HPO_4，琼脂，蒸馏水，5% NaOH 溶液，5% HCl 溶液。

4. 无菌鲜血 采血前用注射器吸取抗凝剂（每毫升血液加 20IU 肝素钠），以无菌操作采取健康成年兔鲜血，放入无菌三角瓶内，轻轻摇动 3min，放 4℃冰箱中备用，使用前应在水浴中预热。兔心脏采血应选用 9 号或 12 号针头，每只成年兔每次一般可采 50～60mL 鲜血，也可选用其他动物，如绵羊、黄牛、马进行采血。

四、实验方法

1. 普通肉汤的制备 （1）称量药品：选择适当大小的搪瓷杯，量取 400mL 蒸馏水，准确称取牛肉膏 2g、蛋白胨 4g、氯化钠 2g、磷酸氢二钾 0.4g，分别加入。 ↓	1. 蛋白胨极易受潮，称量时要迅速。基本配方：牛肉膏 0.5%、蛋白胨 1%、氯化钠 0.5%、磷酸氢二钾 0.1%，根据自己需要配制。
（2）溶解：在电磁炉上小火加热，并用玻璃棒搅拌，以防液体溢出。待各种药品完全溶解后，停止加热。 ↓	2. 小火加热即可完全溶解。
（3）调节 pH：根据细菌对培养基 pH 的要求，用 5% NaOH 或 5% HCl 调至所需 pH。测定 pH 常用 pH6.8～8.0 的精密试纸或 pH 比色器、酸度计等。 ↓	3. 一般细菌适合的 pH 为 7.4～7.6。
（4）过滤分装：将玻璃漏斗置于铁架上，再用纱布夹棉花或用滤纸放在漏斗中，将上述培养基倒入其中过滤至透明。液体分装高度以试管高度的 1/4 左右为宜。分装于三角瓶内时，其分装量以不超过三角瓶容积的一半为宜。 ↓	4. 分装时注意不要使培养基沾染在管口或瓶口，以免浸湿棉塞，造成污染。
（5）包扎标记：培养基分装后盖好棉塞或硅胶塞，再包上一层防潮纸，用棉绳系好。 ↓	5. 在包装纸上标明培养基名称、制备日期、组别和姓名等。

(6) 灭菌：常用高压蒸汽灭菌。先将高压蒸汽灭菌器底层加水，将欲灭菌物品放置在金属圆筒搁板内，然后将盖紧闭，扭紧螺旋，打开电源，设置灭菌压力、温度及时间后运行。待灭菌器内压力升至5磅时，打开排汽阀门排出器内冷空气后再关闭排气阀门，继续加热。当蒸汽压力指示到每平方英寸15磅（1.05kg/cm^2）时，此时的温度相当于121.3℃，在这种温度下维持20~30min即可杀死细菌的繁殖体与芽孢，从而达到灭菌的目的。

6. 待灭菌器内压力升至5磅时，打开排气阀门，等压力下降到0时，可使器内冷空气完全排出，否则压力表所示压力并非全部是蒸汽压力，灭菌将不完全。

(7) 保存：灭菌结束后，停止加热，待压力自行下降至0时开盖取物，冷却后放4℃冰箱保存备用，一般可存放10~15d。

7. 灭菌结束后，切勿突然打开排气阀门放气减压，以免容器中的液体冲出而外溢。

2. 普通琼脂的制备

(1) 称量药品：与普通肉汤的制备（1）相同。

(2) 溶解：与普通肉汤的制备（2）相同。

(3) 调节pH：与普通肉汤的制备（3）相同。

(4) 溶化琼脂：在调好pH的普通肉汤中加入1.5%~2%的琼脂（半固体培养基加入0.3%~0.5%琼脂量即可），琼脂加入后，置电磁炉上一边搅拌一边加热，直至琼脂完全溶化后才能停止搅拌，充分溶解后补足蒸发的水分以保证培养基的渗透压。

8. 琼脂加入前剪成约1cm^3大小以便溶解；加热时要控制火力，不要使培养基溢出或烧焦。

(5) 分装：分装于试管内时，分装量一般以试管高度的1/3为宜（用于制备斜面）；分装于三角瓶内时，其分装量以不超过三角瓶容积的一半为宜。

9. 分装时不能过满，不要使培养基沾染管口或瓶口。

(6) 包扎标记：培养基分装后盖好棉塞或硅胶塞，再包上一层防潮纸，用棉绳系好。

10. 在包装纸上标明培养基名称、制备日期、组别和姓名等。

(7) 灭菌：常用高压蒸汽灭菌，一般采用121.3℃灭菌20~30min，即可杀死细菌的繁殖体与芽孢，从而达到完全灭菌的目的。

(8) 倒平板：将经高压灭菌的琼脂培养基冷却至 50~60℃（以握琼脂瓶觉得烫手，但仍能握持时为参考），倒平板，每个平板 2~3mm 厚为宜。如需要制备鲜血琼脂平板，此时应在琼脂瓶中加入 5%~8% 无菌兔（或绵羊、黄牛、马等）鲜血迅速轻轻混匀，立刻倒平板或分装于试管内并摆成斜面。

11. 平板要事先经高压灭菌。制备鲜血琼脂平板时，无菌鲜血应在水浴中预热至 37℃ 再加入并混匀。一定要控制好琼脂培养基的温度，不能产生气泡。整个操作过程必须在无菌室或超净工作台内进行。

(9) 保存：冷却后置 4℃ 冰箱中保存备用。

五、注意事项

（1）加热溶解琼脂时，应控制好火力，不时地搅拌混匀，以防培养基溢出或烧焦。
（2）倒平板时必须注意无菌操作，培养基不能沾到管口或皿口，厚薄要适宜。
（3）制备鲜血琼脂平板时，鲜血必须预热后缓慢加入，轻轻混匀，不要产生气泡。
（4）应注意标记好培养基的种类及制备时间等。

六、思考题

（1）试述一般培养基的制备过程。
（2）试述高压蒸汽灭菌的操作方法、原理及注意事项。
（3）做完本次实验后，你认为在制备培养基时应注意些什么问题？

七、实验报告

试述培养基制备的具体步骤，并在每步操作之后标明该步骤常遇到的问题，并思考如何解决这些问题。

实验二 细菌的分离培养及培养性状观察

一、实验目的

（1）掌握细菌分离培养、纯培养及接种的无菌操作技术。
（2）了解细菌的菌落形态及其在各种培养基上的培养性状。
（3）了解细菌培养性状对细菌鉴别的重要意义。

二、实验原理

细菌培养是一种用人工方法使细菌生长繁殖的技术。细菌在自然界中分布广、数量大、种类多。它既可以造福人类，也可以成为致病的因子。大多数细菌可用人工培养，即将其接种于培养基上，使其生长繁殖。培养出来的细菌用于研究、鉴定和应用。细菌培养是一种复杂的技术。

培养时应根据细菌种类和培养目的选择培养方法和培养基，设定合适的培养条件（温度、pH、时间、对氧的需求与否等）。一般操作步骤为：先将标本接种于固体培养基上，做分离培养；再进一步对所得单个菌落进行形态、生化及血清学反应鉴定。培养基常用牛肉汤、蛋白胨、氯化钠、葡萄糖、血液等和某些细菌所需的特殊物质配制成的液体、半固体、固体等。一般细菌在有氧条件下，37℃培养18~24h即可生长。厌氧菌则需在无氧环境中培养2~3d后才可生长。个别细菌如结核分枝杆菌要培养1个月之久。由于细菌无处不在，因此从制备培养基开始，整个培养过程必须按无菌操作要求进行，否则外界细菌污染标本，会导致错误结果；而培养的致病菌一旦污染环境，就容易引起交叉传染。

三、实验准备

1. 仪器设备 恒温培养箱，二氧化碳培养箱，厌氧培养设备，生物安全柜，超净工作台，普通冰箱，电磁炉。
2. 菌种 大肠杆菌平板或斜面，大肠杆菌与金黄色葡萄球菌混合培养肉汤等。
3. 培养基 普通肉汤培养基，普通琼脂斜面培养基，普通琼脂和鲜血琼脂平板培养基。
4. 器械 剪刀，记号笔，酒精灯，接种环，试管架，线绳，牛皮纸或报纸，标签纸。

四、实验方法

1. 平板划线分离法 （1）接种环前处理：右手持接种环，使用前在酒精灯火焰上灭菌。灭菌时先将接种环直立在火焰上烧灼，待烧红后再横向持环，烧灼金属柄部分，通过火焰3~4次。 （2）挑菌：用接种环无菌挑取斜面或平板培养物少许，或取液体材料和肉汤培养物一环。 （3）取平板：接种培养平板时以左手掌托平皿，拇指、食指及中指将平皿盖揭开成30°左右。 （4）划线接种：将所取菌种涂布于平板培养基边缘，然后将多余的细菌在火焰上烧灼，待接种环冷却后再与所涂细菌轻轻接触开始划线，其方法如图2-1、图2-2所示。   图2-1 连续划线法　　图2-2 分区划线法	1. 注意接种环使用前后要烧灼灭菌。 2. 接种环需冷却后轻碰待取培养物，挑取少许即可。 3. 应紧靠酒精灯无菌操作。 4. 划线时平板面与接种环面成30°~40°角，以手腕力量在平板表面轻巧滑动划线，不要嵌入培养基内或划破培养基。线条要平行密集，充分利用平板表面积。在划线时不要前后交叉重复，以免形成菌苔。

(5) 培养：划线完毕，盖上平皿盖。灼烧接种环，待其冷却后放置在接种架上。将培养皿倒置于适宜的恒温箱内培养，一般细菌培养18～24h即可生长。

2. 斜面接种法

(1) 两试管斜面接种时，左手斜持菌种管和新鲜空白琼脂斜面各一管，使管口互相并齐，稍上斜，管底握于手中，松动两管硅胶塞，以便接种时容易拔出。

(2) 右手食指和拇指执接种环，烧灼接种环。

(3) 以右手小指扭开一管的硅胶塞，无名指扭开第二管的硅胶塞。塞头向掌心内，将试管口通过酒精灯火焰灭菌。

(4) 接种环烧灼冷却后插入菌种管中，挑取少许细菌，取出接种环立即接种在新鲜空白琼脂斜面上，不要碰及管壁，直达斜面底部。从斜面底部开始划曲线或直线，向上至斜面顶端为止。管口通过火焰灭菌后，塞好硅胶塞。斜面接种无菌操作过程如图2-3所示。

5. 厌氧培养可采用焦性没食子酸法，或放置在专用厌氧罐中培养；CO_2培养则放在CO_2培养箱中培养。

6. 接种完毕，将接种环烧灼灭菌后放好。

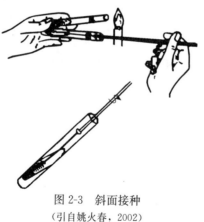

图2-3 斜面接种
(引自姚火春，2002)

(5) 标记：用蜡笔在试管上标明细菌名称和接种日期。

(6) 培养：置 37℃温箱中培养，一般为 18～24h。

3. 肉汤增菌法 具体操作请参见斜面接种法。

4. 细菌在琼脂平板上的生长表现

(1) 大小：菌落的大小用其直径（mm）表示，一般不足 1mm 者为露滴状菌落；1～2mm 者为小菌落；2～4mm 者为中等大菌落；4～6mm 或更大者称为大菌落或巨大菌落。

↓

(2) 形状：菌落的外形有圆形、不规则形、根足形、葡萄叶形（图 2-4）。

↓

(3) 边缘：菌落边缘有整齐、锯齿状、网状、树叶状、虫蚀状、放射状等（图 2-4）。

(4) 表面性状：菌落表面有平滑、粗糙、皱襞状、旋涡状、荷包蛋状，甚至有子菌落等（图 2-4）。

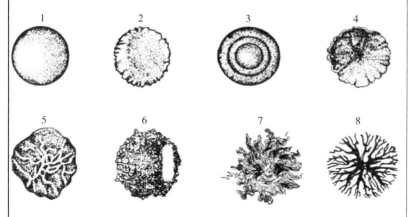

图 2-4 菌落的形状、边缘和表面性状
1. 圆形、边缘整齐、表面光滑 2. 圆形、锯齿状边缘、表面较不光滑 3. 圆形、边缘整齐、表面有同心圆 4. 圆形、叶状边缘、表面有放射状皱褶 5. 不规则形、波浪状边缘、表面有不规则皱纹 6. 圆形、边缘残缺不全、表面呈颗粒状
7. 毛状 8. 根状
（引自姚火春，2002）

↓

(5) 隆起度：菌落表面有隆起、轻度隆起、中央隆起，也有陷凹或堤状者（图 2-5）。

7. 细菌于固体培养基表面生长繁殖，形成单个肉眼可见的细菌集落群体，称为菌落。根据菌落特征的不同，可以在一定程度上鉴别某种细菌。

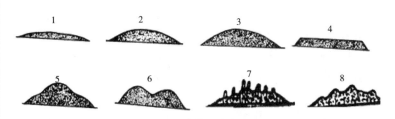

图 2-5　菌落的隆起度
1. 扁平状　2. 低隆起　3. 隆起　4. 台状　5. 纽扣状　6. 脐状
7. 乳头状　8. 褶皱凸面
（引自姚火春，2002）

（6）颜色及透明度：菌落颜色有无色、灰白色，有的能产生各种色素；有的菌落有光泽，其透明度可分为透明、半透明及不透明。

（7）硬度：菌落硬度有黏液状、膜状、干燥或湿润等。

（8）溶血情况：若是鲜血琼脂平皿，应观察其是否溶血、溶血情况如何。

5. 细菌在肉汤中的生长表现

（1）混浊度：细菌接种在液体培养基中经适当培养后其表现性状不同，有均匀混浊、轻度混浊或培养基保持透明（表面有菌膜或底部有沉淀物）。

（2）沉淀物：细菌在液体培养基中所形成的沉淀有颗粒状沉淀、黏稠状沉淀、絮状沉淀、小块状沉淀。另外，还有不生成沉淀的细菌。

（3）表面性状：主要是细菌在液体培养基中培养后，有无菌膜或菌环形成等。

（4）颜色：有的细菌在生长繁殖过程中能产生色素，其能溶于水，所以细菌在液体培养基中培养后，所产生的色素会使培养基的颜色发生变化。

8. α 溶血能在菌落周围出现较窄的草绿色溶血环，又称草绿色溶血；β 溶血能在菌落周围出现较宽的透明溶血环，又称完全溶血；γ 溶血在菌落周围不会形成溶血环，又称不溶血。

9. 细菌在肉汤中培养后主要观察其混浊度、沉淀物、菌膜、菌环和颜色等。

五、注意事项

(1) 接种环必须整平圆滑,使用前后必须烧灼灭菌。
(2) 接种培养基时应严格无菌操作,要尽一切可能防止外界微生物的进入。
(3) 选择适宜的培养基,如果培养基选择不当,则待检材料中的细菌就难以分离。
(4) 要注意记录好接种细菌的名称及接种时间。

六、思考题

(1) 分离培养的目的是什么?何谓纯培养?
(2) 在挑取固体培养物上的细菌做平板分区划线时,为什么在每区之间都要将接种环上剩余的细菌烧掉?
(3) 培养皿在培养时为什么要倒置?

七、实验报告

写出细菌分离培养的操作过程及注意事项。如何观察细菌菌落特性及在肉汤内的生长表现?并对实验结果进行分析。

实验三 细菌的涂片制备、革兰染色、镜检

一、实验目的

(1) 掌握革兰染色法的原理及其在细菌分类鉴定中的重要性。
(2) 掌握细菌革兰染色法的操作方法及注意事项。

二、实验原理

革兰染色法是细菌学中最重要的鉴别染色法,于1884年由丹麦病理学家Christain Gram创立。通过革兰染色可把细菌区分为革兰阴性菌和革兰阳性菌两大类。

革兰染色的原理主要与细菌细胞壁的化学组成和结构有关。经结晶紫初染以后,所有的细菌都被染成蓝紫色。碘作为媒染剂,能与结晶紫结合形成复合物,从而增强了染料与细菌的结合力。当用乙醇脱色时,两类细菌的脱色效果是不同的,革兰阳性细菌的细胞壁主要由肽聚糖形成的网状结构组成,壁厚、类脂含量低,用乙醇脱色处理时细胞壁脱水,使肽聚糖层的网状结构孔径缩小、透性降低,从而使结晶紫-碘的复合物不易被洗脱而保留在细胞内;革兰阴性细菌的细胞壁中肽聚糖层在内层,且较薄、类脂含量高,所以当脱色处理时,类脂被乙醇溶解,细胞壁透性增加,使结晶紫-碘的复合物被洗脱出来,用复红复染时染为红色。

革兰染色的基本步骤为:先用结晶紫初染,次经碘液媒染,再用95%乙醇脱色,最后用复红复染。经过此法染色后,细胞保留初染剂蓝紫色的细菌为革兰阳性菌;如果细胞染上复染的红色的细菌为革兰阴性菌。

三、实验准备

1. 菌种 金黄色葡萄球菌和大肠杆菌,分别接种普通琼脂平板培养18~24h。

2. 试剂

（1）草酸铵结晶紫染液：结晶紫乙醇饱和溶液（结晶紫 2g 溶于 20mL 95％乙醇中）20mL，1％草酸铵溶液 80mL，将两液混匀放置 24h 后过滤即成。此液不易保存，如有沉淀出现，需重新配制。

（2）革兰碘液：碘 1g，碘化钾 2g，蒸馏水 300mL。先将碘化钾溶于少量蒸馏水中，然后加入碘使之完全溶解，再加蒸馏水至 300mL 即成。配成后储于棕色瓶内备用，如变为浅黄色则不能使用。

（3）95％乙醇：用于脱色。

（4）石炭酸复红溶液：取碱性复红 10g，加入 95％乙醇 100mL，使之溶解，制成复红乙醇饱和溶液。取复红乙醇饱和溶液 10mL 与 5％石炭酸水溶液 90mL 混合，用滤纸过滤，再用蒸馏水稀释 10 倍后配成应用液。

3. 器材 显微镜，载玻片，接种环，酒精灯，无菌水，香柏油，二甲苯，擦镜纸，洗瓶，打火机，染色缸及搁架等。

四、实验方法

1. 载玻片预处理 用纱布擦拭载玻片表面，用记号笔在载玻片反面标记好待涂片区域。	1. 载玻片使用前需用酸碱处理。
↓	
2. 滴加无菌水 在载玻片表面滴加绿豆大小的无菌水一滴。	2. 水不能加太多，否则不易干燥。
↓	
3. 挑菌 用烧灼灭菌冷却后的接种环从平板挑取细菌。	3. 仅需触碰一下菌落即可。
↓	
4. 涂片 用接种环将挑取的细菌在载玻片表面无菌水中轻轻混匀，使细菌均匀地向四周展开，面积约 2cm²。	4. 涂片时应涂布均匀。
↓	
5. 干燥 自然风干。	
↓	5. 应控制好温度，不能过热，否则细菌会变性。
6. 固定 将载玻片置酒精灯火焰上快速来回过几次，以手背感觉不烫为准。	
↓	6. 染料应完全覆盖需染色区域。

7. 初染　于涂片上滴加草酸铵结晶紫染液，染色 1～3min。 ↓ **8. 水洗**　用水轻轻冲洗载玻片上的染料。 ↓ **9. 媒染**　滴加革兰碘液，覆盖染色区域，染色 1～2min。 ↓ **10. 水洗**　用水轻轻冲洗载玻片上的碘液。 ↓ **11. 脱色**　滴加 95% 乙醇脱色，时间 0.5～1min。 ↓ **12. 水洗**　用水轻轻冲洗载玻片上的乙醇。 ↓ **13. 复染**　滴加石炭酸复红染液，染色 0.5～1min。 ↓ **14. 水洗**　用水轻轻冲洗载玻片上的染料。 ↓ **15. 吸干**　用滤纸轻轻吸干载玻片上多余的水分。 ↓ **16. 镜检**　先用低倍镜对光，滴加镜油，再转到油镜镜检。 ↓ **17. 画图**　把光镜下看到的细菌形态用彩笔描绘在实验报告纸上。阴性菌画成红色，阳性菌画成蓝紫色。	7. 染料应冲洗干净。 8. 乙醇的浓度、用量及涂片厚度都会影响脱色速度。脱色是革兰染色中最关键的一步，应控制好脱色时间。 9. 不能用力擦拭载玻片。 10. 油镜头应接触镜油，微调至视野清晰。

五、注意事项

（1）选择的菌种应是新鲜培养的细菌，不能用培养时间久的老龄菌染色。
（2）涂片不宜过厚，火焰固定不宜过热。
（3）酒精脱色是很关键的步骤，要正确把握好脱色时间。
（4）显微镜使用结束后，必须把油镜头擦拭干净。

六、思考题

（1）革兰染色为什么能够区分阴性菌和阳性菌？主要原理是什么？

(2) 在进行革兰染色时，用老龄菌会出现什么问题？

七、实验报告

写出细菌涂片、染色、镜检的具体操作过程及注意事项，绘出在油镜下观察到的细菌形态结构，并对结果进行分析。

实验四　细菌的生化试验

一、实验目的

(1) 掌握细菌生化试验的基本原理及操作方法。
(2) 掌握细菌生化试验的结果判定及注意事项。
(3) 掌握细菌生化试验在细菌鉴定中的作用。

二、实验原理

1. 糖类发酵（分解）试验　细菌含有分解不同糖（醇、苷）类的酶，因而分解各种糖（醇、苷）类的能力也不一样。有些细菌分解某些糖（醇、苷）产酸（符号：+）、产气（符号：○），培养基由蓝变黄（指示剂溴甲酚紫 pH7.0 时为紫色，pH5.4 时为黄色），并有气泡；有些产酸，仅培养基变黄；有些不分解糖类（符号：−），培养基仍为紫色。

2. V-P 试验（二乙酰试验）　某些细菌能分解葡萄糖→丙酮酸→乙酰甲基甲醇→2,3-丁烯二醇，在有碱存在时氧化成二乙酰，后者和胨中的胍基化合物起作用，产生粉红色的化合物。其反应式如下：

$$\text{葡萄糖} \longrightarrow \begin{array}{c} CH_3 \\ | \\ CO \\ | \\ COOH \end{array} \xrightarrow{-CO_2} \begin{array}{c} CH_3 \\ | \\ CO \\ | \\ COHCOOH \\ | \\ CH_3 \end{array} \xrightarrow{-CO_2} \begin{array}{c} CH_3 \\ | \\ CO \\ | \\ HCOH \\ | \\ CH_3 \end{array}$$

丙酮酸　　乙酰乳酸　　乙酰甲基甲醇

$$\xrightarrow{2H} \begin{array}{c} CH_3 \\ | \\ HCOH \\ | \\ HCOH \\ | \\ CH_3 \end{array} \xrightarrow[-2H]{+OH^-} \begin{array}{c} CH_3 \\ | \\ CO \\ | \\ CO \\ | \\ CH_3 \end{array} + HN=C\begin{array}{c} NH_2 \\ \\ NH_2 \end{array}$$

2,3-丁二醇　　二乙酰　　基胍

$$\longrightarrow HN=C\begin{array}{c} N=C-CH_3 \\ \\ N=C-CH_3 \end{array} + 2H_2O$$

粉红色化合物

3. 甲基红（M.R.）试验　某些细菌在糖代谢过程中生成丙酮酸，有的甚至进一步被分解为甲酸、乙酸、乳酸等，而不是生成 V-P 试验中的二乙酰，从而使培养基的 pH 下降至 4.5 或以下（V-P 试验的培养物 pH 常在 4.5 以上），故加入甲基红试剂呈红色［甲基红的变色范围为 pH4.4（红色）～pH6.2（黄色）]。本试验常与 V-P 试验一起应用，因为前者呈阳性的细菌，后者通常为阴性。

4. 枸橼酸盐利用试验 当细菌利用铵盐作为唯一氮源，并利用枸橼酸盐作为唯一碳源时，可在枸橼酸盐培养基上生长，生成碳酸钠，并同时利用铵盐生成氢，使培养基呈碱性。

5. 吲哚试验 细菌分解蛋白胨中的色氨酸，生成吲哚（靛基质），经与试剂中的对二甲基氨基苯甲醛作用，生成粉红色的玫瑰吲哚。反应式如下。

6. 硫化氢试验 有些细菌能分解含硫氨基酸产生硫化氢，硫化氢会与培养基中的醋酸铅或氯化铁反应生成黑色的硫化铅或硫化铁。

7. 硝酸盐还原试验 有的细菌能将硝酸盐还原为亚硝酸盐，而亚硝酸盐能和对氨基苯磺酸作用生成对重氮基苯磺酸，且对重氮基苯磺酸与 α-萘胺作用能生成红色化合物 N-α-萘胺偶氮苯磺酸，其反应式如下。

8. 尿素酶试验 某些细菌能产生尿素酶。尿素酶可分解尿素，产生大量的氨，从而使培养基变成碱性，pH 升高，在酚红指示剂的作用下呈红色。反应式如下：

$$NH_2CONH_2 + 2H_2O \longrightarrow CO_2 + H_2O + 2NH_3$$

三、实验准备

1. 器材 恒温培养箱，电磁炉，三角烧瓶，烧杯，平皿，试管，酒精灯，接种环，精密 pH 试纸等。

2. 菌种 大肠杆菌和沙门菌，分别接种于斜面或琼脂平板上。

3. 培养基 自己配制后分装于试管或直接购买细菌生化微量发酵管。

（1）糖类发酵（分解）试验培养基：用邓亨（Dunham）蛋白胨水溶液（蛋白胨 1g，氯化钠 0.5g，水 100mL，pH7.6，按 0.5%～1% 的比例分别加入各种糖）100mL 加入 1.2mL 0.2% 溴麝香草酚蓝（或用 1.6% 溴甲酚紫酒精溶液 0.1mL）作指示剂。分装于试管（每一个试管事先都加有一枚倒立的小发酵管），116℃高压蒸汽灭菌10min。

0.2%溴麝香草酚蓝溶液配法：

溴麝香草酚蓝	0.2g
0.1mol/L NaOH	5mL
蒸馏水	95mL

（2）V-P试验培养基：葡萄糖、K_2HPO_4、蛋白胨各5g，完全溶解于1 000mL水中后，分装于试管内，间歇灭菌或116℃高压蒸汽灭菌10min。

（3）甲基红（M.R.）试验培养基：同V-P试验培养基。甲基红指示剂：0.1g甲基红溶于300mL 95%乙醇中，再加入蒸馏水200mL。

（4）枸橼酸盐利用试验Simmons培养基：

柠檬酸钠	1g
K_2HPO_4	1g
硫酸镁	0.2g
氯化钠	5g
琼脂	20g
$NH_4H_2PO_4$	1g
1%溴麝香草酚蓝酒精溶液	10mL
蒸馏水	加至1 000mL

调节pH至6.8，121℃高压蒸汽灭菌15min后制成斜面。将上述培养基中的琼脂省去，制成液体培养基，同样可以应用。

（5）吲哚试验培养基：将邓亨（Dunham）蛋白胨水溶液（蛋白胨1g，氯化钠0.5g，水100mL，调pH7.6）过滤后分装于试管，116℃高压蒸汽灭菌10min。

欧立希（Ebrlich）吲哚试剂：

对二甲基氨基苯甲醛	1g
纯乙醇	95mL
浓盐酸	20mL

先以乙醇溶解对二甲基氨基苯甲醛，后加盐酸，要避光保存。

Kovacs试剂：

对二甲基氨基苯甲醛	5g
戊醇（聚异戊醇）	75g
浓盐酸	25mL

（6）硫化氢试验培养基：

方法1：醋酸铅琼脂法

培养基：

肉汤琼脂	100mL
10%硫代硫酸钠溶液（新配）	2.5mL
10%醋酸铅溶液	3mL

三种成分分别高压蒸汽灭菌，前二者混合后待凉至60℃，加入醋酸铅溶液，混合均匀，无菌分装于试管内达5~6cm高，立即浸入冷水中，使之冷凝成琼脂高层。

方法2：氯化铁明胶法
培养基：

硫胨	25g
明胶	120g
牛肉膏	7.5g
氯化钠	5g
蒸馏水	加至1 000mL

上述成分灭菌后趁热加入5mL灭菌的10%氯化铁溶液，立即以无菌操作分装于试管内，达5~6cm高，迅速冷凝成高层。

(7) 硝酸盐还原试验培养基
①适用于需氧菌的培养基：

硝酸钾（不含NO_2^-）	0.2g
蛋白胨	5g
蒸馏水	1 000mL

溶解，调节pH至7.4，分装于试管内。每管约5mL，121℃高压蒸汽灭菌15min。
试剂：

甲液：	对氨基苯磺酸	0.8g
	5mol/L醋酸溶液	100mL
乙液：	α-萘胺	0.5g
	5mol/L醋酸溶液	100mL

②厌氧菌硝酸盐培养基：

硝酸钾（不含NO_2^-，化学纯）	1g
磷酸氢二钠	2g
葡萄糖	1g
琼脂	1g
蛋白胨	20g
蒸馏水	加至1 000mL

加热溶解，调节pH至7.2，过滤，分装于试管内，121℃高压蒸汽灭菌15min。

(8) 尿素酶试验培养基：应用Christenrsen培养基。

蛋白胨	1g
葡萄糖	1g
氯化钠	5g
KH_2PO_4	2g
0.2%酚红溶液	6mL
琼脂	20g
蒸馏水	加至1 000mL

调节pH至6.9。需生长因子的细菌，可加入0.1%酵母浸膏。121℃高压蒸汽灭菌15min，冷却到55℃时加入10%的20%尿素液（经滤过法除菌），使尿素含量为2%（即每1 000mL中有20g），制成短斜面。

四、实验方法

1. 糖类发酵（分解）试验 从琼脂斜面的纯培养物上，用接种环取少量被检细菌接种于糖发酵管（如葡萄糖、乳糖、麦芽糖、甘露糖、蔗糖等发酵管）培养基中（如为半固体，应穿刺），在37℃培养，一般观察1~3d，观察时用上述符号标记。

1. 细菌分解糖（醇、苷）产酸（符号：＋）、产气（符号：○），培养基由紫变黄；有些不分解糖类（符号：—），培养基仍为紫色。溴甲酚紫pH7.0时为紫色，pH5.4时为黄色。注意用符号标记好。

2. V-P试验（二乙酰试验） 试剂：6% α-萘酚酒精溶液为甲液，40%氢氧化钾为乙液。

同上法接种、培养细菌，37℃培养2~7d后，于2mL培养液内加入甲液1mL和乙液0.4mL，摇振混合。强阳性者约于5min后，可产生粉红色反应，次日不变色者为阴性。

2. 长时间无反应，置室温过夜，第二天再观察。

3. 甲基红（M.R.）试验 接种细菌于培养液中，37℃培养2~7d后，于培养物中加入几滴试剂，培养液变红色者为阳性反应。

3. 甲基红的变色范围为pH4.4（红色）~pH6.2（黄色）。

4. 枸橼酸盐利用试验 将少量被检细菌接种到培养基中，37℃培养2~4d，培养基变蓝色者为阳性，不变色者为阴性。

4. 溴麝香草酚蓝遇碱，pH升高，由草绿色变为深蓝色。

5. 吲哚试验 用接种环接种待检细菌于邓亨氏蛋白胨溶液中，37℃培养24~48h后（可延长4~5d），于培养液中加入戊醇或二甲苯2~3mL，摇匀，静置片刻后，沿试管壁加入吲哚试剂2mL。在戊醇或二甲苯下面的液体变红色者为阳性反应。

5. 大肠杆菌能分解蛋白质中的色氨酸产生吲哚，吲哚与对二氨基苯甲醛作用，形成玫瑰吲哚（呈粉红色）。

6. 硫化氢试验

方法1：醋酸铅琼脂法。

用接种针蘸取纯培养物，沿管壁作穿刺，于37℃孵育1~2d后观察，必要时可延长5~7d。培养基变黑色者为阳性。或将细菌培养于肉汤、肝浸汤琼脂斜面或血清葡萄糖琼脂斜面，在试管的棉花塞下方挂一6.5cm×0.6cm的浸蘸饱和醋酸铅溶液（10g醋酸铅溶于50mL沸蒸馏水中即成）且已干燥的滤纸条，于37℃培养，观察7d，纸条变黑者为阳性。

方法2：氯化铁明胶法。

穿刺接种，于37℃培养7d，培养基变黑色者为阳性。

6. 有些细菌能分解含硫氨基酸，产生硫化氢，会使培养基中的醋酸铅或氯化铁变成黑色的硫化铅或硫化铁。

↓ **7. 硝酸盐还原试验** （1）适用于需氧菌的方法：接种细菌后 37℃ 培养 4d，沿管壁加入甲液 2 滴和乙液 2 滴，当时观察，阳性者立刻呈红色。 （2）厌氧菌硝酸盐培养基法：接种后作厌氧培养，试验方法和结果观察同上法，但培养 1～2d 即可。 ↓ **8. 尿素酶试验**　接种细菌时，同时作划线及穿刺培养，置 37℃ 培养 24h 后观察，培养基从黄色变红色时为阳性。接种量多，反应快的细菌，数小时即可使培养基变红。阴性者应继续观察 4d。	7. 有的细菌能把硝酸盐还原为亚硝酸盐，而亚硝酸盐能和对氨基苯磺酸作用生成对重氮基苯磺酸，且对重氮基苯磺酸与 α-萘胺作用能生成红色的化合物 N-α-萘胺偶氮苯磺酸。 8. 某些细菌能产生尿素酶，尿素酶可分解尿素，产生大量的氨，使培养基的 pH 升高，指示剂酚红显示出红色。

五、注意事项

（1）实验所用菌种应是新鲜培养的纯培养物。
（2）实验过程应注意无菌操作，避免混入杂菌影响实验结果。
（3）细菌在不同的生化实验中所需的培养时间不同，因此要把握好观察时间，避免实验结果的假阳性或假阴性。

六、思考题

（1）简述细菌生化试验的原理与操作注意事项。
（2）试述生化试验在细菌鉴定中的作用与意义。
（3）如何判定细菌生化试验的结果？

七、实验报告

写出细菌生化试验的原理、目的及意义，观察并分析试验结果。

实验五　细菌的药敏试验

一、实验目的

（1）熟悉纸片法检测细菌对抗菌药物敏感性的操作程序和结果判定方法。
（2）了解药敏试验在实际生产中的重要意义。

二、实验原理

各种病原菌对抗菌药物的敏感性不同，同种细菌的不同菌株对同一药物的敏感性也有差异。检测细菌对抗菌药物的敏感性，可筛选最有疗效的药物用于临床治疗，对控制细菌性传染病的流行至关重要。此外，通过药物敏感试验可为新抗菌药物的筛选提供依据。药敏试验的方法很多，普遍使用的是圆纸片扩散试验，即将含有定量抗菌药物的纸片贴在已接种测试菌的琼脂平板上，纸片中所含的药物吸取琼脂中的水分溶解后便不断地向纸片周围区域扩散，形成递减的梯度浓度。在纸片周围抑菌浓度范围内细菌的生长被抑制，形成透明的抑菌圈。抑菌圈的大小反映测试菌对测定药物的敏感程度，并与该药对测试菌的最低抑菌浓度（minimal inhibition concentration，MIC）呈负相关。

在日常的养殖过程中如果滥用抗菌药，会使很多致病性细菌产生耐药性，使得抗菌药对细菌性疾病的控制效果越来越差，不但造成药物浪费，而且还延误病情，给养殖户造成很大的经济损失。药敏试验能更好地掌握药物对细菌的敏感度，提高治疗效果。

三、实验准备

1. 仪器 高压蒸汽灭菌锅，电子天平（0～100g），普通冰箱，微波炉，电磁炉，酸度计，蒸馏水器，恒温培养箱。

2. 玻璃器皿 培养皿（直径90mm），接种环，试管，灭菌棉签，药敏试纸（商品或自制），尖头小镊子，试管架，酒精灯，打火机，记号笔，移液器，滴头，L形玻璃棒。

3. 培养基 营养琼脂，根据不同细菌的药敏试验可选择不同的培养基，如大肠杆菌的药敏试验可选择普通营养琼脂或麦康凯培养基。

4. 菌种 大肠杆菌平板或肉汤纯培养物。

四、实验方法

1. 待试菌涂布平板 将待试菌的肉汤培养液用灭菌吸管（1mL）或灭菌注射器吸取0.1～0.2mL加入待涂布的平板培养基表面，然后用灭菌L形玻璃棒或接种环涂布均匀。 如待试菌为固体培养物，用接种环无菌操作挑取待试菌纯培养物，以划线方式将细菌致密而均匀地涂布于平板培养基表面；也可挑取待试菌于少量生理盐水中制成细菌混悬液，用灭菌棉拭子将待试菌混悬液涂布于平板培养基表面。要求涂布均匀致密。 ↓ **2. 贴纸片** 无菌操作打开平皿，用无菌尖头镊子夹取各种抗生素药敏试纸片，按一定密度分别贴到上述已涂布细菌的培养基表面。纸片在培养基上的分布方式一般是中央贴一种纸片，四周等距离贴若干种纸片，根据平板大小贴的纸片数量不一。如果是自制纸片，将纸片的药名做好标记，以防混淆。	1. 待试菌液应涂布均匀，磺胺药的药敏试验要用无胨琼脂平板。 2. 一般90mm直径的培养皿可贴药敏试纸片5～6片，以防相邻的抑菌圈太大，相互交叠而影响结果的观察。

↓	
3. 培养 将贴好药敏试纸片的平皿翻转，底部向上，置37℃温箱内培养24h，取出观察结果。	3. 应在18～24h内观察结果。
↓	
4. 结果观察 经过培养，在具有抗菌能力的药敏试纸片周围会出现一个无菌生长的透明圈，称为抑菌圈。抑菌圈的大小，说明了该抗生素抗菌效果的好坏。若无抑菌圈，则说明该菌对此种药物有耐药性。所以，判定结果时，应按测量的抑菌圈直径大小（以毫米为单位）作为敏感度高低的判定标准。	4. 用游标卡尺测量抑菌圈直径的大小。
↓	
5. 判定标准 纸片法药敏试验以抑菌环直径来表示待试菌对某些药物的敏感程度。敏感程度分为敏感、中介度和耐药，分别以S、I、R来表示。	5. 选择敏感的药物用药，最好联合用药，以减少耐药菌株的产生。

五、注意事项

（1）待试细菌涂布均匀，否则会影响结果的观察。

（2）贴药敏试纸片时，应注意将尖头镊子消毒处理，以免污染药敏试纸片。

（3）应根据试验菌的营养需要选择适合的培养基。倾注平板时，厚度要合适（5～6mm），不可太薄，一般90mm直径的培养皿，倾注培养基18～20mL为宜。培养基内应尽量避免有抗菌药物的颉颃物质，如钙离子、镁离子能降低氨基糖苷类药物的抗菌活性，胸腺嘧啶核苷和对氨基苯甲酸（PABA）能颉颃磺胺药和TMP的活性。

（4）一般培养温度和时间为37℃、18～24h。有些抗菌药（如多黏菌素）扩散慢，可将已贴好药敏试纸片的平板培养基，先置4℃冰箱内2～4h，使抗菌药预扩散，然后再放37℃温箱中培养，可以推迟细菌的生长，而得到较大的抑菌圈。

六、思考题

（1）简述纸片法药敏试验的原理及操作注意事项。

（2）试述影响药敏试验结果的因素有哪些。

（3）药敏试验对于指导临床用药有何意义？

七、实验报告

写出细菌药敏试验的具体操作过程及注意事项，绘出试验结果，并结合临床实际分析结果的意义。

实验六 细菌的平板菌落计数法

一、实验目的

熟悉平板菌落计数的基本原理和方法。

二、实验原理

菌落形成单位（colony forming unit，CFU）是指在活菌培养计数时，由单个菌体或聚集成团的多个菌体在固体培养基上生长繁殖所形成的集落，以其表达活菌的数量。平板菌落计数法是将待测样品经适当稀释之后，其中的微生物充分分散成单个，取一定量的稀释液涂布到平板上，经过培养，由单个微生物生长繁殖而形成肉眼可见的菌落，即一个单菌落应代表原样品中的单个微生物。统计菌落数，根据其稀释倍数和取样接种量即可换算出样品中的含菌数。但是，由于待测样品往往不宜完全分散成单个细胞，所以长成的单菌落也可能来自样品中的 2~3 个或更多个细胞。因此，平板菌落计数的结果往往偏低。为了清楚地阐述平板菌落计数的结果，现在已倾向使用菌落形成单位，而不以绝对菌落数来表示样品的活菌含量。

三、实验准备

1. 菌种 大肠杆菌混悬液。

2. 培养基 牛肉膏蛋白胨培养基。

3. 其他实验材料 恒温培养箱，微量移液器及配套的吸头，无菌平皿，灭菌生理盐水，试管，试管架，记号笔等。

四、实验内容

1. 试管编号 取灭菌的试管 6 支，分别标记 10^{-1}、10^{-2}、10^{-3}、10^{-4}、10^{-5}、10^{-6}。 ↓ **2. 稀释菌液** 分别在 6 支试管中加入灭菌生理盐水 4.5mL，吸取 0.5mL 大肠杆菌混悬液放入标记 10^{-1} 的试管中，混合均匀后吸出 0.5mL 至标记 10^{-2} 的试管中，如上操作直到标记 10^{-6} 的试管。对待检样品进行 10^{-1}~10^{-6} 梯度稀释。 ↓ **3. 取样** 取灭菌平皿 12 个，共分 4 组，1~3 组分别标记 10^{-4}、10^{-5} 和 10^{-6}，剩余 1 组标记"对照"。用微量移液器准确地吸取标记 10^{-4}、10^{-5}、10^{-6} 试管内的稀释菌液 0.2mL，对号放入编好号的无菌培养皿中。对照组加入 0.2mL 灭菌生理盐水。	1. 取菌液前应充分混匀，样品稀释时也应混合均匀，以免影响试验结果。

4. 倒平板 于上述盛有不同稀释度菌液的培养皿中倒入溶化后冷却至45℃左右的牛肉膏蛋白胨琼脂培养基10～15mL，置水平位置，迅速轻晃混匀，待凝固后，倒置于37℃恒温培养箱中培养。	2. 也可用涂布平板的方法进行接种，将不同稀释度的菌液分别接种于培养皿上培养。
5. 计数 培养24h后，取出培养皿，算出同一稀释度3个平皿上的菌落平均数，并按下列公式进行计算。 每毫升中总活菌数＝同一稀释度3次重复的菌落平均数×稀释倍数×5 同一稀释度3个重复的菌落数不能相差很悬殊。由10^{-4}、10^{-5}、10^{-6} 3个稀释度计算出的每毫升菌液中总活菌数也不能相差悬殊，如相差较大，表示试验不精确。	3. 一般选择每个平板上长有30～300个菌落的稀释度计算每毫升的菌数最为合适。

五、注意事项

（1）注意实验过程中的无菌操作，避免杂菌生长而影响试验结果。

（2）溶化后的培养基应冷却至45℃左右时才能倒平板，并应立即摇匀，否则菌体常会吸附在平皿底部，不易分散成单菌落，因而影响计数的准确性。

（3）每支吸管只能接触一个稀释度的菌液，每次移液前，都必须来回吸几次，使菌液充分混匀。

（4）成片生长的菌落不应用来计数。

六、思考题

（1）为什么溶化后的培养基要冷却至45℃左右才能倒平板？

（2）要使平板菌落计数准确，需要掌握哪几个关键步骤？为什么？

（3）同一种菌液用血细胞计数板和平板菌落计数法同时计数，所得结果是否一样？为什么？

七、实验报告

写出实验操作过程及注意事项，将实验结果填入下表并分析。

稀释度	10^{-4}				10^{-5}				10^{-6}			
菌落数	1	2	3	平均	1	2	3	平均	1	2	3	平均
每毫升总活菌数												

实验七 厌氧菌的分离培养

一、实验目的

掌握厌氧性细菌分离培养的原理及常用的方法。

二、实验原理

厌氧菌需较低的氧化还原势能才能生长，例如破伤风梭菌需氧化还原电势降低到 0.11V 时才开始生长。其原因是厌氧微生物细胞内缺少超氧化物歧化酶和过氧化氢酶，分子氧的存在对细胞有毒害作用，抑制其生长甚至导致死亡，故应用常规培养基（氧化还原电势较高）且在有氧的条件下无法进行厌氧性细菌的分离培养。

进行厌氧性细菌的分离培养，就是要设法避免氧对细菌生长繁殖造成的毒性作用，即降低培养基氧化还原电势，创造无氧或低氧的培养环境。现有的厌氧培养法甚多，主要有生物学方法、化学方法和物理学方法等数种方法。

1. 生物学方法（庖肉培养法） 其原理为：培养基内加入动物、植物组织，由于组织的呼吸作用或组织中的可氧化物质而消耗氧气，即因在培养基中加入的牛肉丁含有不饱和脂肪酸及谷胱甘肽能吸收培养基中的氧，降低其氧化还原电势，并且在培养基上覆盖一层液体石蜡，隔绝空气中游离氧继续溶入培养基，形成一厌氧环境。或将厌氧菌与需氧菌接种于同一个平板内密封，利用需氧菌的生长将氧气消耗掉，使厌氧菌得以生长。

2. 化学方法（厌氧缸法或厌氧袋法） 其原理是利用化学物质发生氧化还原反应，将环境中的氧消耗掉，常用的方法有以下两种。

（1）焦性没食子酸法：每 100cm^3 空间用焦性没食子酸 1g、10%NaOH 10mL。

$$\text{C}_6\text{H}_3(\text{OH})_3 + \text{O}_2 \xrightarrow{\text{NaOH}} \text{C}_6\text{H}_3(\text{OH})(\text{O})_2 + \text{H}_2\text{O}$$

（2）连二亚硫酸钠法：每 100cm^3 用连二亚硫酸钠及碳酸钠各 3g，混匀后加水湿润，促使反应消耗氧。

$$\text{Na}_2\text{SO}_4 + \text{Na}_2\text{CO}_3 + \text{O}_2 \longrightarrow \text{Na}_2\text{SO}_4 + \text{Na}_2\text{SO}_3 + \text{CO}_2$$

3. 物理学方法［厌氧袋（缸）法、厌氧培养箱法］ 其原理是应用抽气泵和储气钢瓶（N_2、H_2、CO_2）抽气置换缸内或培养箱内含氧的空气。并在缸中放入催化剂钯粒（A型），将残存的 O_2 化合形成 H_2O，可形成高度的厌氧状态，培养效果好。目前有商品性厌氧培养箱供选购。

三、实验准备

（1）常规细菌分离培养器具（参照实验二）。

（2）连二亚硫酸钠，碳酸钠，焦性没食子酸，10%NaOH 溶液，液体石蜡。

（3）厌氧度指示管：

A. 0.5%美蓝溶液 3mL，用蒸馏水稀释至 100mL。

B. 0.1mol/L NaOH 溶液 6mL，用蒸馏水稀释至 100mL。

C. 葡萄糖 6g，用蒸馏水溶解并稀释至 100mL。

将 A、B、C 三种溶液等量混合，取混合液 2mL 分装于安瓿内，水浴加热至无色后立即封口即成。使用时从安瓿颈部折断，其显色深浅与环境中游离氧的量成正相关，无色表明环境厌氧状态良好。

（4）厌氧培养设备，真空干燥器、厌氧培养袋及冷钯粒，真空泵。

（5）枯草杆菌，破伤风杆菌，双歧杆菌。

（6）鲜血平板，庖肉培养基（营养肉汤试管内加入适量牛肉丁或肉末，再覆盖 2mL 液体石蜡，高压灭菌，备用）。

（7）改良 MRS 培养基：按说明配制、灭菌，冷却至 50℃ 左右加入 8%～10% 鲜血和 0.006% X-α-Gal（5-溴-4-氯-3-吲哚-α-D-半乳糖苷），倒制直径 12cm 的平板。

四、实验方法

1. 庖肉培养法 取庖肉液体培养基试管，隔水煮沸逐氧（新鲜配制的培养基可不必做加热逐氧），冷却。 ↓ 按常规方法接种破伤风杆菌，35℃ 培养 3～5d，观察液体培养基变化。 ↓ 常规涂片染色或取培养液接种小鼠尾根部，饲养观察破伤风毒素引起的骨骼肌痉挛症状。 **2. 焦性没食子酸法**（平皿法） 取制备的直径为 12cm 的 MRS 血平板，划线接种双歧杆菌。 ↓ 另取直径为 9cm 的平皿盖一块，内置少量棉花，称取焦性没食子酸 1g，倒于棉花上，移置于已接种细菌的 MRS 血平板皿盖内，滴加 10% NaOH 2.5mL。 ↓ 迅速将接菌的 MRS 平板用液体石蜡密封，置 37℃ 培养。 ↓ 培养 36～48h 后观察细菌生长情况，双歧杆菌生长过程因其 α-半乳糖苷酶分解加入培养基中的 α-半乳糖（X-α-Gal）产生吲哚，而使菌落呈蓝色（乳酸菌菌落呈无色或淡蓝色）。	1. 注意接种后烧灼接种环时，应在火焰边先灼烧，避免因水-蜡汽化温度差异，急速烧灼发生微粒爆裂造成污染。 2. 也可在一块平板分别接种枯草杆菌、双歧杆菌，密封进行生物法厌氧培养。 3. 市售双歧杆菌微生态制剂多为加乳酸菌的复合制剂。 4. 乳酸菌生长过程中 α-半乳糖苷酶量和活性低于双歧杆菌，故菌落呈无色或淡蓝色。

3. 厌氧袋法　取专用厌氧培养袋及 H_2、CO_2 发生管各一支，冷钯粒（干热活化的 A 型钯粒）若干，美蓝指示管一支，分别装入袋两侧。

↓

以新鲜配制的血平板划线接种破伤风杆菌，标记。视袋的规格将已接种的平板装入袋中，仔细密封厌氧袋，夹紧。

↓

折断袋内气体发生管。

↓

数分钟后折断美蓝指示管，如果指示管不变为蓝色，表明已无游离氧，厌氧状态良好。

↓

将厌氧培养袋置 37℃ 培养 72～96h 后观察细菌生长情况。

↓

破伤风杆菌菌落呈薄层云雾状分散性生长。涂片，染色，镜检可见鼓槌样芽胞菌体。

4. 真空干燥器厌氧培养法　组装真空泵纹口瓶、真空表、H_2 钢瓶、CO_2 钢瓶。用厚壁橡胶管和玻璃三通接头将上述各部件组装起来。部件间的开启和关闭调节用锁夹或接入玻璃双通开头。

↓

将适量冷钯（A 型）置于真空干燥器底部，装入托盘，将已接种细菌的平板放在上面。

↓

放入美蓝指示管。

↓

用凡士林仔细密封干燥器。

↓

将干燥器盖上龙头并与上述已组装的抽气和供气部件连接起来。

5. 若以民用装被服收缩袋代替，此时可用随配的手动抽气筒尽可能抽去袋内空气，并在其外再套一个收缩袋密封。

↓

打开真空泵，抽去干燥器内空气，然后通过观察真空表和开、闭供气钢瓶，以一定的 H_2、CO_2 比例置换干燥器内空气。少量游离氧通过冷钯除去，观察美蓝指示管，若不变蓝色，表示厌氧状态良好。

↓

关闭真空干燥器盖龙头上的玻璃开关，撤去连接的胶管，置37℃培养。

↓

培养一定时间后观察细菌的生长情况。

5. 厌氧培养箱厌氧培养法 按产品说明书操作。该设备使用方便，效果良好。

6. CO_2 培养法 部分微嗜氧菌在 5%～10% CO_2 条件下培养时生长良好，尤其是初代培养时需用 CO_2 培养法，例如布氏杆菌、鸭疫里氏杆菌；或者在培养观察炭疽Ⅱ号芽胞菌形成荚膜、菌落由粗糙卷发样变成光滑型的培养性状变化时应用。

常用方法有以下几种。

（1）在培养组织细胞的 CO_2 培养箱中进行培养。

（2）烛缸法：将待培养物放入玻璃干燥器或其他可密封容器后，在预留空间内点燃蜡烛，加盖密封，消耗一定氧后烛火自动熄灭，此时干燥器形成 5%～8% CO_2 环境。

（3）化学法：有碳酸钠-硫酸法和碳酸氢钠-盐酸法。

五、注意事项

（1）应用厌氧袋、干燥器进行厌氧培养时，应事先检查密封性能；使用时密封剂要严密，以防漏气。

（2）使用氢气钢瓶置换培养缸空气时要严格规范操作，严防事故的发生。

（3）触媒冷钯粒使用后需置于 140～160℃ 干燥箱中 1～2h 重新活化，然后密封干燥储存备用。或者用前活化以防失效。

（4）化学厌氧法由于药物混合后迅速发生耗氧反应，要注意迅速密封，以免影响实验结果。

六、思考题

（1）比较几种厌氧培养法的优缺点和应用时要注意的关键事项。

（2）为何美蓝可作为厌氧指示剂？

七、实验报告

简述实验操作过程和结果，分析总结并写出实验心得体会。

实验八　常见细胞培养基的配制

一、实验目的

掌握常见培养基 RPMI1640 或 DMEM 的配制过程及方法。

二、实验原理

组织培养使用的培养基一般是由合成培养基和小牛血清配制而成。合成培养基有商品出售，它是根据细胞生长的需要按一定配方制成的粉状物质，其主要成分是氨基酸、维生素、糖类、无机离子和其他辅助物质。它的酸碱度和渗透压与活体内细胞外液相似。小牛血清含有一定的营养成分，更重要的是它含有细胞生长所必需的生长因子、激素、贴附因子等，这是合成培养基无法替代的。此外，它还能中和有毒物质的毒性。故一般体外培养细胞时要加入一定量的小牛血清（10％）。

三、实验准备

1. 仪器　蠕动泵，滤器，蒸馏水器，超纯水系统，高压蒸汽灭菌锅，磁力搅拌器，pH计，超净工作台，普通冰箱等。

2. 材料　3 000mL 锥形瓶，250mL 或 500mL 培养液瓶，$0.22\mu m$ 的微孔滤膜。

3. 试剂：双蒸水，小牛血清，合成培养基（RPMI1640），$NaHCO_3$。

四、实验方法

1. 过滤器的准备和安装　清洗好过滤器，干燥，放入一张 $0.22\mu m$ 的微孔滤膜，用布包装好，121℃ 高压蒸汽灭菌处理 20min。在超净工作台内安装好过滤装置，准备过滤。如果过滤量较少，可购一次性微孔滤器。 ↓ **2. 合成培养基的配制** （1）将干粉型培养基溶于总量 1/3 的超纯水中，再用 1/3 水冲洗包装内面两次，并将冲洗液倒入培养液中，以保证所有干粉都溶解成培养液。搅拌使其溶解。 （2）根据产品说明及实验要求，补加 $NaHCO_3$。 ↓	 1. 应注意完全溶解。 2. 根据产品的要求添加相应量的 $NaHCO_3$。

（3）加抗生素：最终浓度，青霉素为100IU/mL，链霉素100μg/mL。一般市售青霉素为80万IU/瓶，将其溶解在4mL双蒸水内，每1 000mL培养液中加0.5mL，即成最终浓度为100IU/mL。市售链霉素为100万U/瓶，将其溶解5mL双蒸水内，也是每1 000mL加0.5mL，使其最终浓度为100μg/mL。 ↓ （4）调节培养液的pH为7.0～7.2。 ↓ （5）容量瓶定容。 ↓ （6）过滤法除菌。 ↓ （7）分装于玻璃瓶中，4℃保存备用。 ↓ （8）使用时加血清。 ↓ **3. 小牛血清的处理**　市场上出售的小牛血清一般做了灭菌处理，但在使用前还应做热灭活处理，即通过加热的方法破坏补体。 　　将血清放入56℃水浴中30min，其间要不时轻轻晃动，使其受热均匀，防止沉淀析出。 ↓ **4. 生长培养基的配制**　除无血清培养之外，各种合成培养基在使用前均需加入一定量的小牛血清。	3. 过滤除菌前，培养液应稍作静置，从上层开始抽起过滤。 4. 根据需要，可选择优质的血清。 5. 生长液血清含量一般为10%，维持液一般为2%～4%。

五、注意事项

（1）培养液配好后，要先抽取少许放入培养瓶内，在37℃温箱内放置24～48h，以检测培养液是否有污染，然后再用于实验。

（2）配制培养液所需血清的质量要合格并保持稳定。一个批号试用效果良好后，就可一次购入较多同一批号的血清，这样实验条件稳定，配液时调节pH较易。

（3）一次配液不要太多，每次配制以使用两周左右的量为宜。培养液存放过久，一是营养成分有损失，二是容易被污染。

六、思考题

（1）为什么细胞培养基配制中通常采用过滤法除菌而不是高压蒸汽灭菌？
（2）如何确认你所配制的培养基没有被细菌污染？

七、实验报告

写出细胞培养基的营养成分及配制过程，并说明如何防止培养基被污染。

实验九　原代细胞培养

一、实验目的

（1）掌握原代细胞培养的一般方法和步骤。
（2）掌握体外细胞培养的无菌操作方法及注意事项。
（3）学习观察体外培养细胞的形态及生长状况。

二、实验原理

直接从生物体内获取组织细胞进行的首次培养称为原代细胞培养。由于细胞刚刚从活体组织中分离出来，故更接近于生物体内的生活状态。这一方法可为研究生物体细胞的生长、代谢、繁殖提供有力的手段，同时也为以后传代培养创造条件。原代培养也是建立各种细胞系的第一步，是从事培养工作的人员应熟悉和掌握的最基本技术。

三、实验准备

1. 仪器　CO_2 培养箱，倒置显微镜，超净工作台，磁力搅拌器，离心机，水浴箱。
2. 玻璃器皿　培养瓶，小烧杯、小玻璃漏斗，三角烧瓶，平皿，吸管，移液管，无菌纱布，无菌眼科剪，废液缸，手术器械，大头针，离心管。
3. 鸡胚　选 9～10 日龄的鸡胚。
4. 试剂　RPMI1640 培养基（含 10%小牛血清），0.25%胰蛋白酶，Hank's 液，2%碘酒，75%酒精，双抗（青霉素和链霉素）。

Hank's 液配方：KH_2PO_4 0.06g，NaCl 8.0g，$NaHCO_3$ 0.35g，KCl 0.4g，葡萄糖 1.0g，$Na_2HPO_4 \cdot H_2O$ 0.06g，酚红 0.02g，加 H_2O 至 1 000mL（Hank's 液可以高压灭菌，4℃下保存）。

四、实验方法

1. 鸡胚消毒　先用碘酊消毒，再用 75%酒精脱碘。 ↓	

2. 取出胚体 消毒好后用弯头镊子取出胚体，置无菌平皿中。	1. 注意无菌操作。
3. 弃头及内脏 用无菌眼科剪除去胚体头部，剖开腹腔除去内脏。	
4. 漂洗 将胚体转移到另一无菌的培养皿中，用Hank's液反复漂洗3次，去除血污。	2. 漂洗用的Hank's液应新鲜配制，高压灭菌。
5. 剪切 再将胚体转到无菌小烧杯中，用眼科剪将胚体剪成1mm³大小的组织块。	
6. 胰酶消化 将组织块转移到50mL的三角瓶中，加入0.25%胰蛋白酶，一般1个鸡胚加2mL，盖好塞子，37℃水浴中消化20～30min，每隔5min振荡一次，使细胞分离。	3. 需控制好胰蛋白酶的量及消化的温度、时间。
7. 终止消化 待组织变得疏松，颜色略为发白时，从水浴中取出放超净工作台内，用吸管轻轻吸弃上层消化液，加入3～5mL培养液（含10%小牛血清）以终止胰蛋白酶消化作用。	
8. 吹打分散 用吸管轻轻的反复吹打，使大部分组织块分散成单细胞状态，静置片刻，使未被消化完的组织块自然下沉。	4. 吹打动作不能太大，管口尽可能大些。
9. 细胞悬液的制备 轻轻吸取上层液，通过100目不锈钢筛网，制备细胞悬液。	5. 过滤也可用多层无菌纱布。
10. 离心和计数 将细胞悬液放入离心管中，800r/min离心5～10min，弃上清液，加入适量培养液，用吸管轻轻吹打混匀后取样计数，根据计数结果用细胞培养液调整细胞浓度约为$1×10^6$个/mL。	

↓	
11. 接种 将 2mL 的细胞悬液转移至 100mL 细胞培养瓶中，再加入 8mL 细胞培养液，轻轻混匀后紧盖瓶塞，写出细胞名称及接种时间，置 37℃ 5%CO_2 培养箱中培养。	6. 细胞轻轻混匀后，应在细胞瓶上做好标记。
↓	
12. 观察细胞 每天在倒置显微镜下对细胞定期观察，主要观察细胞是否被污染、培养液的颜色是否变化、细胞生长状态等。 　　正常细胞培养 24h 后，可见许多细胞贴壁，由圆形悬浮透亮的细胞延展为短梭状。随着培养时间的增加，逐渐长成长突起的梭形或星形的细胞状态。	7. 正常生长较好的细胞，代谢旺盛，细胞培养液逐渐变黄，但是上清液还是清亮透彻的。应每 2d 换液一次培养液。

五、注意事项

（1）自取材开始，严格进行无菌操作，防止细菌、霉菌、支原体的污染，避免化学物质的污染。

（2）在超净工作台中，组织细胞、培养液等不能暴露过久，以免溶液蒸发。离开超净工作台时，要及时关闭工作窗。

（3）凡在超净工作台外操作的步骤，各器皿均需用盖子或橡皮塞盖好，以防止细菌落入。

（4）操作前要洗手，进入超净工作台后手要用 75% 酒精或 0.2% 新洁尔灭擦拭。装试剂的器皿口也要擦拭。

（5）耐热物品要经常在火焰上烧灼，金属器械烧灼时间不能太长，以免退火，并且冷却后才能夹取组织。吸取过营养液的用具不能再烧灼，以免烧焦形成碳膜。经火焰灭菌后的吸管一定要用 Hank's 液冷却，吸溶液的吸管等不能混用。

（6）超净工作台内温度、湿度较大，在夏天工作时台内散热更慢，因此进行细胞悬液混匀、接种时，离火焰要稍微远些。

（7）不能用手触碰已消毒器皿的工作部分，工作台面上的用品要合理布局。

（8）要掌握好消化的时间和温度。

六、思考题

（1）细胞培养过程中如何做到无菌操作？
（2）在细胞培养过程中，怎样判断细胞是否被污染？
（3）细胞的生长状态与哪些因素有关？

七、实验报告

写出具体实验过程及操作时的注意事项，并记录细胞生长的情况。

实验十 传代细胞培养

一、实验目的

(1) 掌握细胞的传代培养方法及无菌操作技术。
(2) 掌握传代细胞的病毒接种、细胞病变观察及收毒方法。

二、实验原理

体外培养的细胞株要在体外持续地培养就必须传代,以获得稳定的细胞株或得到大量的同种细胞,并维持细胞种的延续。培养的细胞形成单层汇合以后,由于密度过大,生存空间不足而引起营养枯竭。将培养的细胞分散,从容器中取出,以 1∶2 或 1∶3 以上的比例转移到另外的容器中进行培养,即为传代培养。

病毒感染细胞后,大多数能引起细胞病变(cytopathic effect,CPE),有的表现为细胞自培养容器表面脱落;有些使细胞溶酶体损伤,导致细胞变圆,最终溶解;有些病毒的酶能使细胞膜溶解,从而使几个细胞合在一起形成合胞体。细胞病变可直接在倒置显微镜下观察,一般无需染色。但也有病毒不产生 CPE,则应采用免疫荧光或 PCR 等技术检查细胞中的病毒。

细胞感染病毒不一定是同时发生的,因此 CPE 也不一定在同一时间内出现。不同病毒产生 CPE 的时间也不尽相同,对一种病毒而言,在某种细胞培养中,其 CPE 相当稳定,因此细胞病变往往是随着病毒种类和所用细胞类型的不同而异。

传代细胞的优点:①可以无限地传代;②不少细胞系对病毒很敏感;③某些传代细胞系能在悬浮培养条件下培养,适合病毒抗原的大量生产;④生长旺盛,繁殖快速,对营养条件不苛刻。

传代细胞的缺点:在传代过程中易遭到支原体和病毒的污染。

三、实验准备

1. **仪器** CO_2 培养箱,倒置显微镜,超净工作台,离心机。
2. **细胞** PK-15(猪肾细胞)、Vero(非洲绿猴肾细胞)或 Marc-145。
3. **待接病毒** 猪伪狂犬病病毒(PRV)。
4. **器材** 细胞培养瓶或培养皿,三角烧瓶,平皿,吸管,吸球,移液管,废液缸,离心管,75%酒精棉球,2%碘酒,96孔细胞培养板,加样器,枪头,pH 试纸。
5. **试剂** 0.25%胰酶,RPMI 1640 培养基(含 2%~10%小牛血清),双抗(青霉素、链霉素)。

(1) 生长液配制:

RPMI 1640 液	90%
小牛血清	10%
双抗(1万 U/mL)加至约 100U/mL	
7.4%$NaHCO_3$ 调 pH 至 7.0~7.4	

(2) 维持液配制:

RPMI 1640 液	98%

小牛血清　　　　　　　　　　　　　　2%
双抗（1万 U/mL）加至约 100U/mL
7.4%NaHCO₃ 调 pH 至 7.0~7.4

（3）消化液配制：称取 0.25g 胰酶（活力为 1∶250），加入 100mL 无 Ca^{2+}、Mg^{2+} 的 Hank's 液溶解，滤器过滤除菌，4℃保存。用前可在 37℃下回温。胰酶溶液中也可加入 EDTA，使其最终浓度为 0.02%。

胰酶的作用：使精氨酸或赖氨酸的羧基与其他氨基酸的氨基之间的多肽链发生水解，导致细胞间质水解而使细胞或组织块消化为分散的单个细胞。

（4）血清的处理：无菌采集，过滤除菌。用前 56℃灭活 30min。

血清的作用：

A. 能提供细胞生存、生长和增生所必需的生长调节因子。

B. 能补充基础培养液中没有或量不足的营养成分。

C. 含有一些可供贴壁依赖型细胞在培养器皿表面贴附和铺展的生长基质成分。

D. 中和毒性物质，保护细胞不受伤害。

E. 给培养液提供良好的缓冲系统。

F. 提供蛋白酶抑制剂，保护细胞免受细胞释放的蛋白酶的损害。

应用血清存在的问题：

A. 血清中存在不少有害于细胞生长和繁殖的物质，如补体、免疫球蛋白、生长抑制因子。

B. 血清的成分不明确，影响对结果的分析。

C. 不同动物、不同批次的血清成分和活性差别较大，使得培养结果不稳定。

四、实验方法

步骤	备注
1. 取单层细胞　将长满单层的传代细胞瓶从 CO_2 培养箱中取出，放入超净工作台中，瓶盖及体表用沾有新洁尔灭消毒液的湿纱布擦拭。	1. 细胞应刚好长满单层。
↓	
2. 弃培养液　无菌操作，打开细胞瓶盖，轻轻摇动瓶内的培养液，将细胞瓶内的培养液弃去。	
↓	
3. 胰酶消化　加入少许 0.25%胰酶溶液消化，以液面盖住细胞为宜，瓶口塞好橡皮塞，放在倒置显微镜下观察细胞。	2. 注意控制好消化的时间。如肉眼观察，当见到瓶底发白并出现细针孔样空隙时终止消化。
↓	
4. 终止消化　随着时间的推移，原贴壁的细胞逐渐趋于圆形，在还未漂起时将胰酶弃去，加入 10mL 培养液终止消化。	

5. 分散细胞 用吸管将贴壁的细胞吹打成悬液。

6. 细胞分瓶 将分散的细胞平均分到另外2~3瓶中，补足培养液，一般100mL容积的细胞瓶，培养液为10mL，塞好橡皮塞，置37℃ 5%CO_2培养箱中培养。

7. 观察细胞 每天在倒置显微镜下对细胞作定期观察，主要观察细胞是否被污染、培养液的颜色是否变化、细胞生长状态等。

8. 接毒 选长满单层的细胞，倒掉培养液，加入适量的待接病毒悬液。

9. 感作 将接种病毒的细胞置37℃ 5%CO_2培养箱中感作（吸附）0.75~1h。

10. 培养 取出细胞培养瓶，倒掉或不倒掉培养液，补足维持液，置37℃ 5%CO_2培养箱中继续培养。

11. 细胞病变观察 接毒后每天必须在倒置显微镜下观察有无细胞病变。大多数能引起细胞病变（CPE），有的表现为细胞脱落；有些使细胞变圆，最终溶解；有些病毒能使几个细胞合在一起形成合胞体。

12. 收毒 当80%以上的细胞出现病变后，将病变的细胞置于-20℃冰箱中，冻结后取出自然解冻，在解冻过程中振摇几次，以使细胞完全从瓶壁上脱落。然后将病毒液收集于盐水瓶或其他容器中，低温储藏备用。

3. 此时细胞较易碎，吹打时不能太用力，以免损伤细胞。

4. 如果长得好的细胞，一般在第二天培养液的颜色就变浅。一般情况下，传代后的细胞在2~4h就能附着在培养瓶壁上，2~4d就可在瓶内形成单层，需要再次进行传代。

5. 感作过程中应轻轻摇动2~3次，使病毒充分吸附细胞，提高分离率。

6. 注意：有的病毒不表现细胞病变。需采用其他方法判定，如PCR、病毒的中和试验等。

7. 收毒前细胞需反复冻融2~3次，使细胞充分脱落或崩解。

五、注意事项

（1）玻璃制品清洗、浸酸之后一定要用自来水冲洗 5～10 次。因为残存的洗液对细胞黏附有很大影响。

（2）细胞瓶、吸管等在干热灭菌时，应注意观察，以免发生意外。器皿烤完后，待温度降至 100℃ 之下才能开烤箱门。金属器械和橡胶、塑料制品不能使用干热法灭菌。

（3）器皿经高压蒸汽灭菌后，务必晾干或烘干，以防包装纸潮湿发霉。

（4）小牛血清、细胞培养液、胰酶和一些生物制剂是有机溶液，均不能高压蒸汽灭菌，可用滤器过滤除菌。

（5）用于接毒的细胞必须是刚好长满单层的新鲜细胞。

（6）细胞接毒后，有些病毒在初次培养可能不出现细胞病变，需盲传三代以上。

六、思考题

（1）传代细胞和原代细胞有何不同？各有什么优缺点？

（2）细胞在接种病毒后，为什么有时要盲传三代以上才出现明显的细胞病变？

（3）描述观察到的细胞病变并说明如何收获病毒。

七、实验报告

写出细胞传代培养、接毒的步骤和注意事项，观察细胞病变并分析原因。

实验十一 病毒半数组织感染剂量（$TCID_{50}$）的测定

一、实验目的

掌握半数组织感染剂量（$TCID_{50}$）的操作步骤、计算方法及含义。

二、实验原理

将病毒用维持液作对数或半对数逐步稀释，每个稀释度接种 4 支以上细胞培养管，接种后的培养物在适宜条件下培养，定期观察细胞病变（CPE），如果一半或一半以上的细胞出现 CPE 则视为阳性（或感染）。能在半数细胞培养板孔或试管内引起细胞病变的病毒量称为半数组织感染剂量（50% tissue culture infective dose，$TCID_{50}$），是一种用来测定病毒感染力的指标。

三、实验准备

1. **细胞** 长满单层的 Vero 细胞。
2. **病毒** 猪伪狂犬病病毒（PRV）。
3. **细胞培养液** 含 2%（维持液）和 10%（生长液）小牛血清的 RPMI1640 细胞培养液。
4. **其他** 胰酶，吸球，吸管，EP 管，离心管，96 孔细胞培养板，加样器，枪头。

四、实验方法

1. 准备待接病毒的细胞板 取一瓶长势良好的 Vero 细胞，胰酶消化，稀释分散后，在 96 孔无菌细胞培养板中传代培养，每孔加入 100μL 细胞液（8 000～10 000 个细胞），当每孔的细胞大约长到 60% 丰度时即可接种病毒。

↓

2. 稀释待测病毒液 在 EP 管中用无血清的生长液 10 倍倍比稀释病毒原液（10^{-1}、10^{-2}、10^{-3}…10^{-10} 等），根据病毒大致的滴度确定稀释的倍数。首次滴定可以多稀释几个滴度。

根据接种的孔数稀释病毒，常规每个稀释度接种 4 孔，100μL/孔，则每个稀释度的病毒液可配制 500μL，如 10^{-1} 为 50μL 加入 450μL 的孵育液中；若每个稀释度接种 8 个孔，则每个稀释度的病毒液可配制 1mL，即 10^{-1} 为 100μL 加入 900μL 孵育液中。上述的溶液配比并不是固定不变的，可以根据接种的量自行调整。

↓

3. 接种待测病毒 细胞长满单层后取出 96 孔细胞培养板，用多道加样器（又称排枪）吸去孔中的培养液，吸取孵育液加在每孔中，再轻轻吹打一次，然后吸出孵育液（此步目的是去除血清，因为血清能干扰病毒的吸附）。将稀释好的病毒液加到 96 孔板上，每孔 100μL，根据观察的习惯，一般从右到左、从上到下、从高稀释度到低稀释度加样。

在 37℃ CO_2 培养箱中孵育 1h，取出培养板吸去病毒液（从低浓度向高浓度吸取可避免窜孔），加入维持液 200μL，继续在 37℃ CO_2 培养箱中培养。

↓

4. 培养观察 将培养板放置于 CO_2 培养箱，37℃培养，逐日观察并记录结果，一般需要观察 5～7d。

↓

5. 结果判定 取出培养板，倒置显微镜下观察细胞病变，并记录结果。

↓

6. 结果计算
（1）Reed-Muench 二氏法：观察 CPE，找出能引起半数细胞

1. 传代细胞消化后加 10mL 培养液，一般可传一块 96 孔细胞培养板，注意细胞应分散均匀。

2. 一般每个稀释度接种 8 个孔。

3. 病毒稀释过程中病毒液与生长液应充分混匀。此过程中使用的加样器和 tip 头应确保无菌。加样器使用前可用 75% 乙醇擦拭，并用紫外线照射 20min。

4. 切记：设置正常的细胞对照。每次实验要重复 4 次，计算标准差。

5. 判定标准：细胞对照无病变，在无标准品时，应增加实验次数以减少误差。

感染的病毒稀释倍数，计算出该病毒液的 $TCID_{50}$。实验操作见表 11-1。

表 11-1 实验操作

病毒液稀释度	出现 CPE 孔数	无 CPE 孔数	累计 出现 CPE 孔数	累计 无 CPE 孔数	出现 CPE 孔所占的百分比
10^{-1}	8	0	37	0	100 (37/37)
10^{-2}	8	0	29	0	100 (29/29)
10^{-3}	7	1	21	1	95.45 (21/22)
10^{-4}	6	2	14	3	82.35 (14/17)
10^{-5}	4	4	8	7	53.33 (8/15)
10^{-6}	3	5	4	12	25.00 (4/16)
10^{-7}	1	7	1	19	5.00 (1/20)
10^{-8}	0	8	0	27	0 (0/27)
10^{-9}	0	8	0	35	0 (0/35)
10^{-10}	0	8	0	43	0 (0/43)

距离比例＝（高于 50% 病变率的百分数－50%）／（高于 50% 病变率的百分数－低于 50% 病变率的百分数）
　　　　＝（53.33%－50%）／（53.33%－25%）
　　　　＝0.12

$lgTCID_{50}$＝距离比例×稀释度对数之间的差＋高于 50% 病变率的稀释度的对数
　　　　　＝0.12×（－1）＋（－5）
　　　　　＝－5.12

$TCID_{50} = 10^{-5.12}/0.1\text{mL}$

含义：将该病毒稀释 $10^{5.12}$ 倍，接种 $100\mu L$ 可使 50% 的细胞发生病变。

（2）Karber 法：实验操作见表 11-2。

表 11-2 实验操作

病毒液稀释度	出现 CPE 的孔数	出现 CPE 孔的比率
10^{-1}	8	8/8＝1
10^{-2}	8	8/8＝1
10^{-3}	7	7/8＝0.875
10^{-4}	6	6/8＝0.750
10^{-5}	4	4/8＝0.500
10^{-6}	3	3/8＝0.375
10^{-7}	1	1/8＝0.125
10^{-8}	0	0/8＝0
10^{-9}	0	0/8＝0
10^{-10}	0	0/8＝0

$lgTCID_{50} = L - D(S - 0.5)$

式中，L 为最高稀释度的对数；D 为稀释度对数之间的差；S 为阳性孔比率总和。

$lgTCID_{50}$＝－1－1×（4.625－0.5）
　　　　　＝－5.125

$$TCID_{50} = 10^{-5.125}/0.1mL$$

含义：将该病毒稀释 $10^{5.125}$ 倍，接种 $100\mu L$ 可使 50% 的细胞发生病变。

五、注意事项

(1) 病毒滴定与对照可以在一块培养板上进行，操作中注意不要窜孔。也可以分别在不同的细胞培养板上进行，但要保证实验条件一致。

(2) 操作过程中用到的加样器和吸头要确保无菌。

(3) 逐日观察并记录结果，一般需要观察 5~7d。

(4) 用过的器械必须消毒后擦干、包好，高压灭菌待用。

六、思考题

(1) 阐述半数细胞培养物感染剂量（$TCID_{50}$）的试验原理及注意事项。

(2) 试述 $TCID_{50}$ 的大小与病毒毒力之间的关系。

七、实验报告

记录详细的试验过程、结果及试验中应注意的事项，并分析讨论结果。

实验十二　病毒的中和试验

一、实验目的

(1) 了解中和试验的基本原理和几种不同的测定方法。

(2) 掌握固定病毒-稀释血清法的操作步骤和计算方法及含义。

二、实验原理

病毒或毒素与相应的抗体结合，抗体中和了病毒或毒素，使其失去了对易感动物的致病力，这种试验称为中和试验。一般用于疾病诊断，病毒分离株的鉴定，不同病毒株的抗原关系研究，疫苗免疫原性的评价，免疫血清的质量评价，测定实验动物血清中是否存在抗体等。中和试验可分为终点法、蚀斑减数法、交叉保护试验及动态法等 4 种类型。其中终点法中和试验是检查血清内中和抗体的最常用方法，具体可分为两种：固定病毒-稀释血清法和固定血清-稀释病毒法，其中以前一种方法更为常用。

1. 固定病毒-稀释血清法　将不同稀释度的血清与固定量的病毒液（一般为 100 或 200 个 $TCID_{50}$、EID_{50} 或 LD_{50}）混合，置适当的条件下感作一定时间，再将血清-病毒混合物接种于敏感细胞、鸡胚或实验动物，测定被检血清阻止组织培养细胞、鸡胚或实验动物发生病毒感染的能力及其效价。

以能保护 50% 组织培养细胞、鸡胚或实验动物不发生病变、感染或死亡的血清最高稀释倍数，作为该血清的 50% 中和效价（PD_{50}）。

2. 固定血清-稀释病毒法　在固定量的血清中，加入等量不同稀释度的病毒，用对照非免疫血清（对照组）和待检血清同时进行测定，计算每一组的 $TCID_{50}$、EID_{50} 或 LD_{50}，然后计算中和指数。

三、实验准备

1. 细胞 Vero（非洲绿猴肾细胞）或 PK-15（猪肾细胞）。
2. 病毒 猪伪狂犬病病毒（PRV）。
3. 血清 待检血清，PRV 阳性对照血清，PRV 阴性对照血清。
4. 仪器 CO_2 培养箱，倒置显微镜，超净工作台，离心机。
5. 其他 细胞培养瓶或培养皿，吸管，吸球，移液管，废液缸，离心管，96孔细胞培养板，加样器，枪头，pH试纸，胰酶，生长液。

四、实验方法

1. 固定病毒-稀释血清法

（1）测定病毒液的 $TCID_{50}$，具体方法参考实验十一。

↓

（2）将测好 $TCID_{50}$ 的病毒液稀释成 200 个 $TCID_{50}$ 的病毒悬液。

↓

（3）在96孔细胞培养板中将血清（预先在56℃灭活30min）做连续倍比稀释（具体方法是在96孔板中先加入 $50\mu L$ 生长液，再加 $50\mu L$ 待检血清，混匀后，吸 $50\mu L$ 至下一孔，如此下去，一直到1∶256），每个稀释度做4孔（表12-1）。

↓

（4）在上述各孔内分别加入 $50\mu L$ 稀释好的病毒液，混匀后放入37℃ 5%CO_2 培养箱中作用 45~60min。

↓

（5）同时设待检血清毒性对照，阴性、阳性血清对照，病毒对照和正常细胞对照，其中病毒对照要做200个 $TCID_{50}$、20个 $TCID_{50}$、2个 $TCID_{50}$、0.2个 $TCID_{50}$ 4个不同浓度。

↓

（6）感作完成后每孔加入 $100\mu L$ 细胞悬液，置37℃ 5%CO_2 培养箱培养，逐日观察并记录结果，一般要观察 5~7d。

↓

（7）结果计算，按 Reed-Muench 二氏法或 Karber 法进行。

表 12-1　实验操作

血清稀释度	出现 CPE 孔数	无 CPE 孔数	累计		保护率%
			出现 CPE 孔数	无 CPE 孔数	
$1:2$ $(10^{-0.3})$	0	4	0	17	100 (17/17)
$1:4$ $(10^{-0.6})$	0	4	0	13	100 (13/13)
$1:8$ $(10^{-0.9})$	1	3	1	9	90 (9/10)
$1:16$ $(10^{-1.2})$	1	3	2	6	75 (6/8)
$1:32$ $(10^{-1.5})$	2	2	4	3	42.9 (3/7)
$1:64$ $(10^{-1.8})$	3	1	7	1	12.5 (1/8)
$1:128$ $(10^{-2.1})$	4	0	11	0	0 (0/11)
$1:256$ $(10^{-2.4})$	4	0	15	0	0 (0/15)

距离比例＝(高于50%的保护率－50%)/(高于50%的保护率－低于50%的保护率)
　　　　＝(75－50)/(75－42.9)
　　　　＝0.779

$lgPD_{50}$＝高于50%的保护率的血清稀释度的对数＋距离比例×稀释度对数的差
　　　　＝－1.2＋0.779×(－0.3)
　　　　＝－1.434

PD_{50}＝$lgPD_{50}$的反对数＝0.04＝1/25

即 1:25 稀释的待检血清可保护50%的组织培养细胞免于出现 CPE。

2. 固定血清-稀释病毒法

(1) 将病毒液做连续10倍倍比稀释。

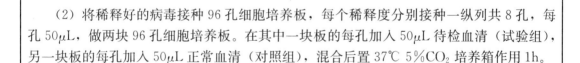

(2) 将稀释好的病毒接种96孔细胞培养板，每个稀释度分别接种一纵列共8孔，每孔50μL，做两块96孔细胞培养板。在其中一块板的每孔加入50μL待检血清(试验组)，另一块板的每孔加入50μL正常血清(对照组)，混合后置37℃ 5%CO_2培养箱作用1h。

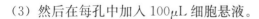

(3) 然后在每孔中加入100μL细胞悬液。

(4) 设两纵列正常细胞对照。

(5) 置37℃ 5%CO_2培养箱培养，逐日观察并记录结果。

(6) 分别计算每组病毒的 $TCID_{50}$，计算方法参考实验十一，然后计算血清的中和指数。

中和指数＝试验组 $TCID_{50}$/对照组 $TCID_{50}$

如：中和指数＝$10^{-4.0}/10^{-7.0}=10^{3.0}=1\,000$

判定标准：待检血清的中和指数大于 50 判为阳性；10～49 为可疑；小于 10 为阴性。

五、注意事项

（1）为保证试验结果准确，必须同时设待检血清毒性对照，阴性、阳性血清对照，病毒对照和正常细胞对照，同时要保证试验条件一致。

（2）整个操作过程必须无菌操作，试验中用到的加样器和吸头等确保无菌。

（3）逐日观察并记录结果，一般需要观察 5～7d。

六、思考题

（1）阐述中和试验的基本原理及现实意义。

（2）简述固定病毒-稀释血清法和固定血清-稀释病毒法的异同。

七、实验报告

记录详细的试验过程及操作注意事项，并对试验结果进行计算及分析。

实验十三 病毒的鸡胚培养

一、实验目的

（1）了解病毒鸡胚培养的意义及用途。

（2）熟练掌握病毒鸡胚接种的操作过程及注意事项。

二、实验原理

鸡胚培养法是用来培养某些对鸡胚敏感的动物病毒的一种方法，此方法可用以进行多种病毒的分离、培养，毒力的滴定，中和试验以及抗原和疫苗的制备等。鸡胚培养比组织培养容易成功，也比实验动物来源容易，无饲养管理及隔离等的特殊要求，同时它的敏感范围很广，多种病毒均能适应，因此是常用的一种培养动物病毒的方法。

病毒接种鸡胚的途径有多种，主要有卵黄囊接种、绒毛尿囊腔接种、绒毛尿囊膜接种、羊膜腔接种等途径，应根据需要选择适当的途径。

三、实验准备

1. 仪器 孵化箱或生化培养箱，超净工作台。

2. 病毒 新城疫病毒悬液。

3. 受精蛋 健康鸡群的受精蛋，无母源抗体。

4. 其他 照蛋器，蛋架，1mL注射器，20～27号针头，镊子，剪刀，酒精灯，灭菌吸管，灭菌滴管，铅笔，透明胶纸，2%碘酊，75%酒精，棉球，封蜡（固体石蜡），灭菌培养皿，灭菌盖玻片等。

四、实验方法

实验步骤	注意事项
（一）尿囊腔接种 **1. 划气室** 取孵育9～11日龄的鸡胚，将鸡胚在照蛋器上照视，用铅笔画出气室与胚胎位置，并在绒毛尿囊膜血管较少的地方做记号。 ↓ **2. 打孔** 在气室中心或远离胚胎气室边缘先后用碘酊棉球及酒精棉球消毒，以打孔器在记号处钻一小孔。 ↓ **3. 接毒** 用带18mm长针头的1mL注射器吸取鸡新城疫病毒悬液，然后刺入孔内，经绒毛尿囊膜进入尿囊腔，注入0.1～0.3mL新城疫病毒悬液，拔出针头。 ↓ **4. 封蜡** 用融化的石蜡封孔。 ↓ **5. 孵化** 于37℃孵化箱孵育。 ↓ **6. 照蛋** 孵化期间，每天照蛋2～3次，观察胚胎存活情况。弃去接种后24h内死亡的鸡胚。 ↓ **7. 收获** 时间需视病毒的种类而定，新城疫病毒在接种后24～48h即可收获毒。 （1）收获前将鸡胚置于0～4℃冰箱中冷藏过夜，使血管收缩，以便得到无胎血的纯尿囊液。 （2）用碘酒消毒气室处的卵壳，并用灭菌剪刀除去气室的卵壳，切开壳膜及其下面的绒毛尿囊膜，翻开到卵壳边上。	1. 应选择合适胚龄的鸡胚。 2. 注意鸡胚及打孔器的消毒灭菌。 3. 接种针不能过长，以免刺伤胚体。 4. 孵化过程中应定期翻蛋、照蛋。 5. 根据病毒选择合适的收获时间。 6. 收获的尿囊液经无菌检查后可在4℃以下的温度中保存。

(3) 将鸡胚倾向一侧，用灭菌吸管吸出尿囊液。一个鸡胚可收获6～15mL尿囊液。若操作时损伤了血管，则病毒会吸附在红细胞上。

↓

8. 病变观察 尿囊液收获完后，用无菌镊子取出胚体，观察胚体的病变特征。

（二）卵黄囊接种法

1. 划气室 选用6～8日龄鸡胚，划出气室和胚胎位置，垂直放置在固定的卵架上。

↓

2. 打孔 用碘酊及酒精棉球消毒气室端，在气室的中央打一小孔。

↓

3. 接毒 针头沿小孔垂直刺入约3cm，向卵黄囊内注入0.1～0.5mL病毒液。

↓

4. 封孔 拔出针头，用融化的石蜡封孔，直立孵化3～7d。

↓

5. 照蛋 孵化期间，每天照蛋2～3次，观察胚胎存活情况。弃去接种后24h内死亡的鸡胚。

↓

6. 收获
(1) 将濒死或死亡鸡胚气室部用碘酊及酒精棉消毒，直立于卵架上。无菌操作轻轻敲打并揭去气室顶部蛋壳。
(2) 用另一无菌镊子撕开绒毛尿囊膜，夹起鸡胚，切断卵黄带，置于无菌器皿中。
(3) 如收获鸡胚，则除去双眼、爪及喙，置于无菌小瓶中保存。
(4) 如收获卵黄囊，则用镊子将绒毛尿囊膜与卵黄囊分开，将卵黄囊储于无菌小瓶中。

7. 鸡新城疫病毒在尿囊腔生长后，鸡胚全身皮肤出现出血点，以脑后最显著。

8. 针头约3cm长才能刺到卵黄囊。

9. 收获的鸡胚或卵黄囊，经无菌检验后，放置于−25℃冰箱中冷冻保存。

五、注意事项

(1) 整个操作应在无菌室或超净工作台内完成，做到无菌操作，防止鸡胚污染影响病毒的培养。一般 24h 内死亡的鸡胚不用。

(2) 鸡胚接毒后，必须带毒发育一定时间才有利于病毒的增殖。

(3) 鸡胚培养应保持适合的温度、湿度，并定期翻蛋以有利于鸡胚的生长发育。

(4) 病毒液使用前及收获后，必需先做无菌检验，确定无菌后方能使用或保藏。

(5) 用过的器械必须消毒后擦干包好，高压灭菌待用。

六、思考题

(1) 阐述病毒的鸡胚接种和收获方法及注意事项。

(2) 试述鸡胚接种病毒在现实生产中有何意义。

七、实验报告

写出病毒鸡胚培养、病毒收获的操作过程和注意事项，绘出鸡胚接种部位。

实验十四 病毒的血凝及血凝抑制试验

一、实验目的

(1) 掌握病毒血凝和血凝抑制试验的原理及操作方法。

(2) 了解鸡新城疫病毒血凝抑制试验在抗体检（监）测中的意义。

二、实验原理

有些病毒具有凝集某些动物红细胞的能力，称为病毒的血凝，利用这种特性设计的试验称为血细胞凝集（HA）试验，以此来推测被检材料中有无病毒存在，是非特异性的。但病毒凝集红细胞的能力可被相应的特异性抗体所抑制，即血细胞凝集抑制（HI）试验，具有特异性。通过 HA-HI 试验，可用已知血清来鉴定未知病毒，也可用已知病毒来检查被检血清中的相应抗体和滴定抗体的含量。

三、实验准备

1. 仪器设备 离心机，10～100μL 可调移液器，微型振荡器，恒温培养箱。

2. 玻璃器械 96 孔 V 形微量反应板，滴头，试管架，试管，注射器，7 号针头，采血管。

3. 病毒及血清 鸡新城疫病毒（抗原），标准阳性血清，被检血清。

4. 其他试剂 0.85% 生理盐水，0.5% 红细胞悬液，pH 7.0～7.2 磷酸缓冲盐水。

5. 试剂制备

(1) pH 7.0～7.2 磷酸缓冲盐水配制方法：氯化钠 170g，磷酸二氢钾 13.6g，氢氧化钠 3.0g，蒸馏水 100mL，高压灭菌，4℃保存，使用时做 20 倍稀释。

(2) 鸡 0.5% 红细胞悬浮液制备方法：先用灭菌注射器吸取抗凝剂（每毫升血液加 20IU 肝素钠），从鸡翅下静脉或心脏采血至需要血量，置灭菌离心管内，加灭菌生理盐水，其量为抗凝血的 2 倍，以 1 500r/min 离心 5～10min，弃上清液，再加生理盐水悬浮血细胞，同上法离心沉淀，如此将红细胞洗涤 3～4 次，最后根据所需用量，用 pH 7.0～7.2 磷酸缓冲盐水配成0.5%鸡红细胞悬液。

(3) 被检血清制备方法：每群鸡随机采20～30份血样，分离血清。

四、实验方法

(一) 病毒的血细胞凝集（HA）试验 **1. 加生理盐水**　在96孔微量反应板上进行，从左至右各孔分别加50μL生理盐水。 ↓ **2. 稀释抗原**　用微量移液器取病毒抗原液50μL加入第1孔内，吸头浸于液体中缓慢吸吹几次，使病毒与稀释液混合均匀，再吸取50μL液体小心地移至第2孔，如此连续稀释至第11孔，第11孔吸取50μL液体弃掉；病毒稀释倍数依次为1∶2～1∶2 048，第12孔为红细胞对照，具体操作详见表14-1。 ↓ **3. 加红细胞悬液**　从右至左依次向各孔加入0.5%鸡红细胞悬液50μL。 ↓ **4. 振荡混匀**　在振荡器上振荡混匀1～2min。 ↓ **5. 感作**　置37℃温箱中作用15～20min。 ↓ **6. 观察**　待对照孔红细胞已沉淀即可进行结果观察(表14-1)。 ↓ **7. 结果判定**　细胞全部凝集，沉于孔底，平铺呈网状，即为100%凝集（＋＋＋＋），不凝集者（－）红细胞沉于孔底呈点状。 能使100%红细胞凝集的病毒液的最高稀释倍数，称为该病毒液的红细胞凝集效价。如病毒液的HA效价为1∶128，则1∶128为1个血凝单位，1∶64、1∶32分别为2、4个血凝单位，或将128/4＝32，即1∶32稀释的病毒液为4个血凝单位。	1. 注意吹打时不应产生气泡。实验中应设红细胞对照孔。 2. 注意加红细胞前应充分混匀。 3. 微量反应板盖上盖子，以免水分蒸发影响结果。 4. 将反应板倾斜成45°角，沉于管底的红细胞沿着倾斜面向下呈线状流动者沉淀，表明红细胞未被或不完全被病毒凝集；如果红细胞铺平孔底，凝成均匀薄层，倾斜后红细胞不流动，说明红细胞被病毒所凝集。

表 14-1 病毒血凝试验的操作方法（单位：μL）

孔号	1	2	3	4	5	6	7	8	9	10	11	12
病毒稀释度	1:2	1:4	1:8	1:16	1:32	1:64	1:128	1:256	1:512	1:1 024	1:2 048	对照
生理盐水	50	50	50	50	50	50	50	50	50	50	50	50
病毒液	50	50	50	50	50	50	50	50	50	50	弃50	
0.5%红细胞	50	50	50	50	50	50	50	50	50	50	50	50
置振荡器上混匀1~2min，放37℃静置15~20min												
结果观察	++ ++	++ ++	++ ++	++ ++	++ ++	++ ++	++ ++	++ +	+ 	+ 	− 	−

注：++++表示100%完全凝集，++表示50%凝集，−表示不凝集。

（二）病毒的血细胞凝集抑制（HI）试验

1. 配制 4 单位病毒液　根据 HA 试验结果，确定病毒的血凝价，配制出 4 个血凝单位的病毒液。

5. 根据 HA 试验配制 4 单位病毒液。

2. 加生理盐水　在 96 孔微量反应板上进行，用固定病毒稀释血清的方法，自第 1 孔至第 11 孔各加 50μL 生理盐水。

3. 稀释血清　第 1 孔加被检鸡血清 50μL，吹吸混合均匀，吸 50μL 至第 2 孔，依此倍比稀释至第 10 孔，吸弃 50μL，稀释度分别为：1:2，1:4，1:8，…，1:1 024；第 12 孔加新城疫阳性血清 50μL，作为血清对照。

6. 每稀释一个样品必须换吸头。

4. 加 4 单位病毒液　自第 1 孔至第 12 孔各加 50μL 4 个血凝单位的新城疫病毒液，其中第 11 孔为 4 单位新城疫病毒液对照。

5. 振荡混匀　在微量振荡器上振 1min，混合均匀。

7. 振荡时不能有液体溅出。

6. 感作　置 37℃温箱中作用 15~20min。

8. 加红细胞前应充分混匀。

7. 加 0.5%红细胞　自第 1 孔至第 12 孔各加 0.5%鸡红细胞悬液 50μL。

8. 振荡混匀　在微量振荡器上振 1min，混合均匀。

9. 感作　置 37℃温箱中作用 15～20min，观察结果（表 14-2）。

10. 观察　待病毒对照孔（第 11 孔）出现红细胞 100%凝集（++++），而血清对照孔（第 12 孔）为完全不凝集（-）时，即可进行结果观察（表 14-2）。

11. 结果判定　以 100%抑制凝集（完全不凝集）的被检血清最大稀释度为该血清的血凝抑制效价，即 HI 效价，用被检血清的稀释倍数或以 2 为底的负对数（-log2）表示。

从表 14-2 得知，该血清的红细胞凝集抑制效价为 1∶128 或 7log2。

9. 微量反应板盖上盖子，以免水分蒸发，影响结果。

10. 凡被已知新城疫阳性血清抑制血凝者，该病毒为新城疫病毒。在临床上，HI 抗体滴度≥11log2 可能有新城疫强毒感染，需结合流行病学判定；HI 抗体滴度≤4log2，对新城疫强度感染缺乏足够保护力，可能发生新城疫，需马上接种疫苗。

表 14-2　病毒血凝抑制试验的操作方法（单位：μL）

孔号	1	2	3	4	5	6	7	8	9	10	11	12
血清稀释度	1∶2	1∶4	1∶8	1∶16	1∶32	1∶64	1∶128	1∶256	1∶512	1∶1024	病毒对照	血清对照
生理盐水 被检鸡血清	50/50	50/50	50/50	50/50	50/50	50/50	50/50	50/50	50/50	50/50	弃去 50	50
4 单位病毒	50	50	50	50	50	50	50	50	50	50	50	
	振荡器上振荡 1～2min，放 37℃作用 15～20min											
0.5%红细胞	50	50	50	50	50	50	50	50	50	50	50	50
	振荡器上振荡 1～2min，放 37℃作用 15～20min											
结果观察	-	-	-	-	-	-	-	+	++	+++	++++	-

注：-表示不凝集，++表示部分凝集，++++表示完全凝集。

五、注意事项

（1）试验完毕后应立即用自来水反复冲洗血凝反应板，再用含洗涤剂的温水浸泡30min，并在洗涤剂溶液中以棉拭子擦洗，用自来水冲洗多次，最后用蒸馏水冲净2～3次，在37℃温箱内烘干备用。目前，大多使用一次性血凝反应板，方便实用、效果较好。

（2）要控制好试验感作温度及观察时间，以免错过最佳观察时机。

（3）要选择健康鸡采血制备红细胞，红细胞的浓度对本试验结果也有很大的影响，一般红细胞浓度增加，HA滴度下降，HI滴度有所上升。

（4）在血凝和血凝抑制试验中，当红细胞出现凝集以后，由于新城疫病毒囊膜上含有神经氨酸酶，其裂解红细胞膜受体上的神经氨酸，结果使病毒粒子重新脱落到液体中，红细胞凝集现象消失，此过程称为洗脱。试验时应注意，以免判定错误。

（5）试验用稀释液的pH对试验有影响，当pH<5.8时红细胞易自凝，pH>7.8时凝集的红细胞洗脱加快。

六、思考题

（1）简述病毒血凝试验和血凝抑制试验的原理、操作程序及结果判定方法。
（2）病毒血凝抑制试验能否用于病毒的特异性诊断？
（3）当红细胞出现凝集以后，随着时间推移为什么红细胞凝集现象又会消失？

七、实验报告

试述血凝试验和血凝抑制试验步骤及注意事项，并结合实际分析实验结果的意义。

实验十五　病毒的电子显微镜观察

一、实验目的

（1）掌握电子显微镜负染技术的操作程序。
（2）学习电子显微镜样品的制备方法，通过电子显微镜识别病毒的形态特征。

二、实验原理

病毒非常微小，普通光学显微镜无法观察，在电子显微镜下才能观察到。电子显微镜是以电子束为光源的显微镜，分透射和扫描两大类，观察病毒必须采用透射电镜。

光学显微镜的标本必须放在载玻片上，但电子束不能穿透玻璃，所以就不能用玻璃作为电镜标本的支架，而是采用极薄的电子透明的薄膜（常用碳膜或聚乙烯醇缩甲醛膜，Formvar），先制备薄膜附载在金属网（一般为铜网）上，再把标本黏附于这种膜上。

在电子光源下，生物样品的反差很小，难以观察清楚，必须用电子染色来加强反差，根据染色效果和成像的不同，可分为正染和负染。正染是强化标本的结构，即染色剂与样品结合，增强其散射电子的能力，最终在荧光屏上形成正像。负染是将标本包埋在染色物质里，借助染色剂增强背景对电子散射的作用，而标本在荧光屏上形成暗背景下的亮像。病毒的观察通常采用负染，最常用的染色剂为醋酸铀或磷钨酸，其中所含的重金属离子电子密度较大。

三、实验准备

1. 材料 含病毒的细胞培养物，如 PRV 感染 Vero 细胞的培养物。
2. 试剂 2%醋酸铀水溶液（或 2%磷钨酸溶液），pH 7.4 PBS 缓冲液。
3. 仪器 透射电子显微镜，冷冻高速离心机。
4. 器皿 带膜的铜网，镊子，凹玻片，蜡盘，滴管，滤纸条（剪裁），培养皿，试管架，医用胶布，记号笔。

四、实验方法

1. 病毒浓缩 将含有病毒的细胞培养物反复冻融 3 次，释放出病毒粒子，然后低速（3 000r/min）离心 15min，再取上清液高速（12 000r/min）离心 15min，最后取上清液。根据待检病毒的大小选择合适的超速离心速度，离心 60min。弃上清，用少量 PBS 缓冲液重悬沉淀物后待检。	1. 应在 4℃条件下离心。
↓	
2. 病毒载网 用毛细管取约 100μL 标本液滴于铜网支持膜上，约 2min 后用滤纸条自铜网边缘吸去多余的标本液，室温静置数分钟，待其干燥。	2. 注意需专用的镊子，以防破坏铜网。
↓	
3. 染色 将铜网放于蜡盘上，用干净的毛细管加 1 滴 2%的磷钨酸浸泡约 2min，吸干液体后，再用 2%磷钨酸复染 1.5min，吸干液体。然后把铜网放在红外线下烘 10～30min。	
↓	
4. 电镜观察 将备好的铜网置于透射电子显微镜下观察，首先在 2 000 倍上选择负染色良好的网孔，然后放大至 30 000～4 000 倍查找病毒粒子，一旦发现病毒颗粒，应立即拍照。	3. 电子显微镜观察时，应保持安静。

五、注意事项

（1）负染技术应用于临床标本时，往往遇到病毒量不足的问题，可用以下方法加以改善：用 0.1%牛血清白蛋白水溶液处理（洗）载网；载网置真空喷镀仪中进行辉光放电（glow discharge）。

（2）样品中病毒浓度要适中，浓度太高或太低都不利于病毒的观察。

（3）使用离心机时，要用专用的离心管，先调好各离心管的平衡。

（4）染色时间可根据样品的厚薄而做适当地调整，一般以 2min 左右较合适。

六、思考题

（1）试述透射电子显微镜的结构及工作原理。
（2）病毒浓缩过程中应注意什么？

七、实验报告

写出电子显微镜样品的制备方法及注意事项，并绘出在电子显微镜下观察到的病毒粒子形态。

实验十六　巨噬细胞体内（外）吞噬试验

一、实验目的

观察吞噬现象，学习检测巨噬细胞吞噬作用的方法和原理。

二、实验原理

吞噬从作为低等单细胞生物一种摄取营养的手段，演化成高等动物清除体内有害异物的一种非特异性防御功能，是生物种系进化的结果，自1881年被发现即为人们所关注。

吞噬细胞可分为2大类，一类为小吞噬细胞，即血液中的嗜中性粒细胞等，另一类即存在于血液中的大单核细胞及固定于各种组织中的巨噬细胞，统称单核/巨噬细胞，或简称巨噬细胞。

巨噬细胞具有多种免疫功能，不仅可吞噬、消灭病原微生物、有害异物和清除衰老、死亡及变异的细胞和代谢产物，并且部分巨噬细胞表面有MHC-Ⅱ类抗原，在机体形成特异性免疫过程中起着桥梁的作用。能识别外来抗原，并加工处理和提呈抗原给T淋巴细胞、B淋巴细胞；还可在抗原物质等刺激下生成和释放肿瘤坏死因子（TNF）、白介素（IL-1）等细胞生物活性介质，参与免疫调节，使机体免疫功能进一步提升和完善。

所以，动物机体的特异性免疫功能是建立在非特异性免疫功能的基础之上，巨噬细胞的吞噬和消化功能的强弱是反映机体免疫能力的重要指标。故巨噬细胞吞噬功能的检测被广泛应用于动物机体免疫能力评估、免疫调节剂筛检及其机理探讨等研究中。

实验根据巨噬细胞具有较强的吞噬功能，应用较易于观察的细胞性抗原作为被吞噬物，如鸡红细胞，易于制备，有核呈橄榄球状，并较不易消化，便于识别。

检测方法可以小鼠为实验动物，并可分为体内吞噬试验和体外吞噬试验等数种方法（动物活体检测可参考人的10%斑蝥酊发泡收集巨噬细胞做体外吞噬试验）。

以小鼠为实验动物做巨噬细胞体内吞噬实验，一般预先以Hank's营养液或1%淀粉溶液给小鼠腹腔内注射，诱导大量巨噬细胞游出，然后再向腹腔内注射5%鸡红细胞悬液，最后收集小鼠腹腔液制片染色，镜检观察、计算巨噬细胞吞噬鸡红细胞的状况。

体外吞噬检测法，即将收集的富含巨噬细胞腹腔液与鸡红细胞混合，37℃孵育进行体外吞噬，制片后染色、镜检。

三、实验准备

1. 实验动物 小鼠（体重 20g 以上），鸡。
2. 实验试剂 Hank's 营养液，1%淀粉溶液，生理盐水，姬姆萨染色液，甲醇，乙醚。
3. 5%鸡红细胞悬液 具体制备方法参考实验十四。
4. 仪器及用具 恒温箱，显微镜，离心机，眼科剪，眼科镊，一次性注射器（1mL、5mL），移液管，载玻片，培养皿。

四、实验方法

（1）诱导单核/巨噬细胞。 ↓ （2）取营养液 3mL 注射于小鼠腹腔内。 ↓ （3）10～15min 后再向小鼠腹腔注射 5%鸡红细胞悬液 2mL，并轻轻挤压腹部。 ↓ （4）10～15min 后用乙醚棉球麻醉小鼠，固定四肢，再向腹腔注入适量肝素生理盐水，轻轻揉压腹部。用眼科剪剥开腹部皮肤，向两侧分开。 ↓ （5）剪开腹腔，抽取腹腔液并以适量 Hank's 液冲洗腹腔，将腹腔液收集于洁净小试管内。 ↓ （6）制片，取收集的腹腔液 30～50mL 滴加在洁净的载玻片上（用前火焰灼烤一下）。 ↓ （7）取一只培养皿，皿内垫纱布并加水湿润，将已加样载玻片放进皿内盖好，置 37℃恒温箱孵育 30min，让巨噬细胞黏附于玻片上。 ↓ （8）取出用生理盐水或 Hank's 液轻柔地漂洗 2～3 次。	若用 1%淀粉溶液，应在实验前 1 天注射。

(9) 自然干燥后，加甲醇固定 1min，水洗。

(10) 姬姆萨染色 10～20min，然后水洗，自然干燥。

(11) 高倍显微镜下观察结果：巨噬细胞较大，胞质呈淡粉色，核为紫红色。吞噬的鸡红细胞在胞质中，颜色较巨噬细胞质深而比巨噬细胞核浅。

(12) 所吞噬的鸡红细胞被消化程度依被吞噬时间和巨噬细胞消化能力的不同而异。
Ⅰ级：未消化——红细胞胞质浅红或浅黄带绿色，胞核紫红色。
Ⅱ级：轻度消化——胞质浅黄绿色，核固缩，染成紫蓝色。
Ⅲ级：重度消化——胞质淡染，胞核呈灰黄色。
Ⅳ级：完全消化——在吞噬细胞内仅见形状似鸡红细胞大小的空泡，边缘整齐，胞核隐约可见。

(13) 记录已吞噬了鸡红细胞的巨噬细胞数，吞入的红细胞数量以及未吞噬红细胞的巨噬细胞数量，计算吞噬百分率和吞噬指数。
吞噬百分率＝已吞噬的巨噬细胞数/（已吞噬的巨噬细胞数＋未吞噬的巨噬细胞数）×100％
吞噬指数＝被吞噬的鸡红细胞数/（已吞噬的巨噬细胞数＋未吞噬的巨噬细胞数）

[附] 巨噬细胞体外吞噬实验
(1) 诱导单核/巨噬细胞。

(2) 取营养液 2～3mL 注射于小鼠腹腔。

(3) 15～30min 后断颈处死实验小鼠。

（4）固定四肢，再往腹腔注入适量肝素生理盐水，轻轻揉压腹部，剥开皮肤，拉向两侧固定。

↓

（5）剪开腹腔，抽取腹腔液，并以 Hank's 液冲洗，收集腹腔液于一洁净试管内。

↓

（6）计数：将收集的腹腔液用白细胞计数板进行巨噬细胞计数。根据计数结果用营养液将巨噬细胞浓度调整为 2×10^6 个/mL。

↓

（7）孵育、制片：取 1mL 巨噬细胞悬液于洁净小试管内，加入 5% 鸡红细胞悬液 0.5mL，混匀后吸取此混合液滴加于洁净载玻片上，每片 0.3～0.5mL，水平置于垫有湿纱布的培养皿内，37℃孵育 30～40min，取出涂成薄片，待干，用生理盐水柔缓冲洗后自然干燥。

↓

（8）甲醇固定 1min，冲洗。

↓

（9）姬姆萨染色 10～20min，水洗，自然干燥。

↓

（10）高倍镜下观察结果：记录已吞噬的巨噬细胞数、被吞入的鸡红细胞数和未吞噬鸡红细胞的巨噬细胞数，同上法计算巨噬细胞的吞噬百分率和吞噬指数。

五、注意事项

（1）控制冲洗液的量，以免影响巨噬细胞浓度调节。
（2）孵育时避免载玻片的混合液试样倾流和变干。
（3）涂片要厚薄适中。
（4）染色稍深些以有利于观察计数。
（5）镜检时注意对巨噬细胞的识别，巨噬细胞本身体积较大，吞噬了鸡红细胞后体积更大。

六、思考题

（1）测定巨噬细胞吞噬作用的意义是什么？

(2) 如何提高小鼠腹腔液中巨噬细胞的游出量？

七、实验报告

简述巨噬细胞体内吞噬实验过程，计算吞噬百分率和吞噬指数。

实验十七　T淋巴细胞酸性α-醋酸萘酯酶染色法

一、实验目的

掌握T淋巴细胞酸性α-醋酸萘酯酶染色的操作方法及其判定标准。

二、实验原理

淋巴细胞内含有多种酶，如α-醋酸萘酯酶（ANAE）、酸性磷酸酶（ACP）、碱性磷酸酶（AKP）、β-葡萄糖苷酸酶等。不同的淋巴细胞亚群所含酶类及其含量各异，如淋巴母细胞富含ACP，而成熟的T淋巴细胞则显示ANAE活性，因此可利用化学反应做检测。T淋巴细胞细胞质内含有的酸性α-醋酸萘酯酶（acid α-naphthyl acetate esterase，ANAE），在弱酸性条件下，能使底物酸性α-醋酸萘酯水解成醋酸和α-萘酚，后者与六偶氮副品红偶联，生成不溶性的红色沉淀物，沉积在T淋巴细胞细胞质内酯酶所在的部位，经甲基绿复染，反应呈现单一或散在的颗粒或斑块，显棕红色，B淋巴细胞则无此反应，因此ANAE染色法可作为鉴别T淋巴细胞的一种非特异性方法。此外，单核细胞、中性粒细胞、嗜酸性粒细胞及血小板等也可呈现酯酶染色阳性反应，应当注意区分。

三、实验准备

1. 固定液　40%甲醛或2.5%戊二醛。

2. 淋巴细胞分层液（聚蔗糖-泛影葡胺）　聚蔗糖（polysucrose solution）商品名Ficoll，相对分子质量400 000，多配制成40%±1%（W/V）水溶液，也有干粉出售。应用时，用蒸馏水配制成9%溶液。泛影葡胺溶液（Meglumini diatrizoici）商品名Vrografin，结构式为3,5-二乙酰氨基2,4,6三碘苯甲酸1-去氧-甲氨基山梨醇，含量为60%或75%，每安瓿为20mL装，常用于人的脏器造影。应用时，取60%泛影葡胺原液20mL，加双蒸水15.38mL，即为33.9%泛影葡胺。

1.077±0.001聚蔗糖-泛影葡胺的配制：9%聚蔗糖液24份，33.9%泛影葡胺液10份，混合即可。必要时，可测相对密度。制好后备用，可用过滤除菌或114.3℃高压灭菌15min，4℃保存，一般可保存3个月。

3. 染色液

(1) 副品红液：取2g副品红加入2mol/L HCl 100mL，温水浴溶解后于4℃保存备用。

(2) 亚硝酸钠溶液（现用现配）：取0.14g亚硝酸钠，加双蒸水10mL，振荡溶解。

(3) α-醋酸萘酯溶液：取1g α-醋酸萘酯溶于乙二醇单甲醚50mL中，储于棕色瓶内，于4℃保存。

(4) 0.067mol/L pH 7.6 PB液：甲液，KH_2PO_4 9.08g溶于1 000mL双蒸水；乙液，Na_2HPO_4 9.47g溶于1 000mL双蒸水；取甲液13.2mL、乙液86.8mL混合即成。

(5) 甲基绿复染液：取 1g 甲基绿，溶于 100mL 双蒸水中，4℃保存。

(6) 应用染色液（孵育液）的配制：取 1mL 亚硝酸钠溶液缓慢滴入 1mL 的副品红液中，边加边摇匀，副品红液由红色变为浅黄色，混合后，静置 1～2min。将此混合液倒入 30mL pH 7.6 PB 溶液中，充分混合后，再加入 α-醋酸萘酯溶液 0.85mL，边加边搅拌，混匀后使用。

四、实验方法

步骤	注意事项
1. 淋巴细胞的获取 取肝素抗凝血 1mL，加等量或适量的生理盐水稀释，取分层液 2mL 加入离心管内，然后将上述稀释的血液沿管壁缓缓加入至分层液上，注意不要打破两层界面。以水平转子离心机 1 000～1 500r/min 离心 20min。结果形成四层，最上面一层为血浆，第二层为淋巴细胞（包括单核细胞），第三层为分层液，第四层为红细胞。用毛细管吸去血浆层，然后吸取淋巴细胞放入适量的 Hank's 液（或生理盐水）中，充分摇匀，2 000r/min 离心 5～10min，弃上清液，再重复洗涤一次，即获淋巴细胞。↓	1. 抗凝血应现采现用。
2. 涂片的制备 将获取的淋巴细胞制作涂片，自然干燥。↓	2. 涂片不能太厚而影响观察。
3. 固定 以 40% 甲醛蒸汽或 2.5% 戊二醛固定 10min。↓	3. 应及时固定。
4. 染色 于固定的标本片上滴加孵育液，以覆盖为度，37℃ 染 45～60min，蒸馏水冲洗。↓	4. 正确把握染色时间。
5. 复染 用甲基氯复染 1～5min，蒸馏水冲洗，自然干燥。↓	
6. 镜检 油镜下观察计数。↓	5. 用油镜观察，分视野计数。
7. 结果判定 镜检时，首先要判定是否为淋巴细胞。淋巴细胞经 ANAE 染色后，可区分为两大类：一类淋巴细胞的胞质内不见呈色物质，为 ANAE 阴性细胞；另一类在胞质中出现棕红色物质，为 ANAE 阳性细胞。根据呈色物质的形态和分布又分为块状 ANAE 阳性淋巴细胞和点状 ANAE 阳性淋巴细胞。ANAE 阴性淋巴细胞呈黄绿色，胞质内无明显着色颗粒。	6. 注意与 B 淋巴细胞相区别。

在胞质内出现大小不一、数量不等的黑红色颗粒的细胞为T淋巴细胞，无此颗粒的为B淋巴细胞。同时计数淋巴细胞100~200个，求出它们各占的百分比。

五、注意事项

（1）不同质量的试剂，尤其是偶氮染料对反应产物的颜色、鲜艳程度、颗粒粗细和定位清晰程度等影响很大，应加注意。

（2）由于本反应为酶化学反应，非常灵敏，各种条件应严格掌握。尤其是试剂的pH要求准确，pH是否合适是染色成败的关键，因为pH合适，酶的活性才最旺盛。绝大多数哺乳动物适宜pH在5.5~6.5。

（3）反应（染色）的时间一般需45min以上，T细胞才能呈现明显颗粒，而中性粒细胞的ANAE阳性需要更长的时间（90min以上）才能显示出来。

（4）配制反应液时，各溶液混合，必须边摇边缓慢加入，若滴入过快，可出现沉淀，影响染色结果。

（5）制片过程中，标本要求尽快固定、干燥和冲洗。若时间过长，可影响酯酶活性。

（6）涂片插入染色缸时，要注意必须将标本面与反应液接触，切勿将标本面紧贴缸壁，以免影响染色反应。如片子较多，反应液相对减少，会使阳性率降低。

（7）染色后冲洗不宜过久，防止酶反应产物的红色消减，造成标本观察困难。

六、思考题

（1）试述T淋巴细胞酸性α-醋酸萘酯酶染色的基本原理。
（2）影响T淋巴细胞酸性α-醋酸萘酯酶染色实验成功的因素有哪些？

七、实验报告

写出T淋巴细胞酸性α-醋酸萘酯酶染色的基本原理及操作方法，并画出在光镜下观察到的细胞形态。

实验十八　E-玫瑰花环试验

一、实验目的

（1）掌握E-玫瑰花环试验的原理及操作方法。
（2）熟悉淋巴细胞的分离方法。

二、实验原理

动物的T淋巴细胞具有结合红细胞的性质，其分子基础是T细胞表面存在CD2分子，也就是红细胞受体，多数动物的T细胞是绵羊红细胞受体，而豚鼠、马的T细胞是家兔红细胞受体，因此红细胞能黏附到T细胞周围形成一朵玫瑰花样的花环，故取名为E-玫瑰花环（erythrocyte rosettes），即红细胞玫瑰花环，该试验称为E-玫瑰花环试验（erythrocyte rosettes assay)。凡能与红细胞形成 E-玫瑰花环的淋巴细胞简称为 E-花环形成细胞。该试验可用于计数或分离 E-花环形成细胞以及测定机体的细胞免疫状态。

三、实验准备

1. **器具** 试管，离心管，毛细管，吸管，注射器，载玻片，血细胞计数板。
2. **动物** 豚鼠，家兔等。
3. **试剂** 淋巴细胞分层液，无钙、镁的 Hank's 液，肝素液，小牛血清。

0.8％戊二醛溶液：25％戊二醛溶液 0.32mL，Hank's 液 9.68mL，用前配制。

4. **Giemsa-Weight 染色液** Ⅰ液：Weight 粉 0.1g 加甲醇 60mL，研磨混匀；Ⅱ液：Giemsa 粉 0.5g 溶于纯甘油 33mL 中，置 60℃温箱，最后加甲醇 33mL 即可；使用时，分别将Ⅰ液和Ⅱ液用 pH 6.4 的 PBS 稀释 1 倍。

四、实验方法

（一）豚鼠淋巴细胞的制备（有 2 种方法供选择） **1. 方法 1** （1）取豚鼠肝素抗凝血 3mL，沿离心管壁轻轻地加入到 3mL 的淋巴细胞分层液的上面。 ↓ （2）在水平转子离心机中，2 000r/min 离心 20min。离心后分为 4 层，上层为血浆，此层与分层液液面交界处有一云雾状层，即为淋巴细胞层，云雾状层之下为淋巴细胞分层液，底层主要为红细胞。用毛细管轻轻地把淋巴细胞层吸入另一试管中。 ↓ （3）用 5 倍 Hank's 液反复洗涤淋巴细胞 2 次，每次洗涤后 2 000r/min 离心 10min，弃上清液。 ↓ （4）沉淀的淋巴细胞用 Hank's 液配成 $5×10^6$ 个/mL 的悬液。 **2. 方法 2** （1）取豚鼠肝素抗凝血 2mL，置 37℃水浴中静置 30～40min。 ↓ （2）吸取上层白细胞与血浆的混合液（约 1mL）。	1. 注意两层液体的界面不相混合。 2. 若沉淀的淋巴细胞中有少量红细胞，可加蒸馏水 1mL 左右，振摇 1min，使红细胞破裂，然后立即加 Hank's 液 4mL 左右，混匀，2 000r/min 离心 10min，弃上清液。 3. 注意控制好水浴温度及保持静置状态。

(3) 于混合液中加入 5 倍 Hank's 液，1 500r/min 离心 5~10min，弃上清液。

(4) 重复用 Hank's 液洗涤 4 次，沉淀的淋巴细胞用 Hank's 液配成 $5×10^6$ 个/mL 的悬液。

(二) 家兔红细胞（RRBC）的制备

(1) 采集家兔心脏肝素抗凝血 5mL，以 2 000r/min 离心 10min，弃上清液。

4. 家兔心脏采血时用 9 号针头为宜。

(2) 用 Hank's 液反复洗涤红细胞 3 次，每次 2 000r/min 离心 10min。

(3) 最后用 Hank's 液配成 10%RRBC 悬液。

(三) E-玫瑰花环形成细胞

(1) 取 0.1mL 淋巴细胞悬液，加 10%RRBC 悬液 0.1mL，再加小牛血清 0.1mL。

(2) 37℃ 水浴 15min，600r/min 离心 5min，吸弃上清液，4℃ 作用 2~4h。

(3) 将细胞沉淀轻轻摇起，加 0.8% 戊二醛溶液 0.1mL，混匀后 4℃ 固定 15min。

(4) 将洁净的载玻片用 Hank's 液沾湿，滴一小滴细胞悬液，让其自然散开即可。

5. 载玻片应洁净处理，否则影响效果。

(5) 自然干燥后，滴加甲醇固定 5min，用 Giemsa-Weight 染色液染色，水洗，干燥后镜检。

（6）结果判断：凡吸附 3 个以上 RRBC 的淋巴细胞判为一个 E-玫瑰花环形成细胞。每一标本检查 200 个淋巴细胞，按下列公式计算 E-玫瑰花环形成率。

$$E\text{-玫瑰花环形成率} = \frac{E\text{-玫瑰花环形成细胞数}}{\text{计数的淋巴细胞总数}} \times 100\%$$

五、注意事项

（1）豚鼠肝素抗凝血及家兔红细胞应尽量新鲜，现采现用。
（2）实验中用到的玻璃器皿应经过洁净处理。
（3）采血时注意保定动物，以防被咬（抓）伤。

六、思考题

（1）简述 E-玫瑰花环试验的操作方法。
（2）为什么可以用 E-玫瑰花环试验检测 T 细胞的数量？

七、实验报告

写出 E-玫瑰花环试验的原理及方法，画出观察到的结果，并计算 E-玫瑰花环形成率。

实验十九　EA-玫瑰花环试验

一、实验目的

（1）掌握 EA-玫瑰花环试验的原理及操作方法。
（2）熟悉淋巴细胞的分离方法。

二、实验原理

B 淋巴细胞上有免疫球蛋白的 Fc 受体，以鸡红细胞作为指示细胞与相应的抗红细胞抗体形成 EA，B 淋巴细胞可以通过 Fc 受体与 EA 结合，形成 EA-玫瑰花环，在显微镜下可以观察到吸附有红细胞的 B 淋巴细胞，以此计算 B 淋巴细胞的数目。Fc 受体并非 B 细胞所特有，中性粒细胞、单核细胞及巨噬细胞表面均有这种受体，但这些细胞可以通过形态学检查加以区别。此方法简单，目前较常采用，以检测 B 淋巴细胞的百分率。

三、实验准备

1. 器具　试管，滴管，吸管，注射器，载玻片，盖玻片，血细胞计数板。
2. 动物　鸡，家兔等。
3. 试剂　淋巴细胞分层液，无钙、镁的 Hank's 液，肝素液，姬姆萨染色液，1% 戊二醛溶液，95% 乙醇，2% 盐酸等。
4. 鸡红细胞悬液的制备　由于绵羊红细胞易与 T 淋巴细胞形成 E-玫瑰花环，造成混淆，所以一般在检测 B 淋巴细胞时，采用鸡红细胞。从鸡翅下静脉采血，用肝素抗凝，以

Hank's 液洗涤 3 次，最后配成 4% 的细胞悬液。

5. 抗鸡红细胞抗体的制备（溶血素）　具体方法参考实验三十六，溶血素凝集价为 1∶2 000。

四、实验方法

（1）分离淋巴细胞：取兔肝素抗凝血 3mL，沿离心管管壁轻轻地加入到 3mL 的淋巴细胞分层液的上面。在水平转子离心机中，2 000r/min 离心 20min。离心后分为 4 层，上层为血浆，此层与分层液液面交界处有一云雾状层，即为淋巴细胞层，云雾状层之下为淋巴细胞分层液，底层主要为红细胞。用毛细管轻轻地把淋巴细胞层吸入另一试管中。用 5 倍 Hank's 液反复洗涤淋巴细胞 2 次，每次 2 000r/min 离心 10min，弃上清液。沉淀的淋巴细胞用 Hank's 液配成细胞数为 2.5×10^6 个/mL 的悬液。 ↓ （2）EA 悬液的制备：取 4% 鸡红细胞悬液 2mL 加入试管中，再加等量的 1∶4 000 稀释的溶血素，混匀，37℃ 水浴 15min，取出后离心，以 Hank's 液洗 2 次，再以 2mL Hank's 液悬浮，即为 4% 的 EA 悬液。 ↓ （3）取淋巴细胞悬液 0.2mL 于试管中，加入等量 4% 的 EA 悬液，混匀，室温作用 30min，1 000r/min 离心 5min，吸弃过多的上清液，置 4℃ 作用 2～4h。 ↓ （4）取出后，将沉淀轻轻摇起，加 1% 戊二醛溶液 0.1mL，混匀后置 4℃ 固定 30min。 ↓ （5）以悬液制片，自然干燥，滴加姬姆萨染色液染色 2min，加自来水继续放置 15min，冲洗，将玻片置 95% 乙醇缸脱色 15～30s（以脱成浅紫蓝色为度），再置盐酸液缸（按 1% HCl 1 份与自来水 2 份）脱色 10s 左右（呈淡蓝略带红色为度），取出冲洗，干燥后镜检。 ↓ （6）结果判定：凡 1 个淋巴细胞结合 3 个以上鸡红细胞即为 EA-玫瑰花环形成阳性细胞，共计数 200 个淋巴细胞，按下列公式计算 EA-玫瑰花环形成率。	离心后从上往下分成 4 层，分别是血浆层、淋巴细胞层、分液层和底部的红细胞层。

$$\text{EA-玫瑰花环形成率} = \frac{\text{EA-玫瑰花环形成细胞数}}{\text{计数的淋巴细胞总数}} \times 100\%$$

五、注意事项

(1) 加入的淋巴细胞与鸡红细胞的比例一般以 1:40（1:30～1:50）为宜，淋巴细胞过少，花环形成率明显减少。

(2) 淋巴细胞、红细胞均应新鲜，否则花环形成率明显下降。

六、思考题

(1) EA-玫瑰花环试验的原理是什么？
(2) 简述 EA-玫瑰花环试验的操作方法。

七、实验报告

写出 EA-玫瑰花环试验的原理及操作方法，画出镜下观察到的结果，并计算花环形成率。

实验二十　凝集试验

一、实验目的

(1) 掌握平板凝集试验和试管凝集试验的原理及操作方法。
(2) 掌握凝集试验的结果判定方法及判定标准。

二、实验原理

颗粒性抗原与相应抗体结合后，在有适量电解质存在的条件下，经过一段时间，出现肉眼可见的凝集小块，称为凝集反应或凝集试验。参与凝集反应的抗原称为凝集原，抗体称为凝集素。

细菌或其他凝集原都带有相同的负电荷，在悬液中相互排斥而呈现均匀的分散状态。抗原与相应抗体相遇后可以发生特异性结合，形成抗原-抗体复合物，降低了抗原分子间的静电排斥力，此时已有凝集的趋向，在电解质（如生理盐水）参与下，由于离子的作用，中和了抗原-抗体复合物外面的大部分电荷，使之失去了彼此间的静电排斥力，分子间相互吸引，凝集成大的絮片或颗粒，出现了肉眼可见的凝集反应。可根据是否出现凝集反应及其程度，对待测抗原或待测抗体进行定性、定量测定。

三、实验准备

1. 仪器　恒温培养箱，移液器。
2. 器材　玻板，载玻片，小试管，试管架，刻度吸管，滴管，滴头，牙签，记号笔，酒精灯。
3. 试剂　0.5% 石炭酸生理盐水，灭菌生理盐水。
4. 诊断液及血清　布氏杆菌病试管凝集抗原，布氏杆菌病平板凝集抗原，布氏杆菌病虎红平板凝集抗原，布氏杆菌病阳性血清，布氏杆菌病阴性血清，被检血清（牛、羊或猪），鸡白痢平板凝集抗原，鸡白痢阳性血清，鸡白痢阴性血清，被检鸡血清。

四、实验方法

（一）平板凝集试验	
1. 试剂回温 将待检血清及诊断试剂置室温下，使其温度达 20～25℃。	1. 所有试剂必须回温。
2. 标记玻板 取洁净玻板一块，用记号笔画成方格（3～4cm²），标记被检血清代号，设置对照组。	2. 试验完毕立即清洗玻板、晾干备用。
3. 加待检血清 用100μL微量可调移液器按下列量加被检血清于方格内，第1格80μL，第2格40μL，第3格20μL，第4格10μL。	3. 每加一份待检样品应换一个枪头。
4. 加抗原 每格加平板凝集抗原30μL，从血清量最少的一格起，用牙签将血清与抗原混匀，一份血清用一根牙签。	4. 抗原滴在血清附近，而不与血清接触，抗原用前摇匀。
5. 感作 混合完毕后，将玻板置37℃的恒温培养箱中，在3～5min内记录反应结果。	5. 注意控制好感作及观察时间。
6. 观察 设立标准阳性血清和阴性血清以及生理盐水作对照，观察对照组结果明显时立即判定待检血清结果。	
7. 结果判定 按下列标准记录反应结果。 ++++：出现大的凝集块，液体完全透明，即100%凝集。 +++：有明显凝集块，液体几乎完全透明，即75%凝集。 ++：有可见凝集块，液体不甚透明，即50%凝集。 +：液体混浊，有小的颗粒状物，即25%凝集。 -：液体均匀混浊，无凝集现象。 平板凝集试验与试管凝集试验的关系见表20-1，判定标准同试管凝集试验。	6. 对于阳性及可疑的被检血清需用试管凝集试验进行验证。

表 20-1　平板凝集试验与试管凝集试验的关系

平板凝集	80μL	40μL	20μL	10μL
相当于试管凝集	1∶25	1∶50	1∶100	1∶200

(二) 试管凝集试验

1. 试剂回温　将待检血清及诊断试剂置室温下，使其温度达 20～25℃。

2. 试管准备　每份血清用试管 4 支，另取 3 支试管作为对照，做好标记，置于试管架上。

3. 被检血清稀释　第 1 管加入 2.3mL 0.5% 石炭酸生理盐水，第 2、3、4 管加入 0.5mL 0.5% 石炭酸生理盐水，然后用加样器或刻度吸管吸取被检血清 0.2mL 加入第 1 管中，反复吹吸 5 次混匀，吸取 1.5mL 弃之，再吸取 0.5mL 加入第 2 管中，混匀后吸取 0.5mL 加入第 3 管，依此类推至第 4 管，混匀后吸弃 0.5mL（表 20-2）。该被检血清的稀释度分别是 1∶12.5、1∶25、1∶50、1∶100。

7. 每加一份待检样品需换一个吸头。

表 20-2　试管凝集试验操作表（单位：mL）

试管号	1	2	3	4	对照管		
					5	6	7
最终血清稀释度	1∶25	1∶50	1∶100	1∶200	抗原对照	阳性血清 1∶25	阴性血清 1∶25
0.5% 石炭酸生理盐水	2.3	0.5	0.5	0.5	0.5		
被检血清	0.2	0.5	0.5	0.5		0.5	0.5
抗原（1∶20）	0.5	0.5	0.5	0.5	0.5	0.5	0.5

弃 1.5　　　　　　弃 0.5

4. 对照管加样　第 5 管中加 0.5% 石炭酸生理盐水 0.5mL，第 6 管加 1∶25 稀释的阳性血清 0.5mL，第 7 管加 1∶25 稀释的阴性血清 0.5mL。

8. 如被检血清有多份，对照只需做 1 份。

5. 加抗原 将试管凝集抗原用0.5%石炭酸生理盐水做1:20稀释，每支试管加0.5mL。

↓

6. 感作 7支试管加完抗原后，充分混匀，置于37℃温箱中4～10h，取出后置室温18～24h（或37℃温箱12～14h，取出后置室温2～4h；或37℃温箱中22～24h取出），然后观察并记录结果。

↓

7. 结果判定 判定结果时用"＋"表示反应的强度。根据各管中上清液的透明度、抗原被凝集的程度及凝集块的形状，来判定凝集反应的程度。

＋＋＋＋：100%抗原凝集，上清液完全透明，菌体完全被凝集呈伞状沉于管底，振荡时，沉淀物呈片状、块状或颗粒状。

＋＋＋：75%抗原凝集，上清液略呈混浊，菌体大部分被凝集沉于管底，振荡时情况如上（管底凝集物与100%凝集时相同，只是上清液稍浑浊）。

＋＋：50%抗原凝集，上清液混浊半透明，管底有中等量的凝集物（管底有明显的凝集）。

＋：25%抗原凝集，上清液完全混浊不透明，管底有少量凝集物或凝集的痕迹。

－：抗原完全未凝集，上清液完全混浊不透明，但由于菌体的自然下沉，在管底中央出现规则的菌体自沉圆点，振荡后立即散开呈均匀混浊。

↓

8. 判定标准 以出现"＋＋"以上凝集现象的血清最高稀释度称为该血清的凝集价（或称滴度）。

9. 牛、马和骆驼的血清凝集价大于或等于1:100，判为阳性，1:50的判为疑似反应（可疑）；猪、绵羊、山羊和犬的血清凝集价大于或等于1:50，判为阳性，1:25的判为疑似反应（可疑）。

五、注意事项

（1）每次实验必须设立标准阳性血清、标准阴性血清和生理盐水对照。

（2）抗原保存在2～8℃，用前置室温30～60min，使用前摇匀，如出现摇不散的凝块，不得使用。

（3）被检血清必须新鲜，无明显的溶血和腐败现象。

（4）平板凝集反应最好在3～5min内记录结果，如反应温度偏低，可于5～8min内判定。

（5）平板凝集反应适用于普查初筛，筛选出的阳性反应血清，需做试管凝集试验，以试管凝集的结果作为被检血清的最终判定结果。

（6）结果判为可疑时，隔2~3周后采血重做。阳性样品，重检时仍为可疑，可判为阳性。对同群中既无临床症状，又无凝集反应阳性者，马、猪重检仍为可疑，判为阴性；牛、羊重检仍为可疑者，可判为阳性，或以补体结合反应核对。

六、思考题

（1）简述平板凝集试验和试管凝集试验的原理、操作方法及结果判定方法。
（2）影响凝集试验的因素主要有哪些？
（3）凝集试验中为什么要设阳性血清、阴性血清及抗原对照？

七、实验报告

写出平板凝集试验和试管凝集试验的原理和方法，并说明判定结果时应注意些什么。

实验二十一　沉淀试验

一、实验目的

（1）掌握炭疽环状沉淀试验的操作方法和结果观察方法。
（2）掌握琼脂扩散沉淀试验的原理和操作方法。

二、实验原理

可溶性抗原与相应抗体结合，在有适量电解质存在下，经过一定时间，形成肉眼可见的沉淀物，称为沉淀试验。沉淀反应的抗原可以是细菌的外毒素、内毒素、菌体裂解液，病毒的可溶性抗原，组织渗出液，多糖，蛋白质，类脂等。同相应抗体比较，抗原的分子小，单位体积内含有的抗原量多，做定量试验时，为了不使抗原过剩，应稀释抗原，并以抗原的稀释度作为沉淀反应的效价。习惯上将参与沉淀反应的抗原称为沉淀原，抗体称为沉淀素。沉淀试验主要包括环状沉淀试验、琼脂扩散沉淀试验等，该试验广泛应用于微生物的诊断，如炭疽环状沉淀试验、鸡传染性法氏囊病琼脂扩散试验、鸡马立克病琼脂扩散试验等。

三、实验准备

1. 仪器　恒温培养箱，移液器。

2. 玻璃器皿　口径0.4cm的小试管，毛细滴管，载玻片，平皿，烧杯，打孔器，针头，酒精灯，记号笔，滴头，湿盒，牙签。

3. 试剂　琼脂粉，灭菌生理盐水，0.5%石炭酸生理盐水。

4. 诊断液及血清　炭疽沉淀抗原（炭疽标准抗原），炭疽沉淀血清，鸡传染性法氏囊病琼脂扩散抗原，鸡传染性法氏囊病阳性血清，禽流感琼脂扩散抗原，禽流感阳性血清，待检血清。

四、实验方法

（一）炭疽环状沉淀试验

1. 待检抗原的制备　称取疑为炭疽死亡动物的实质脏器，放入小烧杯中剪碎，加5～10倍的石炭酸生理盐水，煮沸30～45min，冷却后用滤纸过滤使之呈清澈透明的液体，即为待检抗原。

↓

2. 加样　取3支口径0.4cm的小试管，在其底部各加约0.1mL的炭疽沉淀素血清。取其中1支试管，用毛细滴管将待检抗原沿着管壁轻轻加入，使之重叠在炭疽沉淀素血清之上，上、下两液间有一整齐的界面。另取2支小试管，一支加炭疽沉淀抗原，另一支加生理盐水，方法同上，作为对照。

↓

3. 结果判定　在5～10min内判定结果，上、下两液重叠界面上出现乳白色环者，为炭疽阳性。对照组中，加炭疽沉淀抗原者应出现白环，而加生理盐水者应不出现白环。

（二）琼脂扩散沉淀试验

1. 琼脂板制备　称取1g琼脂粉，加入100mL 0.85%生理盐水（炭疽沉淀试验）或8.5%的高渗盐水（禽类）中，煮沸使之溶解。待溶解的琼脂温度降至55～60℃时倒入平皿中，厚度为2～3mm。

↓

2. 打孔　用打孔器在琼脂凝胶板上按7孔梅花图案打孔，孔径3～5mm，中心孔和周围孔间的距离为3～5mm。

↓

3. 挑琼脂　挑出孔内琼脂凝胶，注意不要挑破孔的边缘。

↓

4. 补底　用经酒精灯火焰烧烫的铁丝在琼脂孔周轻轻地划一圈，使琼脂凝胶微微融化，以防止孔底边缘渗漏。

↓

5. 加样　以毛细滴管（或加样器）将样品加入孔内，注意不要产生气泡，以加满为度。

（1）检测血清：将已知的特异性琼脂扩散抗原置于中心孔，周围1、3、5孔加已知阳性血清，2、4、6孔分别加待检血清。

1. 如待检材料是动物皮毛等，可采用冷浸法。先将样品高压灭菌后剪为小块并称重，加5～10倍的0.5%石炭酸生理盐水，置室温浸泡10～24h。用滤纸过滤2～3次，使之呈清澈的液体，即为待检抗原。

2. 用毛细滴管加试剂，注意液面不能有气泡产生。

3. 结果判定时，可将小试管放在深蓝背景色下观察，有利于看到白色沉淀环。

4. 禽类的琼脂扩散试验一般用8.5%的高渗盐水。

5. 用专用梅花样打孔器打孔。

6. 用12号或16号针头挑起琼脂。

7. 每加一个样品应换一个滴头。注意不能产生气泡以免影响结果。

（2）检测抗原：将已知的标准阳性血清加入中心孔，将待测抗原置于周围孔中。如将鸡传染性法氏囊病阳性血清加入中心孔，周围孔分别加鸡传染性法氏囊病琼扩抗原和待检法氏囊组织浸提液。 ↓ **6. 感作** 将琼脂凝胶板加盖放在湿盒中，置于37℃温箱，24~48h后判定结果。 ↓ **7. 结果判定** （1）检测血清结果判定：当待检血清孔与阳性血清孔出现的沉淀带完全融合者判为阳性。待检血清无沉淀带或所出现的沉淀带与阳性对照的沉淀带完全交叉者判为阴性。 （2）检测抗原：当周围的待检抗原孔与已知抗原孔出现的沉淀带完全融合者判为阳性。周围的待检抗原孔与中心的标准阳性血清孔无沉淀带或所出现的沉淀带与周围已知的标准抗原孔的沉淀带完全交叉者判为阴性。	8. 琼扩试验既可以测抗原，也可以测抗体（血清）。 9. 湿盒可用铝制饭盒底部垫浸湿的纱布代替。 10. 如鸡传染性法氏囊病阳性血清分别与鸡传染性法氏囊病琼扩抗原孔和待检组织浸提液孔之间出现沉淀带，且沉淀带完全融合，说明该法氏囊组织中有鸡传染性法氏囊病病毒抗原。

五、注意事项

（1）倒琼脂板时，要求均匀、平整、薄厚一致、无气泡。
（2）琼扩试验打孔时不要使琼脂层与平皿脱离，孔的边缘要圆整光滑，不要破裂，要做补底处理。
（3）滴加试剂时不能产生气泡以免影响试验结果。
（4）加样时每加完一个样品必须更换滴头。

六、思考题

（1）环状沉淀试验和琼脂扩散沉淀试验的实验原理是什么？操作时应注意的事项是什么？
（2）琼脂扩散沉淀试验结果为什么有时会出现沉淀带完全交叉的现象？
（3）琼脂扩散沉淀试验在实际中有什么应用价值？

七、实验报告

试述环状沉淀试验和琼脂扩散沉淀试验的原理及方法，并分析试验结果。

实验二十二 间接血凝试验

一、实验目的

（1）掌握间接血凝试验的基本原理和操作方法。

（2）掌握间接血凝试验抗体效价的判定方法。

二、实验原理

间接血凝试验（IHA）是将抗原（或抗体）包被于红细胞表面，成为致敏的载体，然后与相应的抗体（或抗原）结合，从而使红细胞聚集在一起，出现可见的凝集反应的一种试验。该技术在临床检验中应用广泛。

1. 载体 红细胞是大小均一的载体颗粒，最常用的为绵羊、家兔、鸡的红细胞及 O 型血的人的红细胞。新鲜红细胞能吸附多糖类抗原，但吸附蛋白质抗原或抗体的能力较差。致敏的新鲜红细胞保存时间短，且易变脆、溶血和被污染，只能使用 2~3d。为此，一般在致敏前先将红细胞醛化，如此可长期保存而不溶血。常用的醛类有甲醛、戊二醛、丙酮醛等。红细胞经醛化后体积略有增大，两面突起呈圆盘状。醛化的红细胞具有较强的吸附蛋白质抗原或抗体的能力，血凝反应的效果基本上与新鲜红细胞相似。如用两种不同醛类处理效果更佳。也可先用戊二醛，再用鞣酸处理。醛化红细胞能耐 60℃ 的加热，并可反复冻融而不破碎，在 4℃ 环境中可保存 3~6 个月，在 -20℃ 的环境中可保存 1 年以上。

2. 致敏 致敏用的抗原或抗体要求纯度高，并保持良好的免疫活性。用蛋白质致敏红在低 pH、低离子浓度下，用醛化红细胞直接吸附即可。间接法则需用偶联剂将蛋白质结合到红细胞上。常用的偶联剂为双偶氮联苯胺（bis-diazotized benzidine，BDB）和氯化铬。前者通过共价键，后者通过金属阳离子静电作用使蛋白质与红细胞表面结合而达到致敏的目的。

三、实验准备

1. 实验器材 恒温培养箱，微量振荡器，超声波清洗仪，10~100μL 可调微量移液器，96 孔 V 形血凝板，记号笔，移液器等。

2. 诊断液及血清 猪瘟正向间接血凝抗原，每瓶 5mL，可检测血清 25~30 头份；阳性对照血清，阴性对照血清，稀释液，待检血清（56℃水浴灭活 30min）。

四、实验方法

步骤	说明
1. 试剂回温 将待检血清及诊断试剂置室温下，使其温度达 20~25℃。	1. 所有试剂都应作回温处理。
2. 加稀释液 在血凝板上 1~6 排的 1~9 孔、第 7 排 1~3 孔和 5~6 孔、第 8 排 1~12 孔，各加稀释液 50μL。	2. 需用专用的稀释液，不同批次的稀释液不能混用。
3. 稀释待检血清 取 1 号待检血清 50μL 加入第 1 排第 1 孔，用移液器吹打混匀后从该孔吸取 50μL 移到第 2 孔，吹打混匀后从该孔吸取 50μL 移到第 3 孔，以此类推，倍比稀释到第 9 孔，混	3. 每加一份血清样品必须更换一个滴头。

匀后从该孔取出 50μL 丢弃。此时第 1 排第 1 孔到第 9 孔待检血清稀释度依次为 1:2 (2^1), 1:4 (2^2), 1:8 (2^3), 1:16 (2^4), 1:32 (2^5), 1:64 (2^6), 1:128 (2^7), 1:256 (2^8), 1:512 (2^9)。

取 2 号待检血清加入第 2 排第 1 孔,稀释方法同上(表 22-1)。

表 22-1 猪瘟病毒间接血凝试验操作术式(单位:μL)

孔号	1	2	3	4	5	6	7	8	9	10	11	12
病毒稀释度	1:2	1:4	1:8	1:16	1:32	1:64	1:128	1:256	1:512			
稀释液	50	50	50	50	50	50	50	50	50			
待检血清	50	50	50	50	50	50	50	50	50	弃50		
血凝抗原	25	25	25	25	25	25	25	25	25			
置振荡器上混匀 1~2min,放 37℃静置 1.5~2h												
结果观察	++/++	++/++	++/++	++/++	++	+++	+++	++	+	−		

注:++/++ 表示 100%完全凝集,++表示 50%凝集,−表示不凝集。

4. 稀释阴性对照血清 在血凝板的第 7 排第 1 孔加阴性血清 50μL,倍比稀释到第 3 孔,混匀后从该孔取出 50μL 丢弃。

5. 稀释阳性对照血清 在血凝板的第 8 排第 1 孔加阳性血清 50μL,吹打混匀后从该孔吸取 50μL 移到第 2 孔,吹打混匀后从该孔吸取 50μL 移到第 3 孔,以此类推,倍比稀释到第 12 孔混匀后从该孔取出 50μL 丢弃。

6. 加血凝抗原 分别在待检血清、阴性对照血清、阳性对照血清、稀释对照液各孔均加血凝抗原 25μL。

7. 振荡混匀 将血凝板在微量振荡器上振荡约 1min。

8. 感作 振荡混匀后,盖上玻板,置 37℃的恒温培养箱中,静置 1.5~2h 判定结果。

4. 必须设立阴性血清、阳性血清及稀释液对照孔,只有在对照成立的前提下试验结果才有意义。

5. 滴加血凝抗原前必须充分摇匀,瓶底应无血细胞沉淀。

6. 不能激烈振荡以免溢出而影响结果。

7. 感作时在血凝板上加盖玻板。

9. 结果判定 移去玻板，将血凝板放在白纸上，先观察阴性对照血清1：8孔，稀释液对照孔，均应无凝集（红细胞应全部沉入孔底形成边缘整齐的小圆点，或红细胞大部分沉于孔底，边缘稍有少量红细胞悬浮）。 阳性血清对照1：2～1：256各孔应出现"＋＋"到"＋＋＋＋"凝集为合格。 在对照成立的情况下，观察待检血清各孔的凝集程度，以呈"＋＋"凝集的待检血清最大稀释度为该血清的抗体效价。如1号待检血清1～6孔呈现"＋＋＋＋"，第7孔呈现"＋＋"，第8孔呈现"＋"，第9孔无凝集，那么就可判定该份血清的猪瘟抗体效价为1：128。 －：表示红细胞100%沉于孔底，完全不凝集。 ＋：表示25%的红细胞发生凝集。 ＋＋：表示50%的红细胞发生凝集。 ＋＋＋：表示75%的红细胞发生凝集。 ＋＋＋＋：表示90%～100%的红细胞发生凝集。	8. 接种过猪瘟疫苗的猪群，免疫效价达1：16（＋＋）以上为免疫合格。

五、注意事项

（1）不能选用90°或130°血凝板，以免误判。

（2）血清样品冻存时间不能超过一个月，污染严重或溶血严重的血清样品不宜作为检测样品。

（3）试验结束后，用过的血凝板应及时冲洗干净，勿用毛刷或其他硬物刷洗板孔，以免影响孔内的光洁度。

（4）使用血凝抗原时，必须充分摇匀，瓶底应无红细胞沉积。

（5）如来不及判定结果或静置2h结果不清晰，也可放置到第二天判定。

（6）每次试验必须设阴性血清、阳性血清和稀释液对照孔，在对照孔成立的条件下判定结果才有意义。

（7）稀释不同的血清样品时，必须更换吸头。

六、思考题

（1）试述间接血凝试验的基本原理和操作方法。
（2）简述猪瘟间接血凝试验在实际诊断中的应用。

七、实验报告

写出猪瘟间接血凝试验的基本原理和操作方法，结合临床综合分析试验结果。

实验二十三　酶联免疫吸附试验

一、实验目的

（1）掌握酶联免疫吸附试验的基本原理及操作方法。
（2）掌握酶联免疫吸附试验在抗体检（监）测中的应用。

二、实验原理

酶联免疫吸附试验（enzyme linked immunosorbent assay，ELISA）的基本原理是酶分子与抗体或抗抗体分子共价结合，此种结合不会改变抗体的免疫学特性，也不影响酶的生物学活性。此种酶标记的抗体可与吸附在固相载体上的抗原或抗体发生特异性结合。滴加底物溶液后，底物可在酶作用下使其所含的供氢体由无色的还原型变成有色的氧化型，出现颜色反应。因此，可通过底物的颜色反应来判定有无相应的免疫反应，颜色反应的深浅与标本中相应抗体或抗原的量呈正比（间接法）或反比（阻断法）。此种显色反应可通过 ELISA 检测仪进行定量测定，这样就将酶化学反应的敏感性和抗原-抗体反应的特异性结合起来，使 ELISA 成为一种既特异又敏感的检测方法。该方法既可检测抗原，也可以用来检测抗体。

由于 ELISA 具有快速、敏感、简便、易于标准化等优点，因而得到迅速的发展和广泛应用。尤其是采用基因工程方法制备包被抗原和采用针对某一抗原表位的单克隆抗体进行阻断 ELISA 出现后，大大提高了 ELISA 的特异性，加之电脑化程度极高的 ELISA 检测仪的使用，使 ELISA 更为简便实用和标准化，从而使其成为广泛应用的检测方法之一。

根据 ELISA 所用的固相载体的不同将其分为三大类型：一类是采用聚苯乙烯微量板作为载体的 ELISA，即通常所指的 ELISA（微量板 ELISA）；另一类是用硝酸纤维膜作为载体的 ELISA，称为斑点 ELISA（Dot-ELISA）；再一类是采用疏水性聚酯布作为载体的 ELISA，称为布 ELISA（C-ELISA）。在微量板 ELISA 中，又根据其性质不同分为间接 ELISA、双抗体夹心 ELISA、双夹心 ELISA、竞争 ELISA、阻断 ELISA 及抗体捕捉 ELISA。

1. 间接 ELISA　本法主要用于检测抗体。

2. 双抗体夹心 ELISA　本法主要用于检测大分子抗原。

3. 双夹心 ELISA　此法与双抗体夹心 ELISA 的主要区别在于：它是采用酶标抗抗体检查多种大分子抗原，它不仅不必标记每一种抗体，还可提高试验的敏感性。

4. 竞争 ELISA　此法主要用于测定小分子抗原及半抗原，其原理类似于放射免疫测定。

5. 阻断 ELISA　本法主要用于检测型特异性抗体。

6. 抗体捕捉 ELISA　本法主要用于检测 IgM 抗体。由于 IgM 抗体出现于感染早期，所以检测 IgM，可作为疾病的早期诊断指标。抗体捕捉 ELISA 根据标记方式不同可分为标记抗原、标记抗体、标记抗抗体捕捉 ELISA 等几种，其中以标记抗原捕捉 ELISA 比较有代表性。

7. 斑点 ELISA（Dot-ELISA）　与常规的微量板 ELISA 比较，Dot-ELISA 具有简便、节省抗原等优点，而且结果可长期保存；但其也有不足，主要是在结果判定上比较主观，特异性不够强等。

8. 布 ELISA　C-ELISA 是加拿大学者 Blais B. W. 等于 1989 年建立的一种新型免疫检测技术。该方法是以疏水性聚酯布（hydrophobic polyester cloth）即涤纶布为固相载体，这种大孔径的疏水布具有吸附样品量大的特性，可为免疫反应提供较大的表面积，提高反应的敏感性，且具有容易洗涤，不需特殊仪器等优点。其基本原理与 Dot-ELISA 类似，只是载体不同。

三、实验准备

1. 仪器设备 酶联免疫检测仪，洗板机，离心机，超声波清洗仪，电脑，打印机，冰箱，水浴箱，单道可调移液器（1～10μL，10～100μL，100～1000μL），8道可调移液器（1～50μL，50～300μL），稀释板，吸头（10μL，300μL），注射器。

2. 玻璃器皿 加样槽，烧杯，盐水瓶（250mL，500mL），量筒。

3. ELISA 诊断试剂盒 猪伪狂犬抗体检测试剂盒，主要包括以下 10 部分。

(1) 抗原包被板： 2块 96孔/块
(2) 阴性对照： 2管 1.5mL/管
(3) 阳性对照： 2管 1.5mL/管
(4) 酶标记物： 1瓶 20mL/瓶
(5) 样品稀释液： 1瓶 50mL/瓶
(6) 20 倍浓缩洗涤液： 1瓶 30mL/瓶
(7) 底物液 A： 1瓶 10mL/瓶
(8) 底物液 B： 1瓶 10mL/瓶
(9) 终止液： 1瓶 10mL/瓶
(10) 血清稀释板： 2块 96孔/块

4. 待检血清 若干份。

四、实验方法

本实验以猪伪狂犬病抗体检测（阻断 ELISA）为例。

1. 试剂盒回温 将诊断试剂盒内所有试剂及已包被的抗原板、待检血清置室温下或恒温箱中，使其回温到25℃左右。

1. 所有试剂必须回温处理。

2. 阴、阳对照血清稀释 阳性对照血清和阴性对照血清均以 1：1 稀释（120μL 样品稀释液中加 120μL 阳性或阴性对照血清）。

2. 取样前必须充分混匀。

3. 待检血清稀释 在血清稀释板中按 1：1 的体积稀释待检血清（100μL 样品稀释液中加 100μL 待检血清）。

4. 加阴、阳性血清 取已包被好的检测板，设阴、阳性对照孔各2孔，每孔分别加入已稀释好的阴、阳性对照血清各100μL。

3. 设阴、阳性对照血清。

5. 加待检血清 在检测板中，分别加入已稀释好的待检血清样品，每孔 100μL。 ↓ **6. 振荡混匀** 轻轻振荡混匀孔中样品。 ↓ **7. 孵育** 将检测板置 37℃孵育 30min。 ↓ **8. 洗板** 甩掉板孔中的溶液，用洗涤液洗板 5 次，200μL/孔，每次静置 3min 后倒掉洗涤液，最后一次在吸水纸上拍干。 ↓ **9. 加酶标记物** 每孔加酶标记物 100μL，置 37℃温育 30min。 ↓ **10. 洗板** 洗涤 5 次，方法同 8。 ↓ **11. 加底物** 每孔加底物液 A、底物液 B 各一滴(50μL)，混匀。 ↓ **12. 显色** 置室温（18~25℃）避光显色 10min。 ↓ **13. 终止** 每孔加终止液一滴（50μL）。 ↓ **14. 结果测定** 在 15min 内测定结果，在酶标仪上测各孔 OD_{630nm} 值。 ↓ **15. 结果判定** 试验成立条件是阴性对照孔平均 OD_{630nm} 值与阳性对照孔平均 OD_{630nm} 值之差大于或等于 0.4。 $S=$样品孔 OD_{630nm} 值，$N=$阴性对照孔平均 OD_{630nm} 值。 若 S/N 比值小于或等于 0.6，样品判为 PRV 抗体阳性。 若 S/N 比值小于或等于 0.7，但大于 0.6，该样品必须重测，如果结果相同，则过一段时间后重新取样检测。 若 S/N 比值大于 0.7，样品判为 PRV 抗体阴性。	4. 根据样品多少，阴、阳性对照可拆开分次使用。 5. 注意勿溢出。 6. 洗涤液不要溢出以免影响结果的准确性。 7. 底物加完后应避光保存。 8. 终止后应立即读数。 9. 试验结果可在电脑上用图表或统计分析。

五、注意事项

(1) 试剂盒在 2~8℃保存，使用前各试剂应平衡至室温。
(2) 试剂盒应在规定的有效期内使用。
(3) 微孔板拆封后避免受潮或沾水。
(4) 使用完毕后，将所有样品、洗涤液和各种废弃物进行灭活处理。
(5) TMB（底物液 B）不要暴露于强光下，避免接触氧化剂。在 2~8℃避光保存，如发现显色液变色，请勿使用。
(6) 待检血清样品数量较多时，应先使用血清稀释板稀释完所有待检测的血清，再将稀释好的血清转移到检测板，减少反应时间差。
(7) 浓缩洗涤液用蒸馏水或去离子水稀释，如果发现有结晶，加热使其溶解后再使用。
(8) 必须确保样品加样准确，否则可能会导致错误的实验结果。
(9) 在操作过程中，应尽量避免反应微孔中有气泡产生。
(10) 使用微量移液器手工加样时，每次应该更换吸头吸取样品。
(11) 用洗板机洗板时，调节好洗板机的加液量是非常重要的，避免洗液过量溢出，但又能充满整个反应微孔（350μL），洗板次数不应少于 4 次，并经常注意检查加液头是否堵塞。
(12) 手工洗板时，请勿用带纸屑的吸水材料拍板，以防外源性过氧化物酶类或氧化还原物质与显色液发生反应，影响检测结果的准确性。

六、思考题

(1) 简述酶联免疫吸附试验的原理及操作方法。
(2) 影响酶联免疫吸附试验结果的因素有哪些？
(3) 在 ELISA 试验过程中，底物加完后为什么要避光存放？

七、实验报告

写出酶联免疫吸附试验的原理、操作过程及注意事项，并结合临床实际分析试验结果。

实验二十四　荧光抗体染色

一、实验目的

(1) 掌握荧光抗体染色的基本原理及操作方法。
(2) 熟练掌握荧光抗体染色的结果判定方法。

二、实验原理

用化学或物理的方法将荧光素标记到抗体上，这种标记荧光素的抗体仍然能与相应抗原发生特异性结合。在特定的条件下用其染色标本，如标本中存在相应的抗原，荧光抗体便与标本中抗原发生特异性结合，洗涤除去游离的荧光抗体后，于荧光显微镜的蓝紫光或紫外光的照射下，可见明亮的特异荧光。荧光抗体技术不仅可以检测未知的抗原，同时还可以对抗原进行组织或细胞内的定位,是一种快速、敏感的诊断方法。荧光抗体技术在临床检验上已用作细菌、病毒和寄生虫的检验及自身免疫病的诊断等。

三、实验准备

1. 仪器　荧光显微镜,冰冻切片机,冰柜,冰箱,单道可调移液器(1～100μL),吸头(300μL)。

2. 玻璃器皿　载玻片,盖玻片,离心管,烧杯,量筒,洗缸。

3. 试剂

(1) pH 为 7.2 的 0.01mol/L PBS 液。

(2) 缓冲甘油:优质纯甘油 9 份和碳酸盐缓冲液 1 份混合而成。

4. 诊断液　猪瘟荧光抗体(按说明书稀释使用)。

5. 材料　采取新鲜的扁桃体、淋巴结、肾等组织。

四、实验方法

步骤	注意事项
1. 取材　取新鲜的扁桃体、淋巴结、肾等组织块。 ↓ **2. 切片**　将待检组织在冰冻切片机上切片,厚度为 5～7μm。 ↓ **3. 制片**　将切好的组织片迅速粘于厚度为 0.8～1.0mm 的清洁载玻片上。 ↓ **4. 干燥**　在空气中自然风干。 ↓ **5. 固定**　风干后用冷的纯丙酮固定 15min。 ↓ **6. 漂洗**　用 pH 7.0～7.2 的 PBS 缓冲液轻轻漂洗 3 次。 ↓ **7. 风干**　在空气中自然干燥。 ↓ **8. 染色**　用 PBS 液将猪瘟荧光抗体稀释至工作浓度,滴加荧光抗体于固定的组织切片上,以覆盖为准。	1. 组织材料应新鲜,病变典型。如来不及送检可立即速冻保存。 2. 如没有切片设备,也可制作组织触片进行荧光染色:将小块组织用滤纸将创面血液吸干,然后用玻片轻压创面,使之粘上 1～2 层细胞。 3. 不能加温干燥,以免破坏组织。 4. 滴加荧光抗体时注意不应碰到组织切片以免划伤。

9. 感作 将染色的切片放入湿盒中，置37℃感作30min。	5. 应放入湿盒中以免干燥。
10. 浸洗 切片取出后，用PBS液浸洗（每次3min，分别换液浸洗3次）。	
11. 风干 在室温中风干。	
12. 封片 待半干时滴加pH 9.0的缓冲甘油，用盖玻片封片。	6. 注意不能产生气泡。
13. 观察 将染色封片后的组织切片在蓝紫光或紫外光的荧光显微镜下观察。	7. 荧光显微镜一般需预热处理。
14. 结果判定 如果扁桃体隐窝上皮或肾曲小管上皮细胞的胞质呈明亮的翠绿色荧光，细胞形态清晰判为阳性；无荧光或荧光微弱，细胞形态不清晰的判为阴性。	8. 注意区别非特性荧光。避免假阳性或假阴性。

五、注意事项

（1）如果怀疑是急性猪瘟，可用活体采扁桃体进行荧光染色。

（2）待检的组织病料（扁桃体、肾、淋巴结等）必须新鲜，如不能及时检查，应冷冻保存。

（3）制备标本的载玻片越薄越好，应无色透明，用前洁净处理并用绸布擦净；切片或组织触片尽可能薄，太厚不易观察而影响结果的判定。

（4）观察标本片前荧光显微镜一般需预热15min，在暗室内进行。荧光显微镜安装调试后，最好固定在一个地方加盖防护，不再移动。

（5）标本染色后应立即观察，放置时间过久荧光会逐渐减弱，如不能及时观察可将标本放在聚乙烯塑料袋中4℃保存，可延长荧光保持时间。

（6）不能长时间在同一个视野下观察，一般标本在高压汞灯下照射超过3min即有荧光减弱现象。

六、思考题

（1）简述荧光抗体染色的基本原理及实验结果的判定方法。

（2）在实验过程如何减少非特异性荧光的发生。

(3) 请举例说明该技术在动物疫病诊断中的作用。

七、实验报告

写出荧光抗体试验的基本原理及注意事项，描绘在荧光显微镜下观察到的结果并分析讨论。

实验二十五　免疫胶体金标记技术

一、实验目的

(1) 掌握免疫胶体金标记技术的基本原理。
(2) 了解免疫胶体金技术制备试纸条的过程及注意事项。

二、实验原理

免疫胶体金标记技术（Immune colloidal gold techique）是以胶体金作为示踪标志物或显色剂，应用于抗原-抗体反应的一种新型的免疫标记技术。氯金酸（$HAuCl_4$）在还原剂作用下，可聚合成特定大小、带负电荷的金颗粒，由于静电作用成为一种稳定的胶体状态，称为胶体金。胶体金在弱碱性环境下带负电荷，能与蛋白质分子的正电荷基团吸附形成牢固的结合，又不会影响蛋白质的生物特性。除了与蛋白质有很强的吸附外，还可以与免疫球蛋白、毒素、酶、抗生素等许多生物大分子结合。由于胶体金具有电子密度高、可聚合成一定大小颗粒及颜色反应的特性，加上结合物的免疫学和生物学特性，因而在基础研究及诊断检测中得到广泛应用。

常用的免疫胶体金检测技术有免疫胶体金光镜染色法、斑点免疫金渗滤法和胶体金免疫层析法。其中胶体金免疫层析法是根据层析技术原理，将特异性的抗原或抗体以条带状固定在硝酸纤维素膜上，胶体金标记试剂（抗体或单克隆抗体）吸附在结合垫上，当待检样本加到试纸条一端的样本垫上后，通过毛吸作用向前移动，溶解结合垫上的胶体金标记试剂后形成免疫复合物，再向前移动到固定的抗原或抗体的区域时，免疫复合物又与之发生特异性结合而凝聚显色，聚集在检测带上，可将通过肉眼观察到的颜色变化作为结果判断的依据。该法无需特殊检测仪器，操作简便、快速、结果直观、准确、灵敏度高、容易判断，使用非常方便，已广泛应用于诊断试纸条。

三、实验准备

1. 仪器设备　喷点仪器，切条机，贴膜机，读条机，微量移液器，超纯水机，超净工作台，离心机，电热恒温培养箱，电子天平，全自动高压灭菌器，普通冰箱等。

2. 主要材料　以猪瘟抗体快速检测试剂盒（胶体金法）为例。
(1) 猪瘟抗原：原核表达的重组猪瘟病毒 E2 蛋白为抗原。
(2) 二抗：兔抗猪瘟抗体。
(3) 其他：氯金酸，柠檬酸三钠，碳二亚胺，BSA 溶液，硝酸纤维素膜，玻璃纤维素膜，吸水纸，双面胶，待检样本，蓝盖瓶，离心管，配套吸头等。

四、实验方法

1. 胶体金制备 用超纯水配制 0.01% 的氯金酸水溶液,取 100mL 加热至沸腾,在剧烈搅拌下滴加 1% 柠檬酸三钠水溶液,当氯金酸水溶液由金黄色变为紫红色时,继续煮沸 10min,冷却后用超纯水恢复至原体积,4℃保存备用。

1. 采用柠檬酸钠还原法制备胶体金。

2. 胶体金标记物的制备 将调整好浓度的猪瘟病毒抗原装透析袋,在 4℃下用 20mmol/L 的 pH 7.0 Tris 缓冲液进行透析过夜,再用胶体金进行标记,即获得免疫胶体金。

2. 为获得较高的灵敏度,应对标记物的 pH 和抗原量进行优化。

3. 胶体金试纸条的制备

(1) 标记胶体金包被玻璃纤维:将胶体金标记灭活的猪瘟病毒抗原(Au-Ag1)喷于载体玻璃纤维上,真空冷冻干燥后即形成胶体金结合垫,4℃保存备用。

(2) 包被硝酸纤维素膜:在硝酸纤维素膜(NC 膜)上检测线(T 线)和控制线(C 线)处分别包被猪瘟抗原(Ag2)和兔抗猪瘟抗体(二抗),用 1% 的 BSA 溶液封闭后,真空冷冻干燥保存备用。

4. 胶体金检测试纸条的组装 取洁净的白色塑料片按样品垫、胶体金结合垫、NC 膜及吸水纸的顺序组装,固定于白色塑料片上(图 25-1),即为胶体金免疫层析试纸条,4℃保存备用。

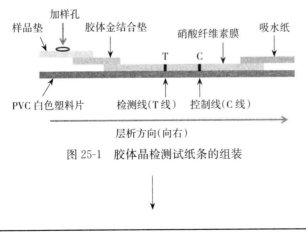

图 25-1 胶体金检测试纸条的组装

5. 胶体金试纸条的测试 将待检样本滴加于样品垫上，由于层析作用，液体将向吸水纸方向移动，20min 内观察结果，并根据显色情况进行判读。 ↓ **6. 试纸条特异性和敏感性检验** 用加温法检验试纸条的稳定性，同时确定有效期；用猪蓝耳、猪伪狂犬及猪圆环病毒抗体阳性血清对试纸条进行特异性检验；用猪瘟 ELISA 抗体检测试剂盒检测以比较试纸条的敏感性。 ↓ **7. 结果判读** 阳性结果为控制线（C线）和检测线（T线）各出现一条紫红色线。T线的颜色越深，表明猪瘟抗体的滴度越高。阴性结果只有控制线（C线）出现一条紫红色线，而检测线（T线）没有紫红色线。无效结果为没有出现紫红色线或只在检测线（T线）出现紫红色线而控制线（C线）没有出现紫红色线。	3. 被检样品应新鲜，反复冻融会影响结果。 4. 结果判读应在20min 内进行。

五、注意事项

（1）试纸条应密封干燥保存。

（2）制备胶体金用的玻璃容器应清洁，用前酸洗、硅化。一般采用超纯水作为实验用水。

（3）制备胶体金标记蛋白质时应注意蛋白质的预处理，应先对低离子强度的水透析，去除盐类成分，然后用微孔滤膜或超速离心除去蛋白质溶液中的细小微粒。

（4）蛋白质所处溶解状态最适合偶联，蛋白质分子在金颗粒表面的吸附量最大，pH 应接近于蛋白质等电点或略偏碱性。

（5）组装胶体金检测试纸条时，各层之间应衔接好，以免影响实验结果。

六、思考题

（1）免疫胶体金试验的基本原理是什么？

（2）免疫胶体金试验与 ELISA 试验相比，有何优缺点？

（3）免疫胶体金技术在兽医传染病诊断的应用价值有哪些？

七、实验报告

试述免疫胶体金试验的基本原理、制备过程及临床应用价值，并举例说明。

实验二十六 病毒的实时荧光定量 PCR 检测

一、实验目的

(1) 掌握实时荧光定量 PCR 的一般原理。
(2) 掌握实时荧光定量 PCR 检测样品中病毒的感染情况。
(3) 熟悉实时荧光定量 PCR 的具体过程及注意事项。

二、实验原理

实时荧光定量 PCR（Quantitative Real-Time PCR，qPCR）技术，是美国 PE（Perkin Elmer）公司 1995 年研制出来的一种新的核酸定量技术。该技术是在常规 PCR 基础上加入荧光标记探针或相应的荧光染料，利用荧光信号积累实时监测整个 PCR 进程，最后通过标准曲线对未知模板进行定量分析的方法。常用的检测方法有以下两种。

1. 荧光染料法 在 PCR 反应体系中加入过量荧光染料（目前主要的染料分子是 SYBR Green Ⅰ），荧光染料特异性地掺入 DNA 双链后在激发光源的照射下发射荧光信号，其信号强度代表双链 DNA 分子的数量，随着 PCR 产物的增加，与染料结合的 PCR 产物数量也增加，其信号强度也增强。不掺入链中的染料分子不会发射任何荧光信号，但结合 DNA 双链后，它的荧光信号可百倍地增加。荧光信号的增强与 PCR 产物的增加完全同步，因此可以对任何基因进行定量检测。

荧光染料法具有使用方便、检测成本低、无需特异性引物、可以用于不同的模板的优点，缺点是具有非特异性、使实验容易产生假阳性、反应结束后需进行寡核苷酸曲线分析来分析引物的特异性，是一种最基础的实验方法。

2. 荧光探针法（TaqMan 探针技术） PCR 扩增时，加入一对引物的同时再加入一个特异性的荧光探针。该探针是依据目的基因设计合成的一个能够与之特异杂交的直线型的寡核苷酸，5'端标记一个荧光报告基团，3'端标记一个荧光淬灭基团。探针完整时，报告基团发射的标记荧光信号被淬灭基团吸收，PCR 仪检测不到荧光信号；PCR 扩增时，引物与特异性探针同时结合到模板上，探针结合的位置位于上下游引物之间，当扩增延伸到探针结合的位置时，Taq 酶的 5'-3'外切酶活性将探针酶切降解，使荧光报告基团和淬灭基团分离，从而荧光监测系统可接收到荧光信号，且荧光信号的累积与 PCR 产物的数量成正比。TaqMan 技术优点是反应的特异性高，缺点是价格较高，只适合于一个特定的目标，使用受限制。

三、实验准备

1. 仪器设备 荧光定量 PCR 仪，微量移液器，超净工作台，离心机，振荡器。

2. 主要材料 PCR 八联微量反应管及配套盖子，吸头（2.5μL，10μL），待检组织病料或是细胞培养液若干份，Qiagen DNA 提取试剂盒，2×SYBR green Ⅰ（TaKaRa），Taq DNA 聚合酶，引物，超纯水等。

四、实验方法

1. DNA 的制备 按 Qiagen DNA 提取试剂盒的操作说明提取待检组织或细胞培养液的病毒 DNA。

2. 反应体系的制备 阴性对照、待检样品和阳性对照各设 3 个重复，向微量管中依次加入表 26-1 中的反应体系。

表 26-1 反应体系的配制（20μL）

样品	体积/μL
反应模板 DNA	2
上游引物	0.5
下游引物	0.5
dNTP（2.5mmol/L）	1.6
$MgCl_2$（25mmol/L）	1.6
10×PCR 缓冲液	2
Taq 聚合酶	0.2
2×SYBR Green Ⅰ 染料	10
ddH_2O	1.6

上述反应体系混合后，离心 10s，使液体沉到管底。

3. 反应条件
预变性：95℃，5 min。
扩增（循环数 40 次）：95℃，5s；60℃，5s；72℃，15s。
溶解曲线：95℃，0s；63℃，15s；95℃，0s。

4. 结果观察 使用荧光定量 PCR 分析软件进行曲线和数据分析。

旁注：
1. 引物根据核酸系列保守区设计并具有特异性，产物不能形成二级结构，做荧光定量实验时产物长度 80～200bp 扩增效率较高。
2. 反应条件可根据反应结果作相应调整。
3. 可采用统计软件 spss 或 Excel 作图及数据分析。

五、注意事项

（1）每一对引物都需设置阴性和阳性对照，需通过熔解曲线评价引物的特异性。
（2）注意加样顺序，应先加空白对照和阳性对照模板，再加待检样品，避免实验中交叉污染。
（3）应使用初使浓度较高的样本，以保证实验具有较准确的结果。

(4) 优化实验条件，以提高扩增效率，保证结果的准确性。

六、思考题

(1) 阐述实时荧光定量 PCR 的原理及操作方法。
(2) 比较荧光染料法和 TaqMan 探针法这两种检测法的优缺点。
(3) 说明实时荧光定量 PCR 技术在兽医传染病临床诊断中的应用。
(4) 说明使用荧光染料检测法如何保证荧光定量 PCR 结果的可靠性。

七、实验报告

写出实时荧光定量 PCR 的原理及操作过程，使用荧光定量 PCR 分析软件进行曲线和数据分析。

实验二十七 畜禽常见吸虫病病原、中间宿主的识别

一、实验目的

通过对畜禽常见吸虫病病原及其中间宿主的观察，能肉眼识别畜禽常见吸虫病病原、中宿主的外部形态，并能使用显微镜观察畜禽常见吸虫成虫的内部结构及虫卵的形态特征，以作为畜禽常见吸虫病的诊断依据。

二、实验准备

1. 材料

(1) 浸渍虫体标本：猪姜片吸虫、华枝睾吸虫、截口吸虫、肝片吸虫、前后盘吸虫、胰阔盘吸虫、矛形双腔吸虫、日本血吸虫、前殖吸虫、卷棘口吸虫等成虫浸渍标本。
(2) 虫卵浸渍液：常见的畜禽吸虫虫卵浸渍液。

2. 虫体制片标本

3. 器材 显微镜，放大镜，皮头滴管，镊子，载玻片，盖玻片，培养皿，标本针等。

三、实验方法

---

1. 虫体、中间宿主的外部形态观察

用镊子取出虫体、中间宿主
↓
置于培养皿中
↓
观察其形态结构、虫体体表吸盘等。

（低倍镜下观察较小的虫体染色封片，放大镜下观察较大的虫体染色封片）

---

2. 虫卵观察

取一洁净的载玻片
↓
振荡虫卵保存液
↓
用滴管吸取虫卵保存液
↓
在载玻片中央滴一滴虫卵保存液
↓
盖上盖玻片于低倍镜下观察

四、实验内容

（一）布氏姜片吸虫

1. 成虫的肉眼观察 虫体大而肥厚，20～75mm×8～20mm，呈长椭圆形，后半部较宽，新鲜虫体呈鲜红色，固定后变成灰白色，口吸盘位于虫体最前端，腹吸盘比口吸盘大4倍左右，两者相距较近（图27-1）。

2. 成虫的镜检观察 观察内部构造（图27-2）。

（1）消化器官：口孔→咽→食道。盲肠两条，分布在虫体两侧，弯曲，直达虫体的后端，不分支。

（2）生殖器官：包括雌雄两性的生殖器官。

图27-1 姜片吸虫虫体

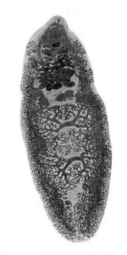

图27-2 姜片吸虫染色标本

雄性：两个树状分支睾丸→两条输出管→一条输精管→长管状雄茎囊→生殖孔。

雌性：一个分支的卵巢，位于虫体中部偏后方。子宫弯曲在虫体的前半部。卵黄腺分布在虫体的两侧。

3. 中间宿主（扁卷螺）的形态观察 扁卷螺在福建省有 3 种，即尖口圆扁螺、半球多脉扁螺（膈扁螺）和凸旋螺（图 27-3）。

三种螺的区别要点见表 27-1。

表 27-1 三种螺的区别

螺种	外壳	外形	背腹面观察
凸旋螺	无光泽，暗褐色	贝壳小，呈扁圆盘状	背腹面观察均可见到同样螺层
尖口圆扁螺	有光泽，黑褐色	贝壳大，呈扁圆状	背面螺层数多，中间凹入较深 腹面螺层数少，中间凹入较浅
半球多脉扁螺	有光泽，有透明斑点，黄褐色	贝壳厚，呈半球状	背面螺层数多，中间凹入较浅 腹面螺层数少，中间凹入较浅 体螺层有 3～4 副隔板

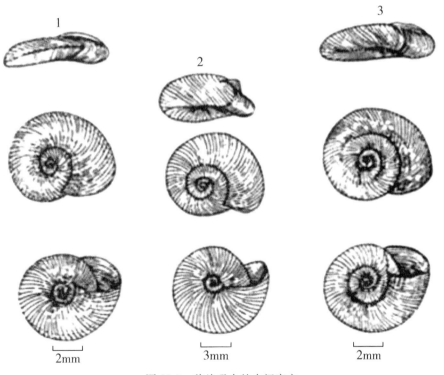

图 27-3 姜片吸虫的中间宿主
1. 尖口圆扁螺 2. 半球多脉扁螺 3. 凸旋螺

4. 虫卵的形态特征 虫卵淡黄色，卵圆形或椭圆形，壳薄，$130\sim150\mu m \times 85\sim97\mu m$。具卵盖，内含一个卵细胞和许多卵黄细胞，卵黄细胞致密而互相重叠（图 27-4）。

（二）华支睾吸虫

华支睾吸虫属于后睾科、支睾属，该虫寄生于人、猪、犬、猫等动物肝、胆囊和胆管内。

1. 成虫的肉眼观察　虫体扁薄、半透明、呈叶状、前端稍尖，后端较钝，体表光滑，口吸盘位于虫体的前端，腹吸盘比口吸盘小，位于虫体前端1/4处，新鲜虫体呈棕绿色。固定后为灰白色，虫体大小平均 10～25mm×3～5mm（图 27-5）。

2. 成虫的镜检观察

（1）消化器官：口→球形咽→短的食道→两条不分支、几乎到达虫体后端的盲肠。

（2）生殖系统：雌雄同体。

雄性：睾丸发达。呈分支状，前后排列于虫体后方，由睾丸各发出一条输出管。在虫体中央汇合成一条输出管，其膨大部为储精囊，末端的射精管通入生殖腔。

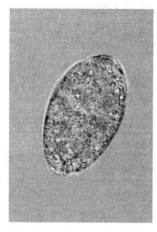

图 27-4　姜片吸虫虫卵

雌性：卵巢稍分叶，位于睾丸的前方，睾丸与卵巢之间有一大的受精囊。子宫盘位于虫体的前半部，生殖孔开口于腹吸盘的前缘，卵黄腺呈小颗粒状，分布于虫体两侧中 1/3 处。

（3）排泄系统：排泄囊很明显，呈 S 状，位于虫体后端1/3的中央。

3. 虫卵的形态特征　虫卵黄褐色，形如旧式灯泡，其最大宽度在后半部，后端有一小刺，前端较窄小，有一明显的卵盖。盖子的两边呈肩形，卵壳厚，其表面有多边形的花纹，虫卵小，27～35μm×12～20μm，卵内含有一毛蚴（图 27-6）。

4. 中间宿主　虫体发育过程第一中间宿主为淡水螺，第二中间宿主为淡水鱼、虾。

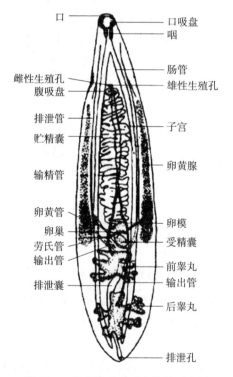

图 27-5　华支睾吸虫成虫结构示意图

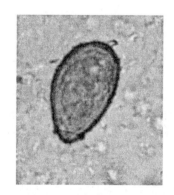

图 27-6　华支睾吸虫虫卵

(三) 猪截形微口吸虫的形态观察

本虫属于后睾科、微口属，寄生于猪的胆管内，偶尔寄生于猫和犬的胆管中。

成虫的肉眼观察：形状特别，如截断的长叶状，前端较尖锐，后端钝如刀切，后缘稍向背面弯曲，虫体中部略背面隆起，体有小刺，口吸盘位于虫体前端稍偏腹面，腹吸盘位于虫体中线之后，两者大小几乎相等，虫体角质外皮黄薄，可以从外部清楚看到子宫及卵黄腺的结构，虫体大小为 4.5~14mm×2.5~6.5mm。

(四) 肝片吸虫

1. 成虫的肉眼观察

(1) 肝片吸虫成虫形态：寄生于牛、羊的肝和胆管中，虫体扁平呈叶片状，其前端有一个三角形的锥状突，锥状突的基部后方，向两侧扩展形成"肩部"。"肩部"之后，虫体慢慢变小，口吸盘位于锥状突的前端，腹吸盘位于虫体腹面中线上的肩部水平上，新鲜虫体呈棕红色，固定后变为灰白色，虫体大小为 20~30mm×5~13mm（图 27-7）。

(2) 大肝片吸虫的形态：大肝片吸虫虫体与肝片吸虫相似，但大肝片吸虫为长叶状外形，虫体的长度超过宽度的两倍以上，大小为 33~72mm×5~12mm，肩部不明显，虫体两侧比较平行，前后的宽度变化较小，虫体后端钝圆（图 27-7）。

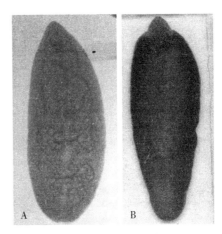

图 27-7　片形吸虫
A. 大肝片吸虫　B. 肝片吸虫

2. 成虫的镜检观察

(1) 消化器官：口孔→咽食道→两条多分支的盲肠，其中肝片吸虫外侧分支较多，特别发达，而大肝片吸虫则内侧分支较多。

(2) 生殖器官

雄性：两个高度分支的睾丸位于虫体中央，前后排列，两条输出管汇成一条输精管，最后形成雄茎囊（内有储精囊、射精管和雄茎）。

雌性：一个鹿角状分支的卵巢，位于腹吸盘下方的右侧。卵模位于睾丸前的体中央。弯曲的子宫位于卵模和腹吸盘之间。卵黄腺→卵黄管→卵黄总管分布于虫体两侧。

3. 中间宿主　椎实螺。

4. 虫卵的形态特征　呈长椭圆形，深黄色，前端较尖，有卵盖，卵黄细胞大小均匀地排列于卵内，其两端与卵壳之间无空隙，虫卵大小为 133~157μm×74~91μm。

(五) 前后盘吸虫

1. 成虫的肉眼观察　虫体圆锥状、梨形或圆柱状，呈淡红色，大小为 8.8~9.6mm×4.0~4.4mm，口吸盘位于虫体前端，腹吸盘大于口吸盘，位于虫体的后端（图 27-8、图 27-9）。

2. 成虫的镜检观察

(1) 消化器官：口孔→食道→两条不分支的盲肠。

(2) 生殖器官

雄性：两个椭圆形略分叶的睾丸，前后排列于虫体的中部，生殖孔开口于肠管分支处的后方。

雌性：一个圆形的卵巢，位于睾丸的后方，子宫弯曲，内充满虫卵，卵黄呈颗粒状，分布于虫体两侧，起始于食道，终止于后吸盘缘。

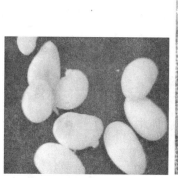

图 27-8 鹿前后盘吸虫

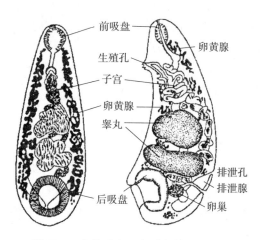

图 27-9 鹿前后盘吸虫形态结构示意图

3. 中间宿主 淡水螺。

4. 虫卵的形态特征 呈椭圆形，灰白色，有卵盖，卵中央稍前方有一圆形的胚细胞，卵黄细胞排列不均匀，比较稀疏，一端与卵壳之间无空隙，另一端留有空隙，虫卵大小为 125～132μm×70～80μm。

（六）牛羊胰阔盘吸虫

1. 成虫的肉眼观察 虫体扁平，透明，椭圆形，其大小为 6.45～14.5mm×3.8～6.0mm，口吸盘发达，大于腹吸盘，新盘虫体呈鲜红色，固定后为灰白色（图 27-10）。

2. 成虫的镜检观察

（1）消化器官：咽小，食道短，两条不分支的盲肠不伸达虫体的后端。

（2）生殖器官

雄性：两个分叶的睾丸左右排列于腹吸盘水平线的稍后方，雄茎囊呈长管状，位于腹吸盘的前方。

雌性：分叶状的卵巢和受精囊位于睾丸的右后方，充满棕褐色虫卵的子宫盘曲于虫体后半部，卵黄腺位于中部 1/3 的两侧，生殖孔开口于盲管分叉处。

3. 虫卵的形态特征　虫卵呈椭圆形，褐色，卵壳厚，两边不对称，有卵盖，卵内含有毛蚴。虫卵大小为 $42\sim50\mu m\times26\sim33\mu m$。

4. 中间宿主　第一中间宿主为蜗牛、枝小丽螺，第二中间宿主为中华草螽。

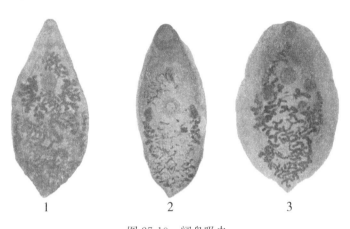

图 27-10　阔盘吸虫
1. 枝睾阔盘吸虫　2. 胰阔盘吸虫　3. 腔阔盘吸虫

（七）矛形双腔吸虫

1. 成虫的肉眼观察　虫体扁平而透明，呈柳叶状，大小为 $5\sim15mm\times1.5\sim2.5mm$，腹吸盘大于口吸盘（图 27-11、图 27-12）。

图 27-11　双腔吸虫成虫活体形态

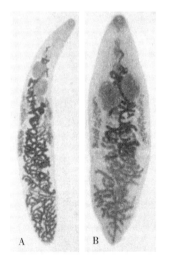

图 27-12　双腔吸虫成虫
A. 矛形双腔吸虫　B. 东方双腔吸虫

2. 成虫的镜检观察

（1）消化系统：同胰阔盘吸虫。

(2) 生殖器官

雄性：睾丸两个，近圆形，前后斜列或左右并列于腹吸盘后方，雄茎囊呈长形，于腹吸盘后方。

雌性：卵巢圆形或边缘不整齐或略分叶，位于睾丸后方偏中线的右侧，受精囊、梅氏腺和旁氏管于卵巢后方，子宫曲折，位于虫体的后半部，生殖孔开口于腹吸盘的前方近两肠管的分支处。

3. 虫卵的形态特征 同胰阔盘吸虫卵。

4. 中间宿主 第一中间宿主为条纹蜗牛、蚶丽螺，第二中间宿主为蚂蚁。

(八) 日本分体吸虫

1. 成虫的肉眼观察 虫体呈线状，雌雄异体，雄虫较粗短，灰白色，大小为10～20mm×0.5～0.55mm，雌虫较细长，呈深褐色，大小为15～26mm×0.1mm（图27-13）。

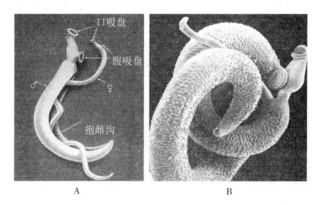

图 27-13 日本分体吸虫
A. 日本分体吸虫结构图　B. 雌虫位于雄中抱雌沟内，呈抱合状态

2. 成虫的镜检观察

(1) 消化器官：口在口吸盘内，无咽，食道周围有腺群围绕，肠管在腹吸盘前分叉，雄虫在虫体后1/4处（雌虫在虫体后1/3处）合成一条，然后继续伸至虫体的末端。

(2) 生殖器官

雄虫：虫体体壁两侧自腹吸盘后方至尾部向膜面卷曲形成的"抱雌沟"，睾丸呈圆形，6～8个，一般7个以纵行排列于腹吸盘之后，每个睾丸有一条短小的输入管，汇合为一条输精管，然后扩大为储精囊，其前端为一射精管，无雄茎，生殖孔开口于腹吸盘的后方（图27-14）。

雌虫：卵巢呈长椭圆形，位于虫体中部肠管复合处的前方，输卵管向后通出，绕过卵巢走向前方，与卵巢管合并形成卵模，其周围有梅氏腺。卵巢前通子宫，子宫呈长管状，分布于虫体前半部，生殖孔开口于腹吸盘的后缘，卵黄腺发达，位于虫体后1/4的两侧（图27-15）。

(3) 虫卵的形态特征：虫卵大小为7～10μm×5～65μm，呈短椭圆形，淡黄色，无卵盖，其一侧有一小钩，卵内含一毛蚴。

(4) 中间宿主：钉螺。

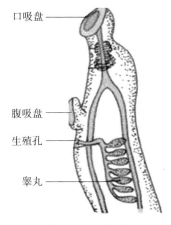
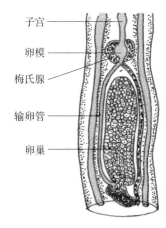

图 27-14　雄虫生殖系统结构示意图　　　　图 27-15　雌虫生殖系统结构示意图

(九) 鸡卵圆前殖吸虫

1. 成虫的肉眼观察　本虫寄生于母鸡的输卵管和幼龄鸡的腔上囊内。虫体大小为 6.5～8.2mm×2.5～4.2mm，呈梨形，前端狭小，后端钝圆。口吸盘位于虫体前端，腹吸盘大于口吸盘，位于虫体前 1/3 处。新鲜虫体呈鲜红色，固定后变为灰白色(图 27-16)。

2. 成虫的镜检观察　睾丸两个，呈卵圆形，左右并列于腹吸盘的后方。卵巢呈花朵状，位于睾丸的前方，腹吸盘的背面。子宫弯曲，大部分盘曲于虫体的后半部，卵黄腺呈菊花状，分布于虫体中部两侧。

3. 虫卵的形态特征　虫卵小，26～32μm×10～15μm，棕褐色，呈椭圆形，一端有卵盖，另一端有一小刺，卵内含卵细胞。

4. 中间宿主　第一中间宿主为淡水螺，第二中间宿主为蜻蜓的成虫和稚虫。

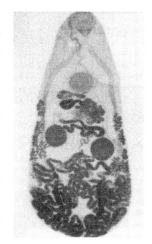

图 27-16　透明前殖吸虫成虫

(十) 鸡卷棘口吸虫

1. 成虫的肉眼观察　虫体呈长叶状，体表有小刺。新鲜虫体呈淡红色，固定后为灰白色。口吸盘位于虫体前端，腹吸盘大于口吸盘，位于虫体前 1/4 处，虫体大小为 7.60～12.60mm×1.26～1.60mm。

2. 成虫的镜检观察　虫体前端有发达的"口领"，其上有 37 个小棘。

(1) 消化器官：口→前咽→咽→食道→两盲肠。

(2) 生殖器官

雄性：睾丸两个，呈长椭圆形或分叶状，前后排列于卵巢的后方，雄茎囊位于腹吸盘之前，肠管分叉处之后，生殖孔开口于腹吸盘的前方。

雌性：卵巢一个，近圆形，位于虫体中部，子宫盘曲于卵巢的前方。卵黄腺呈颗粒状，分布于两肠管的外侧。

3. 虫卵的形态特征　虫卵呈椭圆形，黄色，大小为 114～126μm×68～72μm，卵的前端有一卵盖，内含卵黄细胞。

4. 中间宿主　第一中间宿主为折叠萝卜螺、凸旋螺、小土蜗，第二中间宿主除以上三种外,还有半球多脉圆扁螺和尖口圆扁螺。

五、注意事项

(1) 观察虫体、虫卵时要识别其内部结构。
(2) 掌握中间宿主的外部形态。
(3) 观察虫卵时注意调节显微镜光圈大小及光源亮度。

六、思考题

(1) 简述吸虫纲虫体的形态构造特点。
(2) 简述吸虫纲虫体消化系统构造组成。
(3) 简述吸虫纲虫体的虫卵形态特点。
(4) 绘一吸虫虫体、虫卵结构图(用 HB 铅笔,以线条和点绘图,不能涂抹,结构需直线标示)。

实验二十八 绦虫的结构、分类及绦蚴的形态识别

一、实验目的

通过对畜禽常见绦虫及其中间宿主的观察,能肉眼识别畜禽常见绦虫病病原、中间宿主的外部形态(节肢动物部分),并能使用显微镜观察畜禽常见绦虫成虫的内部结构及虫卵的形态特征,以作为畜禽常见绦虫病的诊断依据。

二、实验准备

1. 材料

(1) 浸渍标本:鸡绦虫,牛、羊绦虫,犬绦虫、棘球蚴、多头蚴、细颈囊尾蚴,牛肉,猪肉囊尾蚴以及部分绦蚴的病理标本。
(2) 虫卵浸渍液:常见畜禽绦虫虫卵浸渍液。

2. 虫体或节片制片标本

3. 器材 显微镜,放大镜,皮头滴管,镊子,载玻片,盖玻片,培养皿,标本针等。

三、实验方法

---

1. 虫体、中间宿主的外部形态观察

用镊子取出虫体、中间宿主
↓
置于培养皿中
↓
观察其形态结构

(低倍显微镜下观察较小的虫体染色封片,放大镜下观察较大的虫体染色封片)

---

2. 虫卵观察

取一洁净的载玻片
↓
振荡虫卵保存液
↓
用滴管吸取虫卵保存液
↓
在载玻片中央滴一滴虫卵保存液
↓
盖上盖玻片于低倍显微镜下观察

四、实验内容

（一）绦虫的形态结构

1. 外部形态 多节亚纲中的绦虫，呈扁平带状，由许多体节组成。虫体一般分为头节、颈节与链体三部分。头节为附着器官，其上有吸盘或吸槽，颈节为生长节，链体是由许多节片组成的。节片因发育程度的不同分为未成熟片、成熟节片和孕卵节片三类（图 28-1 至图 28-3）。

2. 内部结构 无体腔，无消化系统，无循环及呼吸系统。

（1）排泄系统：链体两侧有纵排泄管，在每个节片后缘有横管相连。

（2）生殖系统：雌雄同体，每个节片都具有雌雄生殖器官各一组或两组。

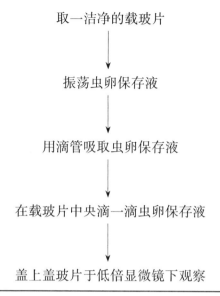

图 28-1 绦虫形态

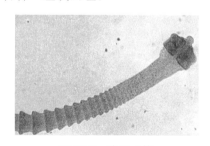

图 28-2 绦虫虫体

图 28-3 绦虫头节

雄性：一个或数百个呈圆形的睾丸→输出管→输精管→雄茎囊→雄性生殖孔。

雌性：由卵巢、输卵管、卵黄腺、梅氏腺、子宫、受精囊和阴道组成。卵巢两个，位于体节腹面的后缘，输卵管由卵巢通向卵模，卵黄管、梅氏腺、受精囊和子宫都与卵巢相通，卵黄腺位于卵巢之后。

（二）假叶目与圆叶目主要区别点

（1）假叶目头节上无吸盘，也无小钩，但有两个吸沟，而圆叶目头节上具有4个近圆形的吸盘，有些种类头部顶端有顶突和成排的小钩。

（2）假叶目虫卵似吸虫卵，具有卵盖，六钩蚴具有纤毛成为钩球蚴，而圆叶目虫卵无卵盖，六钩蚴无纤毛。

（三）绦蚴的类型

绦虫蚴可分为两种类型。

1. 实心结构　假叶目绦蚴属于这种类型。

2. 囊状结构　圆叶目绦蚴属于这种类型。

（四）羊莫氏绦虫

羊莫氏绦虫可分为扩张莫氏绦虫和贝莫氏绦虫。

1. 扩张莫氏绦虫

（1）成虫的肉眼观察：白色或黄色带链状，体长100~600cm，甚至10m，宽1.6cm。

（2）成虫的镜检观察：头节上有4个吸盘，无顶突和小钩，体节的宽度大于长度，边缘较为整齐。成熟节片的两侧各有一套雌雄生殖器官，伞形的卵巢与卵黄腺围成环形，位于纵排泄管的内侧。睾丸较多，分布于左右两侧纵排泄管之间，节片后缘有一行稀疏的环节间腺。

（3）虫卵的形态特征：虫卵一般呈三角形或近圆形，内含有一个被特殊的梨形器所包围的六钩蚴。

2. 贝莫氏绦虫

（1）成虫的肉眼观察：虫体外形与扩张莫氏绦虫非常相似，不易区别，但虫体较宽，达26cm，长4m，头节也较大。

（2）成虫的镜检观察：贝莫氏绦虫成熟体节（图28-4）的内部构造与扩张莫氏绦虫非常相似，其主要区别是节间腺的构造不同，贝莫氏绦虫的节间腺（图28-5）不呈环状或蔷薇状构造，而呈密集的带状，位于节片后缘的中部。

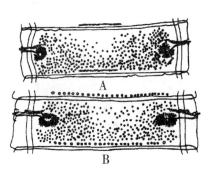

图28-4　莫氏绦虫的成熟体节
A. 贝莫氏绦虫　B. 扩展莫氏绦虫

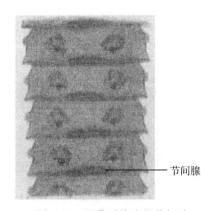

图28-5　贝莫氏绦虫的节间腺

(3) 虫卵的形态特征：虫卵一般呈不正四角形，卵内也有一个被梨形器包围着的六钩蚴。

3. 中间宿主 土壤螨。

（五）鸡绦虫

1. 四角瑞利绦虫

(1) 成虫的肉眼观察：虫体呈扁平带状，白色，长 200～300mm，宽 1～4mm。

(2) 成虫的镜检观察：头节细小，有顶突和 4 个长椭圆形的吸盘，其边缘有 8～12 列小钩，顶突上有 2 行共 100 个左右的小钩。成熟节片具有一套雌雄生殖器官：睾丸 20～30 个，呈圆形；卵巢分叶状，位于节片中部，卵黄腺在卵巢后方，生殖孔呈单边式开口，位于节片侧缘的中部。

2. 棘沟瑞利绦虫

(1) 成虫的肉眼观察：虫体的外观、长度与四角瑞利绦虫相似，但颈节较粗。

(2) 成虫的镜检观察：头节上有 4 个圆形的吸盘，其周围有 8～10 行小钩，顶突上约有 200 个小钩，成熟节片与四角瑞利绦虫相似。

3. 有轮瑞利绦虫 头节上的顶突很大，呈轮状，突出于头节顶端有 2 列小钩共 400～500 个，但吸盘上无小钩，颈节不能查见，整个虫体一般不超过 40mm。

（六）囊状结构型的绦蚴形态

1. 细颈囊尾蚴 为泡状带绦虫的幼虫，寄生于猪、羊等动物的腹腔、肠系膜、大网膜及肝表面。虫体呈白色透明的包裹，囊内充满透明的液体，囊壁很薄，可见到一个明显的头节，以细长的颈固定于囊壁上。虫体大小不一，小如豌豆，大如鸡蛋。其成虫泡状带绦虫寄生于犬的小肠（图 28-6）。

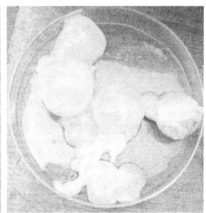

图 28-6 细颈囊尾蚴

2. 多头蚴 为多头绦虫的幼虫，寄生于牛、羊的脑内。多头蚴也呈白色透明囊泡状，囊泡大小由豌豆大到乒乓球大，囊内有透明的液体，囊壁薄，其上有很多黄白色的头节（100～250 个）。成虫多头绦虫寄生于犬、狼等肉食动物的小肠内（图 28-7）。

3. 棘球蚴 为细粒棘头绦虫的幼虫，寄生于牛、羊、猪等动物的肺、肝及其他器官内。幼虫呈囊泡状，其大小由豌豆大到人头大或更大，分为单房型和多房型，以单房型较为常见（图 28-8）。

(1) 单房型：囊壁厚，由3层组成，最外层为粉红色的角质层，内层为生发层，囊内充满无色透明的液体。生发层长出生发囊，头节就在生发囊上发育，有的头节游离于囊液中，有的整个生发囊离开生发层游离于囊液，故肉眼可见到小囊或小粒状的头节。

(2) 多房型：不形成大囊，由多个小囊聚集而成，小囊内既无液体，也无头节。其成虫寄生于犬科动物的小肠。

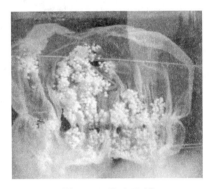

图 28-7 脑多头蚴

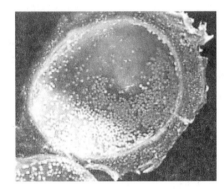

图 28-8 细粒棘球蚴

4. 猪肉、牛肉囊尾蚴 为猪带绦虫、牛带绦虫的幼虫，分别寄生于猪、人和牛的肌肉中，呈半透明的囊泡状，其大小如黄豆，囊壁上有一头节。猪囊尾蚴头节上具有钩，而牛囊尾蚴头节上无钩，此为两者主要区别点。成虫均寄生于人的小肠内（图 28-9、图 28-10）。

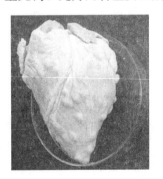

图 28-9 寄生在心脏的囊尾蚴

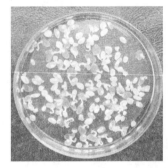

图 28-10 囊尾蚴在胆汁生理盐水中头节外翻活力的检查

五、注意事项

(1) 观察虫体、虫卵时要识别其内部结构。
(2) 掌握中间宿主的外部形态（节肢动物部分）。
(3) 观察虫卵时注意调节显微镜光圈大小及光源亮度。

六、思考题

(1) 简述绦虫纲虫体的结构特点。
(2) 简述绦蚴的种类及形态特点。
(3) 绘一绦虫虫体或节片、虫卵的结构图（用 HB 铅笔，以线条和点绘图，不能涂抹，结构需直线标示）。

实验二十九 畜禽常见线虫病、棘头虫病病原的形态识别

一、实验目的

通过对畜禽常见线虫、棘头虫及其中间宿主的观察，能肉眼识别畜禽常见线虫病、棘头虫病病原、中间宿主的外部形态，并能使用显微镜观察畜禽常见线虫、棘头虫成虫的内部结构及虫卵的形态特征，以作为畜禽常见线虫病、棘头虫病的诊断依据。

二、实验准备

1. 材料

（1）浸渍标本：鸡蛔虫，牛新蛔虫，猪蛔虫，犬弓首线虫、结节虫、钩虫、捻转血矛线虫、有齿冠尾线虫、长刺后圆线虫、猪毛首鞭虫、华首线虫、猪棘头虫以及部分的病理标本。金龟子插针标本。

（2）虫卵浸渍液：常见畜禽线虫、棘头虫虫卵浸渍液。

2. 虫体制片标本

3. 器材 显微镜，放大镜，皮头滴管，镊子，载玻片，盖玻片，培养皿，标本针等。

三、实验方法

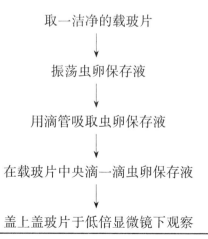

1. 虫体、中间宿主的外部形态观察

用镊子取出虫体、中间宿主
↓
置于培养皿中
↓
观察其形态结构

（低倍显微镜下观察较小的虫体染色封片，放大镜下观察较大的虫体染色封片）

2. 虫卵观察

取一洁净的载玻片
↓
振荡虫卵保存液
↓
用滴管吸取虫卵保存液
↓
在载玻片中央滴一滴虫卵保存液
↓
盖上盖玻片于低倍显微镜下观察

四、实验内容

(一) 观察蛔虫标本，了解线虫一般构造

1. 猪蛔虫 虫体大，呈圆筒状，淡黄色或淡红色，体表角质层厚，披有许多横纹。有四条纵线（两条侧线，背腰线各一条），口孔周围有三个"品"字形排列的唇片。雌虫长30～35cm，尾端直。雄虫长12～25cm，尾部向腹面弯曲。食道连于肠，肠的后端通达泄殖腔（图29-1、图29-2）。

虫卵：受精卵呈短椭圆形，黄褐色，50～75μm×40～80μm，卵内有一个未分裂的卵细胞，卵壳厚，最外层有一层凹凸不平的蛋白质膜。卵细胞和卵壳之间（卵的两端）有一新月形空隙。未受精的卵长椭圆形，卵壳薄，多数无蛋白质膜，卵内具有较多卵黄颗粒（图29-3）。

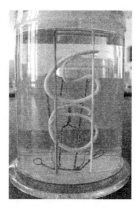

图29-1 猪蛔虫

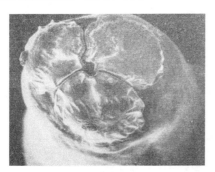

图29-2 猪蛔虫口孔

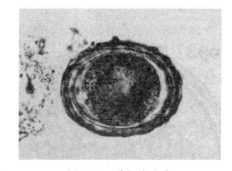

图29-3 猪蛔虫虫卵

2. 牛新蛔虫 虫体的形态构造基本和猪蛔虫相同，但虫体较小，体壁薄，雄虫尾部具有3～5对肛后乳突，肛前也有许多乳突。

虫卵：近圆形，金黄色，70～80μm×60～66μm，卵内含一个卵细胞。卵壳厚，其最外层呈蜂窝状，卵细胞和卵壳之间有一圈空隙。

3. 鸡蛔虫 虫体淡黄色，口孔有3个唇片，体表角质层有横纹。

雄虫：长26～70mm，尾端有小的尾翼和10对乳突，有一个圆形的肛前吸盘。并有2根等长的交合刺。

雌虫：长65～110mm。

虫卵：长椭圆形，70～90μm×47～51μm，深灰色，卵壳薄且光滑。新鲜卵内含1个胚细胞。

(二) 畜禽常见其他线虫病、棘头虫病病原的形态识别

1. 捻转血矛线虫 虫体毛状，前端尖细，雌雄异体且异形，其主要的区别如下。

(1) 新鲜虫体，雄虫呈淡红色，而雌虫由于红色的消化道与白色的生殖器官相互捻转，形成红白相间的特征。长15～19mm。

(2) 雌虫尾端圆锥形，而雄虫尾端有一膨大的交合伞，交合伞的背叶小，不对称，有一个"人"字形的背肋支持着（图29-4）。长27～30mm。雌虫阴门前方有一个棒状阴门盖（图29-5）。

（3）虫卵呈椭圆形，淡灰色，大小为 75~95μm×40~50μm，卵壳薄，刚排出的虫卵含有 16~32 个卵细胞。

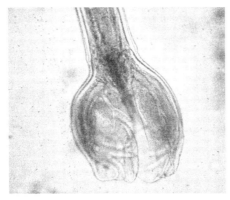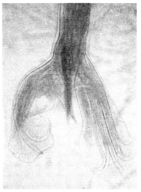

图 29-4 捻转血矛线虫雄虫尾端交合伞和"人"字形背肋

2. 结节虫 结节虫属种类繁多。代表性虫体牛羊哥伦比亚结节虫为白色，粗线状，侧翼发达，虫体前端向背面弯曲如钩状。口领高，头囊不膨大，具叶冠、颈乳突，颈沟尖端突出侧翼膜外。雄虫交合伞发达，虫体长 12.0~13.5mm。雌虫尾部逐渐变尖，虫体长 16.7~18.6mm，虫卵椭圆形，灰白色，73~88μm×34~45μm，卵内含 4~16 个卵细胞。

3. 钩虫 寄生于牛、羊的小肠内，虫体前端向背面弯曲，形如钩状，口囊很大呈漏斗状，口囊底部有一个大背齿和两个小的亚腹齿。雄虫体长 12~14mm，交合伞发达，背叶对称，交合刺较长，其末端有小钩。雌虫体长 15.75~21mm，尾部短粗而钝圆，阴门开口于虫体前 1/3 处。

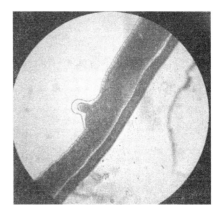

图 29-5 捻转血矛线虫雌虫阴门盖

4. 长刺后圆线虫 虫体黄白色，雄虫体长 11~25mm，丝状，口囊小，口缘有一对三叶唇，每个唇片有 3 个乳突，交合伞侧叶大，背叶小，全部肋均粗短，交合刺细长，4.0~4.5mm，末端单钩（复阴后圆线虫为双钩）。雌虫体长 20~50mm，阴道长，阴门位于虫体后部，阴门前有角质球状膨大的唇片。最常见的有长刺后圆线虫和复阴后圆线虫两种，两者形态较相似。

虫卵短椭圆形，大小为 125~132μm×62~66μm，内含一折刀状幼虫。

5. 有齿冠尾线虫 虫体粗硬似火柴杆，灰褐色，体壁薄，内部器官隐约可见，虫体前端有一杯状的口囊，其基部有 6~10 个齿，口缘有一圈细小的叶冠和 6 个角顶的隆起。雄虫 20~30mm 长，交合伞不发达。雌虫 30~45mm 长，阴门靠近肛门。

虫卵长椭圆形，较大，99.8~120.8μm×50~63μm，灰白色，两端钝圆，卵壳薄，内含 32~64 个深灰色的胚细胞，胚细胞和卵壳内有空隙。

6. 猪毛首鞭虫 虫体鞭状，乳白色，前为食道部，细长，内含念珠状细胞排列的食道，后为体部，短粗，内有肠道和生殖器官。雄虫长 20~52mm，尾端卷曲，有一交合刺。雌虫长 39～53mm，末端笔直钝圆，阴门位于食道部和体部的交界处（图 29-6）。

虫卵腰鼓状，灰褐色，52～61μm×27～30μm，两端各有一瓶塞状卵盖，卵壳很厚，内含一卵细胞（图 29-7）。

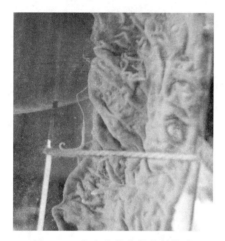

图 29-6　寄生在猪盲肠内的鞭虫

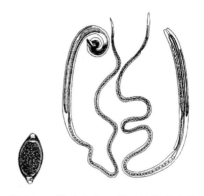

图 29-7　鞭虫虫卵和猪毛首鞭虫成虫

7. 旋毛虫　成虫细小，肉眼难以辨别。虫体越前越细，较粗的后端占虫体的一半稍多，前为食道部，前端为膜质的小管，后端为一列念珠状排列的细胞构成。雄虫大小为 1.4～1.6mm×0.06～0.05mm，无交合刺。雌虫大小为 3～4mm×0.06mm，阴门位于身体前端的中央。胎生（图 29-8、图 29-9）。

肌旋毛虫位于椭圆形包囊内，内含卷曲的幼虫（图 29-10）。

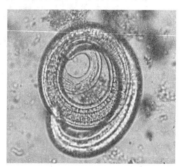

图 29-8　旋毛虫成虫

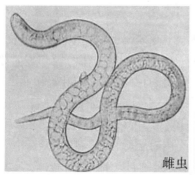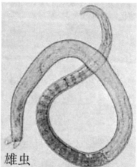

雌虫　雄虫

图 29-9　旋毛虫雌虫和雄虫结构示意图

图 29-10　寄生在肌肉中的旋毛虫（肌旋毛虫）

8. 华首线虫　寄生于禽类的食道、腺胃、肌胃或小肠。有旋华首线虫和斧钩华首线虫。

（1）旋华首线虫：虫体卷曲，呈螺旋状，虫体前端有 4 条波浪状饰带，由前往后，然后折回不吻合。雄虫长 7～8.3mm，交合刺不等长，雌虫长 9～10.2mm，阴门位于虫体后部。虫卵椭圆形，壳厚，33～40μm×18～25μm，内含一幼虫。

（2）斧钩华首线虫：虫体 4 条饰带不规则向后伸延，呈波浪状，不折回，两两平行，互不吻合。雄虫长 9～14mm，交合刺不等长，雌虫长 16～19mm，阴门位于虫体部的稍后方。

虫卵大小为 40～25μm×24～27μm，内含一幼虫。

9. 猪棘头虫　虫体形态多样，椭圆形、纺锤形、圆柱形。虫体前端有一可伸缩的吻突，上有棘状的小钩。虫体后部比较细长，体表平滑但有皱纹，雌雄异体，雄虫长 7～15cm，雌虫长 30～68cm，虫卵似橄榄状，长 47～91μm，内有一幼虫（棘头蚴）（图 29-11 至图 29-13）。

中间宿主：水生节肢动物、昆虫（棕色金龟子）的幼虫。

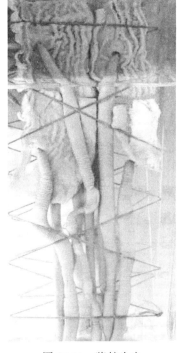

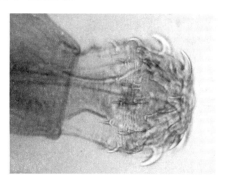

图 29-12　猪棘头虫吻突

图 29-11　猪棘头虫　　　　　　　图 29-13　棘头虫虫卵

五、注意事项

（1）观察虫体、虫卵时要识别其内部结构。
（2）掌握中间宿主的外部形态。
（3）观察虫卵时注意调节显微镜光圈大小及光源亮度。

六、思考题

（1）简述常见线虫、棘头虫的形态构造特点。
（2）简述常见线虫、棘头虫虫卵的构造特点。
（3）绘一虫体（含内部构造）、虫卵结构图（用HB铅笔，用线条和点绘图，不能涂抹，结构需直线标示）。

实验三十 寄生性蜱、螨、昆虫的形态识别

一、实验目的

通过对畜禽常见寄生性蜱、螨、昆虫病原的观察，能肉眼识别畜禽常见寄生性蜱、螨、昆虫的外部形态，并能用显微镜观察和掌握其特征性结构，以作为畜禽常见寄生性蜱、螨、昆虫病的诊断依据。

二、实验准备

1. 标本 硬蜱科成虫、虻、蝇、虱、牛皮蝇第三期幼虫、纹皮蝇第三期幼虫、马蝇第三期幼虫等浸渍或针插标本，寄生性蜘蛛、昆虫制片标本等。

2. 器材 显微镜，培养皿，载玻片，放大镜，镊子等。

三、实验方法

```
用镊子取出虫体，置于培养皿中
            ↓
      肉眼观察其形态结构
[低倍显微镜下观察较小的虫体（或部分结构）染色封片，
      放大镜下或肉眼观察较大的虫体]
```

四、实验内容

（一）肉眼观察和镜检观察硬蜱的形态

硬蜱成虫呈长椭圆形，背腹扁平，头胸部和腹部愈合为一体，虫体分为假头部和躯体两部。

1. 假头部 包括颚和假头基部（图30-1）。

(1) 口器：位于假头基部前端正中央，它由如下部分组成。

须肢：1 对，位于口器的外侧。由 4 节组成，第四节不发达，在第三节腹面陷凹内。

螯肢：1 对，位于口器正中的背面，其腹面有口下板，螯肢呈长杆状，末端有穿刺皮肤的小指，螯肢的外面各包有一个螯肢鞘。

口下板：1 个，位于螯肢的腹面，其腹面远端有成行的倒齿。

(2) 假头基部：位于口器的后方，其形状随硬蜱的种类不同而异，有六角形、方形或三角形，雌虫的假头基部背面具有成对的圆形、卵圆形或其他形状的多孔区。

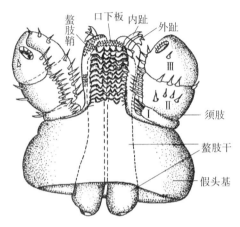

图 30-1　硬蜱假头部的构造（腹面）

2. 躯体　有背面和腹面之分（图 30-2）。

(1) 背面：最明显的构造是盾板，依盾板可鉴别雌雄，雌虫盾板只占背面的 1/2，而雄虫盾板几乎占整个背面，盾板上有以下结构。

颈沟：自头凹方两侧向后伸展。

侧沟：沿盾板的侧缘伸张。

纹饰：雄蜱盾板的后缘有方块构造，一般 11 个（有些属没有），有的属正中有一块花缘突出于体后缘，形状突出。

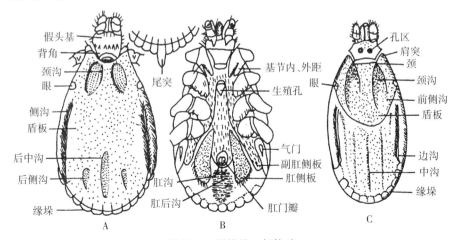

图 30-2　硬蜱的一般构造
A. 硬蜱背面观　B. 硬蜱腹面观　C. 硬蜱背面观

眼睛：部分属有，有些属无。眼睛一般位于盾板前端的两侧边缘附近。

（2）腹面：有足、生殖孔、肛门、气门板、沟和板等部分。

足：成虫 4 对足，幼虫 3 对足。足由 6 节组成，即基节、转节、股节、经节、后附节和附节，节末端有一对爪和爪间突。

生殖孔：位于虫体中线上，相当于第二对足的水平线上或附近。

肛门：位于腹面中 1/3 与后 1/3 交界处，第四对腿稍后方。

（二）螨类的形态观察

包括疥螨和痒螨，疥螨寄生于家畜的皮肤内，痒螨寄生于皮肤表面。

1. 疥螨科各属的特征

（1）疥螨属：虫体长 0.2～0.5mm。口器为咀嚼式、马蹄形。虫体躯体背面有一背甲，腹面具有 4 对腿（成虫），幼虫 3 对，腿末端具有钟形吸盘或刚毛（图 30-3）。

雄性第一、二、四对足，雌性第一、二对足末端具有吸盘。

生殖孔：雄虫位于第四对腿之间，倒 V 形。雌虫的产卵孔（成虫有）位于后两对腿前方，横裂。阴道（第二期若虫时形成）位于体末端，交配用。

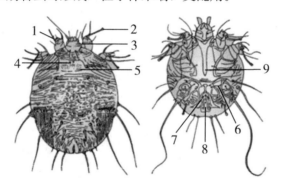

图 30-3 疥螨的形态结构

1. 螯肢 2. 吸盘 3. 假头 4. 气孔始基 5. 胸甲
6. 第 3 及第 4 足的后肢条 7. 生殖围条 8. 生殖帷膜 9. 后肢条

（2）膝螨属：形态与疥螨相似。

突变膝螨：寄生于鸡腿的无毛处，雄虫足末端均有吸盘，雌虫无吸盘。雌雄虫长 0.19～0.20mm。

鸡膝螨：寄生于鸡的羽毛根部，雄虫足末端均有吸盘，雌虫无吸盘。雌雄虫长 0.3mm。

（3）背肛疥螨属：形态与疥螨相似。寄生于兔的头面部、生殖器，猫的头面部。

雄虫长 0.12～0.14mm，雌虫长 0.17～0.24mm，雄虫第一、二、四对脚具有吸盘，雌虫第一、二对足具有吸盘。肛门位于虫体的背部。

2. 痒螨科各属的特征

（1）痒螨属：虫体大，0.5～1mm，肉眼可见。

假头部：刺吸式口器，吸食淋巴液。

躯体部：腿细长，尤以第一、二对为长。

雄虫：第一、二、三对足末端具有喇叭状吸盘，长在分 3 节的柄上，肛后具有 1 对肛吸盘，生殖孔位于第四对足基节之间。

雌虫：第一、二、四对足末端具有吸盘，产卵孔位于前端、横裂。阴道位于体末端。

(2) 足螨属：形态与痒螨相似。雄虫第一、二、三、四足末具有吸盘。雌虫第一、二、四对足具有吸盘。

(3) 耳痒螨属：犬、猫耳痒螨寄生于犬、猫的外耳道。雄虫第一、二、三、四对足具有吸盘。雌虫第一、二对足具有吸盘。

（三）牛虻、螫蝇的识别

1. 牛虻 虫体大，具刮舐式口器，头大，半球状。雌虫两复眼距离大，雄虫两复眼紧靠。翅一对，透明，中央有一个六角形的中室。有虻属、斑虻属、麻虻属等。

各属虫体区别如下。

虻属：翅透明，无花斑。

斑虻属：翅中部具有一深棕色的横带。

麻虻属：翅具有云雾状的麻点。

2. 螫蝇 形态与家蝇相似，区别见表30-1。

表30-1 螫蝇与家蝇的区别

区别	螫蝇	家蝇
口器	刮吸式	刮舐式
腹部背面斑点（带）	有	无
第三、四纵脉	第四纵脉弧形弯曲，与第三纵脉有较宽的距离	第四纵脉角形弯曲，与第三纵脉接近

(1) 厩螫蝇：腹部第三节、第四节背面斑点为3个黑圆点，一个居中，两个居侧。

(2) 印度螫蝇：腹部第三节、第四节背面斑点为黑带状，横带完整，和纵带连接形成"土"字形。

(3) 南螫蝇：与印度螫蝇相似。横带不完整，不和纵带连接。

（四）猪虱、毛虱、羽虱的形态鉴别

1. 猪虱 虫体灰黑色，雄虫体长4mm，雌虫体长5mm，是虱目中最大的一种。具有昆虫的一般特征，口器刺吸式，但无眼、翅。头部狭长，其宽度小于胸部，上有一对由5节组成的触角；胸部三节无明显界线；腹部印圆形，雌虫腹部末端有缺口，雄虫尾端钝圆。

2. 毛虱 寄生于畜禽的体表，虫体形态构造基本上和猪血虱相同。

主要区别：头部宽于胸部，触角三节，口器咀嚼式。

3. 羽虱 寄生于家禽的体表，口器为咀嚼式，头部宽度大于胸部的宽度，触角由4节组成。

五、注意事项

(1) 虫体轻取轻放，避免损坏。

(2) 每次观察一种标本，避免混杂错放。

六、思考题

(1) 简述蜘蛛与昆虫的形态特点及区别。

(2) 简述虻、螫蝇、虱的形态特点。

(3) 绘一虫体结构图（用 HB 铅笔，以线条和点绘图，不能涂抹，结构需直线标示）。

实验三十一　畜禽常见原虫病病原的识别

一、实验目的

能在显微镜下识别畜禽常见原虫病病原。

二、实验准备

1. 标本　鸡住白细胞原虫、双芽巴贝斯虫、牛巴贝斯虫、牛环形泰勒焦虫、弓形虫、住肉孢子虫、伊氏锥虫等标本片，鸡球虫、球虫卵囊浸渍标本等。

2. 器材　显微镜，培养皿，载玻片，盖玻片，镜油，擦镜纸，滴管等。

三、实验方法

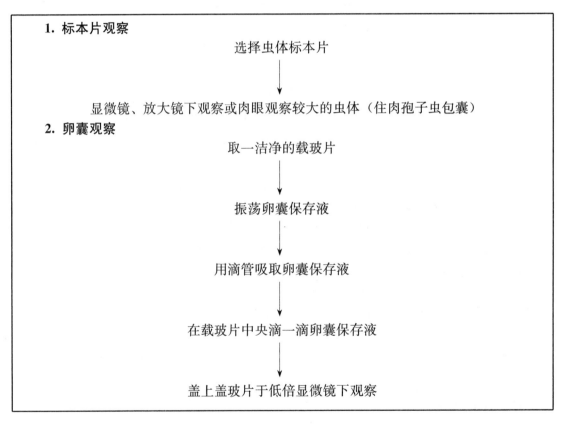

四、实验内容

（一）鸡住白细胞原虫的形态特征

鸡住白细胞原虫配子体呈圆形或椭圆形，鸡白细胞核被虫体挤向一端，原生质被挤向虫体两侧。

（二）锥虫的形态特征

呈纺锤形，虫体两端稍尖，前端比后端更尖些（图 31-1）。虫体的中央有一个较大的近圆形的细胞核，后端有一点状的动基体，鞭毛沿体侧边缘向前延伸，最后由虫体前端伸出形成游离的鞭毛，与虫体的体部由膜相连，此膜称为波动膜。

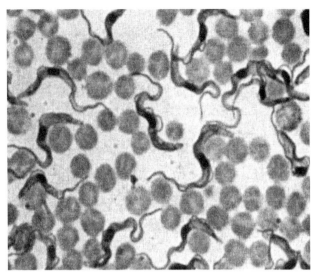

图 31-1 伊氏锥虫

(三) 兔、鸡球虫卵囊的形态特征

鸡艾美尔球虫（图 31-2）卵囊：卵圆形，卵壁淡绿，原生质淡蓝，$22.6\mu m \times 18.05\mu m$。新鲜虫卵内含一个细胞。孢子化卵囊含孢子囊和子孢子。

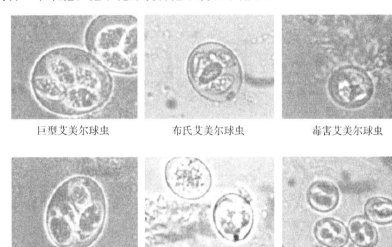

| 巨型艾美尔球虫 | 布氏艾美尔球虫 | 毒害艾美尔球虫 |
| 巨型艾美尔球虫 | 柔嫩艾美尔球虫 | 堆型艾美尔球虫 |

图 31-2 球虫卵囊

(四) 巴贝斯虫的形态特征

1. 双芽巴贝斯虫 寄生于红细胞中，以出芽生殖法繁殖。虫体形态多样，有椭圆形、环形等，较典型的是双梨形。虫体的长度大于红细胞的半径，两梨形虫体以其尖端相连成锐角。每一虫体有两块染色质，姬姆萨染色：细胞质染成淡色，染色质染成紫红色。病初虫体多为圆形，高峰期以双梨形为多。绝大部分虫体位于红细胞中部（图 31-3）。

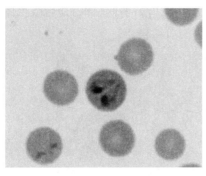
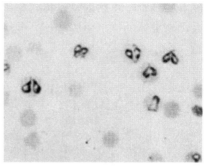

图 31-3 双芽巴贝斯虫

2. 牛巴贝斯虫 虫体寄生于红细胞内，形态有环形、椭圆形、单个或成双的梨形边虫形和阿米巴形等，在繁殖过程中出现三叶形的虫体。本虫代表性的特点为：大部分虫体位于红细胞的边缘，少数位于中央，梨形虫体的长度小于红细胞半径，其大小为 (1.5~2.4) μm×(0.8~1.1) μm；成对的虫体以其尖端相对形成钝角；具有一团染色质。病初期以环形和边虫形的为多，以后出现梨形虫体（图 31-4）。

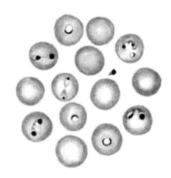

图 31-4 牛巴贝斯虫

（五）牛环形泰勒焦虫的形态特征

1. 红细胞中的虫体形态（图 31-5A）

(1) 环形虫体呈戒指状，最常见染色质一团，居虫体一侧边缘上，姬姆萨染色，染色质红色，原生质淡蓝色，虫体长 0.8~1.7 μm。

(2) 椭圆形虫体比环形者略大，长宽比为 1.5∶1，两端钝圆，染色质位于后端。

(3) 典型虫体似逗点，一端钝圆，一端尖缩，染色质一块居钝端，虫体大小为 (1.5~2.1) μm×0.7 μm。

(4) 杆形虫体一端粗，另一端细，弯曲或不弯曲，染色质团居粗端，形似钉子或大头钉，长 1.0~2.0 μm。

(5) 圆点状虫体没有明显的原生质，只有一块染色质，大小为 0.7~0.8 μm。

(6) "十"字形虫体不常见，由 4 个圆点状虫体组成，原生质不明显，大小有几微米。

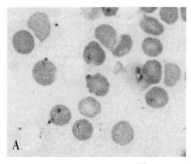
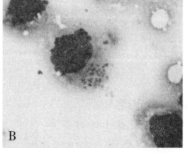

图 31-5 环形泰勒虫
A. 为红细胞中的虫体　B. 为石榴体

各种虫体可同时出现于同一红细胞内。红细胞染虫一般10%～20%，重者达90%以上。

2. 网状内皮系统细胞内的虫体形态（图31-5B） 又名石榴体，在染色的肝、脾、淋巴结组织病料涂片上，可见到被寄生的淋巴细胞或单核细胞的核被挤压到一边，细胞质中的石榴体为许多着伊红或暗紫红色的颗粒组成的卵圆形集团。

（六）弓形虫的形态特征

卵囊平均大小为 $12\mu m \times 10\mu m$，体外孢子化后含有两个孢子囊（sporocyst），每个孢子囊内有4个子孢子（图31-6）。

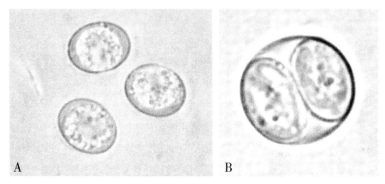

图31-6 弓形虫卵囊
A. 未孢子化 B. 孢子化

包囊呈卵圆形，大小从含数个缓殖子、直径仅 $5\mu m$ 到含有数千虫体、直径达 $100\mu m$（图31-7）。

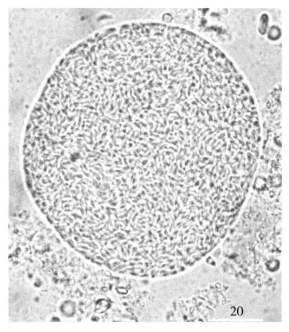

图31-7 弓形虫的包囊

弓形虫速殖子一端钝圆而另一端稍尖，一侧较平而另一侧稍弯曲，呈新月形或香蕉形。虫体大小为 $(4\sim7)\mu m \times (2\sim4)\mu m$。细胞核位于虫体中央（图31-8）。

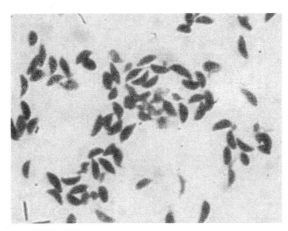

图 31-8　弓形虫的速殖子

(七) 住肉孢子虫的形态特征

猪住肉孢子虫寄生于猪的舌肌、咬肌、肋间肌和咽喉肌等处，0.5～5mm 长。牛住肉孢子虫寄生于牛的横纹肌、心肌和食道，长 10mm 或更大些。住肉孢子虫虫体为包囊状（孢子囊），多为纺锤形、卵圆形或圆柱形，灰白至乳白色，小的肉眼难以识别，大的可达 10mm 至几十毫米。成熟的孢子囊内含许多肾形、镰刀形或香蕉状的滋养体，长 10～12μm，宽 4～9μm，一端尖，一端钝，核偏于钝端。

五、注意事项

正确使用油镜观察病原标本片，用毕及时清洁油镜头。

六、思考题

(1) 简述双芽巴贝斯虫、牛巴贝斯虫的形态特点及区别。
(2) 简述鸡住白细胞原虫、鸡球虫的形态特点。
(3) 绘一虫体结构图（用 HB 铅笔，以线条和点绘图，不能涂抹，结构需直线标示）。

实验三十二　蠕虫病实验室常规诊断技术

一、实验目的

(1) 掌握涂片检查法、集卵法的操作技术。
(2) 显微镜下识别吸虫卵、绦虫卵、线虫卵和棘头虫卵的形态特征，区别虫卵与其他类似蠕虫卵的物质。
(3) 掌握漏斗幼虫分离法（贝尔曼法）、平皿幼虫分离法和幼虫培养检查法的操作技术。

二、实验准备

1. 材料　新鲜羊、牛、犬粪便，饱和盐水，0.1mol/L 氢氧化钠溶液，甘油与水的等量混合液。

2. 器材　显微镜，离心管，离心机，试管架，滴管，铁丝圈，平底标本管，烧杯，培养皿，粪筛，1mL 吸管，100mL 量筒，玻璃棒，镊子，载玻片，盖玻片和火柴杆，漏斗架，口径 10～15cm 的玻璃漏斗，漏斗架，平皿，100℃温度计，100～200mL 烧杯等。

三、实验方法

（1）采集新鲜的动物粪便。
（2）根据实验内容、步骤独立完成实验操作。

四、实验内容

（一）虫卵检查法

1. 直接涂片检查法

先在载玻片上滴 1～2 滴甘油与水等量混合液
↓
用牙签或火柴杆取少量粪便，加入其中
↓
混匀，夹去较大的粪渣，盖上盖玻片
↓
置于低倍显微镜下检查

本法简便，可发现蠕虫的虫卵和幼虫，但被检粪便量少，故检出率低（仅作为辅助方法），每样粪便需检查 3～5 片。如缺少甘油时，可用清水，加甘油的好处是能使标本清晰，又能防止水分过快蒸发。用过的火柴应集中烧毁。涂片厚薄应适中。

2. 集卵法 利用各种方法先将粪便中分散的虫卵，加以集中，再进行检查，以提高检出率。最常用的有如下两种。

（1）沉淀法：用相对密度小于虫卵的水处理被检粪便，使虫卵沉淀集中，本法可检查各纲虫卵，但较多用于诊断虫卵相对密度较大的吸虫病。

①自然沉淀法：

取粪便 5～10g 于烧杯中
↓
加 10 倍水，用筷子均匀混合
↓
用粪筛（40～60 目）或两层湿的纱布过滤
↓
将滤液置三角烧瓶或烧杯中，静置 15～20min
↓
倾去上清液，再加清水、搅匀、沉淀
↓
反复 2～3 次至上清液清亮为止
↓
倒去大部分上清液

↓
用滴管吸取沉淀物少许滴于载玻片上，涂成薄片
↓
加上盖玻片，镜检

涂片要求涂成长方形宽涂片，一般要求检查3~5片。

②离心沉淀法：

取粪便1~2g于烧杯中
↓
加5~10倍水，用筷子均匀混合
↓
用粪筛（40~60目）或两层湿的纱布过滤于离心管中
↓
放入离心机，以800r/min的速度离心2~3min
↓
倾去上层液，加水混匀，再离心，如此反复数次
↓
直至上层液透明，倒去上清液
↓
用滴管吸取少量沉淀物，滴于载玻片上
↓
涂成薄片，加盖玻片，镜检

上述方法中涂片浓度的要求同直接涂片法。

（2）饱和盐水漂浮法（费勒鹏法）：利用比虫卵相对密度大的饱和盐水作为漂浮液（1 000 mL水中加食盐380g，相对密度为1.18），使虫卵浮集于液面。

本法简便高效，对大多数线虫卵和某些绦虫卵有效，但对相对密度大于饱和盐水的后圆线虫的虫卵、大多数吸虫卵及棘头虫卵无效。

方法：

取粪便5~10g置于100~200mL的烧杯中
↓
加入少许饱和盐水，用玻璃棒将粪便搅拌成糊状
↓
再加入余下的饱和盐水并搅拌均匀
↓
用粪筛或两层湿纱布过滤于平底标本管中，静置30min
↓
用直径5~10mm的铁丝圈，在液体的表面蘸取薄膜数次
↓
抖落于载玻片上，盖上盖玻片，镜检

(二) 幼虫检查法

1. 漏斗幼虫分离法（贝尔曼法）

在贝尔曼法装置的漏斗内放入两层湿纱布
↓
取新鲜的粪便 15～20g 置于湿纱布内
↓
于漏斗的边缘徐徐加入 40℃左右的温水，直至淹没粪便为止
↓
静置 1～3h
↓
取出小试管，倒去上层液
↓
把全部沉淀物倒在 1～2 张载玻片上或小平皿内
↓
置于低倍显微镜下检查，可见到活动的幼虫

本法适用于生前诊断牛羊网尾线虫病、谬氏线虫病、原圆线虫病、家畜肺部其他蠕虫病及肉食动物的类圆线虫病等。还适用于发现任何器官、组织和饲料或土壤中的线虫幼虫。

2. 平皿幼虫分离法

取 3～4 粒粪球
↓
置于有少量 40℃左右温水的表面玻璃或培养皿中
↓
经 5～10min 后，除去粪球
↓
在显微镜下检查器皿中的液体，寻找活动的幼虫

此法常用于粪便呈球粒的绵羊、山羊、鹿的呼吸道蠕虫病的生前诊断。

3. 幼虫培养检查法 圆形目的很多种线虫虫卵，由于它们形态构造和大小较相似，镜检时，不易辨认，为了生前确诊马属动物、反刍动物的某些圆形目的线虫病，把其虫卵进行培养，待发育至第三期的幼虫阶段进行鉴别诊断。

方法：

在直径为 15cm 的培养皿底部加一张潮湿的滤纸
↓
将欲培养的粪便调成硬糊状，放于皿内的纸上
↓
使球形顶部略高于平皿边沿，加盖时与皿盖接触
↓
置于 25～30℃的温箱中培养 7～10d
↓

用漏斗幼虫分离法处理

↓

吸取试管底部的沉淀物

↓

制片镜检

（三）蠕虫各纲虫卵的特征

1. 线虫虫卵的一般特征 线虫虫卵一般呈椭圆形或近圆形，大多数是对称的卵壳，一般由4层膜组成，卵膜有的完整包围着，有的虫卵的一端或两端有瓶塞状的小盖，如鞭虫卵；卵壳的表面有的平滑，有的则凹凸不平，如蛔虫卵。其色泽也随种类不同而异，从无色到褐色。卵内还有胚胎，当虫卵随粪便排出外界时，有些线虫卵则已不处于分裂前期，仅有一个卵胚细胞，如蛔虫卵；有些线虫卵则已分裂细胞，如肾虫卵；还有一些线虫卵内已含有一个幼虫，如后圆线虫卵。

2. 吸虫虫卵的一般特征 虫卵呈卵圆形，卵壳厚而坚实。绝大多数吸虫卵的一端有一个小的卵盖；但也有某些吸虫卵无卵盖，如日本分体吸虫卵。虫卵随粪便排出外界时，有的内含一胚细胞和许多卵黄颗粒，如肝片吸虫卵；有的则已发育成为一个毛蚴，如胰阔盘吸虫卵。吸虫卵常呈黄褐色或褐色。

3. 绦虫虫卵的一般特征 假叶目绦虫和圆叶目绦虫的虫卵形态不同。圆叶目绦虫虫卵呈近圆形、椭圆形或三角形，卵壳由4层膜组成，卵内含有一个椭圆形的具有3对胚钩的六钩蚴。多数绦虫卵无色，少数呈黄色或黄褐色。如大裸头绦虫卵、假叶目绦虫卵和吸虫卵相似，有一个卵盖。

4. 棘头虫虫卵的一般特征 虫卵呈椭圆形或橄榄形，卵的中央有一长椭圆形的由3层膜包着的胚胎。其一端具有3对胚钩，虫卵呈暗棕色。

五、注意事项

（1）检查的粪便应从直肠采取或采取刚排出的新鲜粪便，如检查不及时，应把待检粪便置于冷处（不超过5℃）。如转寄检查，可浸于50～60℃的5%～10%福尔马林溶液中，使虫卵丧失活力而停止发育。

（2）显微镜检查的涂片标本应加上盖玻片，这样不但容易发现虫卵，而且便于鉴别虫卵的形态特征。

（3）涂片标本应按顺序查完，即便在第一个视野中已发现虫卵，也应顺序查完整片，因在一片中可能发现数种虫卵。

（4）对无色的、卵壳薄的虫卵，视野应放暗，因在明亮的视野里易被忽略。

（5）涂片时粪便不宜太多，以免粪渣把虫卵盖住。

（6）注意虫卵与各种植物残渣、气泡、植物种子、花粉粒、脂肪等其他物质的区别。

（7）防止污染。

六、思考题

绘吸虫卵、绦虫卵、线虫卵、棘头虫卵结构图（用HB铅笔，以线条和点绘图，不能涂抹，结构需直线标示）。

第二章
综合性实验

实验三十三 兽医卫生消毒及效果检验

一、实验目的

了解兽医卫生消毒在畜禽健康养殖中的应用及消毒效果检验方法。

二、实验原理

兽医卫生消毒是指杀灭或清除散播在外界环境中的病原微生物，使之无害化，保护易感动物。尤其对于规模化、工厂化养殖场，由于其为一种连续生产体系，不断有产品上市，又不断有新生易感个体进入。并且生产过程两头在外，原料的购入和产品的销售与社会上有经常的多渠道的交往，极易受到外来疫病侵袭。同时，遗留于养殖场中的一些常在性和/或条件性病原体，也可因处置不当而不断积累和在易感动物体中传代，从而使数量和毒力剧增，导致畜禽健康状况恶化，甚至引发疫病流行。因此，确实掌握、应用兽医卫生消毒技术，加强养殖场各个环节消毒、脱污极为重要，是强化兽医生物安全，解除养殖场疫病内忧外患，实现健康养殖技术措施的重要组成部分。

兽医卫生消毒技术要求如下。

1. 方法适宜、处理恰当 兽医卫生消毒对象多，情况复杂，不讲究技术方法可造成消毒失败或损坏物品。要制定消毒程序，即根据消毒类型、对象、环境理化特性、病原体性质以及传染病病原传播特点等，将多种消毒方法科学合理地加以组合应用。

兽医卫生消毒种类与方法通常分为预防性消毒、临时性消毒、终末性消毒三大类和物理消毒法（包括机械清除）、化学消毒法、生物消毒法三大方法，生产实践中依消毒对象及其卫生质量要求加以组合应用。

如空栏（舍）消毒，应清扫—冲洗（如为重大动物疫病则先行消毒剂喷洒消毒后进行）—消毒剂喷洒（$400\sim800mL/m^2$）—消毒后关闭—冲洗—空关后（必要时再经火焰喷烧消毒）—启用。清扫可使舍内细菌减少20%，高压水冲洗使舍内细菌减少50%~60%，再用消毒剂消毒使舍内细菌可减少90%。载畜（禽）消毒可用0.3%过氧乙酸喷雾（雾粒直径$50\sim100\mu m$）或醋酸$3\sim10mL/m^3$兑入1~2倍水稀释后，加热熏蒸消毒。种蛋消毒，每立方米用福尔马林溶液42mL、水21mL、高锰酸钾21g熏蒸消毒20min。

2. 严格要求、确保质量 微生物极细小，无法即刻鉴定效果，不仅需依不同对象，选择有效方法，还需按一定方式方法进行，认真操作，确保消毒质量，否则可能造成安全假象而误事。因此,进行消毒效果检验是重要的和必需的。

养殖生产过程消毒效果检验一般属于实用与现场消毒试验,内容包括清洁程度检测、消毒剂及其应用情况检查、消毒对象的细菌学检查。消毒过的栏舍应清洁如新,所用的消毒剂种类、浓度、用量要正确;消毒对象的细菌学检查,通常以细菌培养法,对消毒对象表面(即地面、墙壁)或空气应用自然菌采样检测法进行检验,自然菌杀灭率90%以上为合格。

$$杀灭率=(消毒前细菌数-消毒后细菌数/消毒前细菌数)×100\%$$

三、实验准备

1. 仪器设备 喷雾器,恒温培养箱,普通冰箱,电磁炉,微波炉。

2. 菌种、培养基 大肠杆菌肉汤培养物,麦康凯琼脂和鲜血琼脂平板,营养肉汤试管(每管分装9mL)。

3. 试剂 福尔马林溶液,高锰酸钾,消特灵(有机氯消毒剂),硫代硫酸钠中和剂(先配制100mL 0.03mol/L磷酸盐缓冲液,制法为将磷酸氢二钠0.284g与磷酸二氢钾0.136g溶解于100mL蒸馏水中,pH为7.2~7.4;再加入硫代硫酸钠0.1~1.0g,分装于试管中,每管5mL,121℃高压灭菌15min),氨水,3%碘化钾和2%淀粉糊的混合液(6%碘化钾和4%淀粉糊等量混合),3%次亚硫酸钠溶液。

4. 器械材料 扫帚,铁锹,污物筒,喷壶,水管,高筒靴,工作服,口罩,橡皮手套,毛巾,肥皂,10cm×10cm方形采样框,灭菌棉签(干棉签的重量为0.25~0.33g),剪刀,记号笔,酒精灯,接种环,试管架,1mL移液管,平皿,线绳,牛皮纸或报纸,电磁炉,标签纸,熏蒸消毒试验箱(取泡沫保温箱,箱两正面开洞,透明塑料膜重封成观察窗),鲜鸭蛋若干个(一半置4℃冰箱预冷却)。

四、实验方法

1. 熏蒸消毒试验及其效果检验	
(1)取熏蒸消毒试验箱,计算箱容积,每立方米按福尔马林溶液42mL、水21mL、高锰酸钾21g剂量将福尔马林溶液和水装于烧杯,置于箱内。 ↓	1. 注意装福尔马林溶液的烧杯容量不宜太小。
(2)再把冷冻和未经冷冻的试验鸭蛋分别装于平皿放入箱内。 ↓	2. 也可设一接种大肠杆菌液体培养物后预冷却的鲜血琼脂平板。
(3)取鲜血琼脂平板,接种0.2mL经适当稀释的大肠杆菌液体培养物,接种后去掉皿盖放入箱中。 ↓	
(4)最后将高锰酸钾加到福尔马林溶液烧杯内,迅速盖上箱盖。另可设一对照消毒箱。	

(5) 通过观察窗观察福尔马林与高锰酸钾反应产生的甲醛、甲酸混合气体升腾。

3. 试验箱应密封好，避免甲醛、甲酸气体泄漏。

(6) 熏蒸消毒 20min 时，取一次性注射器，按 12.5mL/m³ 剂量抽取氨水，从箱盖近箱壁处刺穿滴入，中和甲醛。

(7) 中和后打开箱盖，取出接菌的平皿，置 37℃ 培养。两组鸭蛋取出分别用硫代硫酸钠中和剂湿润的灭菌棉签擦拭全蛋壳表面，将棉签置入中和剂试管中压出、沾上、压出，重复进行数次，最后用镊子将棉签拧干；然后用营养肉汤做 10 倍递增稀释，取适当稀释度接种麦康凯琼脂平板，每个平板接种 0.2mL，一个稀释度接种 2 个，37℃ 培养。

(8) 培养 24h 后，取出平板观察细菌生长情况，记录菌落数，计算杀菌率。

2. 现场试验及其效果检验 可在试验动物室或养殖场进行。

(1) 表面消毒效果检验：选定表面、选定效果检验采样点，以 10cm×10cm 方形采样框，用硫代硫酸钠中和剂湿润的灭菌棉签擦拭采集消毒前表面自然菌样。

按常规清扫、冲洗、喷洒消毒剂（400~800mL/m²）消毒后，同上法采集消毒后自然菌样。将样品做 10 倍递增稀释，取适当稀释液接种麦康凯琼脂平板，每个平板接种 0.2mL，一个稀释度接种 2 个平板，37℃ 培养。

培养 24h 后，取出平板观察细菌生长情况，记录菌落数，计算杀菌率。

4. 杀菌率 90% 以上为效果良好。

(2) 空气消毒效果检验：
在动物室（舍）四角离墙 1m 和中央各高度 50cm 处设 5 个空

气消毒效果检验采样点，将五块鲜血琼脂平板打开，暴露于空气中 15~30min，采集消毒前舍内空气自然菌样。

↓

按常规清扫、冲洗、喷洒消毒剂（400~800mL/m³）消毒后，同上法采集消毒后舍内空气自然菌样。将鲜血琼脂平板置 37℃培养。

↓

培养 24h 后，取出平板观察细菌生长情况，记录菌落数，计算杀菌率。

（3）也可应用超净工作台设计紫外线消毒（或紫外灯管质量）效果检验（测），或无菌室空气质量检测试验。

3. 一般性消毒质量检查

（1）栏（舍）机械清除效果检查：检查地板、墙壁以及房舍内所有设备的清洁程度。

（2）消毒剂及其应用情况检查：了解消毒工作记录表，消毒药的种类、浓度、温度及其用量。

（3）检查含氯制剂的消毒效果时，可应用碘-淀粉法。用棉签蘸取碘化钾液和淀粉糊的混合液，涂擦消毒过的表面，涂擦的表面以及在棉球上都呈现出一种特殊的蓝棕色，并可被次亚硫酸钠溶液擦拭消除，呈色的强度取决于游离氯的含量及被消毒表面的性质。此种检查可以在消毒之后的 48h 内进行。

5. 空气中细菌总数计算：$cfu/m^3 = 50\,000 \times N/(A \times T)$。$N$ 为平均菌落数（cfu/平板），A 为平板面积（cm^2），T 为采样时间。如 9cm 平板采样 15min 后菌落均数为 10 个，则该舍空气细菌菌落总数为 $50\,000 \times 10/[(3.14 \times 4.5^2) \times 15] = 524$（$cfu/m^3$）。

五、注意事项

（1）使用福尔马林等消毒剂务必要注意安全，意外沾染要及时流水冲洗，或上医务室处理。

（2）表面消毒效果的细菌学检验，样品稀释度选择要适当，以菌落计数。

六、思考题

（1）熏蒸消毒试验中冷冻和未经冷冻样品杀菌率有无差异？为什么？

（2）试述消毒种类及其意义。

（3）何谓消毒程序？

七、实验报告

简述实验过程及其原理，分析实验结果。

实验三十四　疫病检（监）测诊断样品的取材与送检

一、实验目的

（1）学习掌握不同疫病采样基本原则和送检要求。
（2）了解国家动物疫病检（监）测诊断标准中相关采样规范。

二、实验原理

疫病检（监）测诊断离不开利用实验室方法对样品（诸如各种组织、器官或血液、血清等）进行病原学的分离、鉴定，分子生物学检验和/或抗原、抗体等相关免疫学指示的检测，其结果可靠性与样品质量密切相关。

随着规模化、集约化养殖业的发展，动物疫病的危害性日益凸显，且疫情也越趋复杂化，利用实验室手段开展动物疫病检（监）测诊断，对疫病及时确诊和/或预警、预报及控制与净化意义重大。为此，近年来国家不断强化检（监）测诊断机制及实验室和相关动物疫病检（监）测诊断技术规范标准的制定等软硬件建设。

本实验着重强调与社会接轨，学习掌握疫病检（监）测诊断样品的正确取材、送检基本原则及其要求。

1. 合理取材　以诊断为目的病料取材应选择未经药物诊疗、症状和病变典型的有代表性个体。

疫病监测的采样则要考虑：采样对象（如动物生产类型）和数量，以便于统计分析和反映群体实际健康状况。

其次，采取适宜的样品，以病原检测诊断为目的应用因不同疫病和不同感染阶段而异，采集病原（抗原）含量高的组织和器官为样品，如口蹄疫病患可采集水疱等（液）。一般呈急性败血症过程的疫病可采集脾、肝等实质性组织和血液，而以呼吸道或消化道等系统和/或局部症状（病变）的则应同时采集相应系统器官组织；对于临诊难以做出诊断时则应进行全面的样品采集。但特定情况下，例如疑为炭疽的则禁止随意剖检，而采集耳、尾末梢组织；患钩端螺旋体病的动物后期可发生血尿，则可采集尿液作为样品。

作为病理学检查的样品，可采集具有典型病变的器官组织，并注意将其周边组织一并切取，以利于鉴别。

2. 保证样品质量　首先应有一定的量。禽、兔等小动物可选数只整体包装送检；猪、羊等肝、脾等器官组织可完整采集，牛等大动物则切取 1/3～1/2。喉、气管、鼻腔、直肠（泄殖腔）利用棉拭子采样应采取 3～5 头份以上。

其次，采集过程要避免污染。剖检要按一定顺序进行，逐一打开胸腔、腹腔，先采集作为病原微生物检验的样品，然后进行病理学检查和病理材料取样。

其三，应保持样品新鲜或近新鲜状态。病（死）动物应及时剖检取样（一般应在死后 6h 之内，夏季则不超过 4h）；采集的样品需妥善保存，可用保温材料配合保存剂保鲜。

采样器械应经消毒，剪刀、镊子也可经擦拭，再以酒精浸泡，酒精灯烧灼消毒后采集下一份样品。采集的样品分别装于灭菌的容器中（平皿、塑料离心管或洁净塑料，不同组织器官或不同个体的相同组织不能混装）。密封后做好编号或加贴标签标识。

3. 妥善包装，填写记录，及时送检 盛装样品的无菌平皿、离心管、塑料袋等容器即为内包装，目的在于避免检样受污染。外包装包括将盛装样品容器作进一步套袋后装入保温容器中，加置冰块及填充物、加盖密封过程，其目的是避免盛装样品的容器渗漏或碰撞损坏而污染环境，同时便于保鲜和携带运输。

所采集的样品除了要逐一编号和记录，送检时还应填写送检单，内容包括送检单位、地址、联系人及联系方式、动物种类、疫病流行概况及其临诊特征、防控方法及结果、送检样品种类、编号、送检目的等。一式三份，一份留底，两份随送检样品做检测备考。

样品送检要及时，送检方式因可疑疫病和样品性质而异，但诸如可疑炭疽或高致病性禽流感样品的采集、送检要严格按照国家有关规范要求进行。

三、实验准备

1. 剖检器械 解剖盘，解剖刀，剪刀，镊子，骨剪，骨钳，骨锯。

2. 采样工具 剪刀，镊子，棉拭子，平皿，5～10mL 带盖离心管分别包装灭菌，5mL 一次性塑料注射器，5mL 动物用采血器，自封袋，普通塑料包装袋，保温箱（或大小适当的泡沫箱），记号笔，酒精杯，酒精灯，细棉线，胶布（或标签纸），透明塑料胶带，记录表。

3. 试剂

（1）保存剂：

30%缓冲甘油：中性甘油 30mL，NaCl 0.5g，Na_2HPO_4 1.0g，蒸馏水加至 100mL，高压灭菌。

50%缓冲甘油：Na_2HPO_4 10.74g，KH_2PO_4 0.46g，NaCl 2.5g，溶于适量蒸馏水，加中性甘油 150mL，再加蒸馏水至 300mL，高压灭菌。

（2）棉拭子样品（病毒）保存剂：

0.01mol/L pH 7.4 PBS：NaCl 0.4g，KH_2PO_4 4.1g，$Na_2HPO_4 \cdot 12H_2O$ 1.45g，KCl 0.1g，加蒸馏水至 500mL，调 pH 为 7.4，高压灭菌。然后每毫升加入青霉素、链霉素各 200IU，制霉菌素 1 000IU，分装于灭菌带盖塑料离心管中，每管 1～2mL，作为棉拭样品容器。用于禽泄殖腔棉拭子样品的应将上述抗生素浓度提高 3～5 倍。

10%中性福尔马林溶液：福尔马林 10mL，蒸馏水 90mL，$MgCO_3$ 5～10g。

4. 实验动物 体重 1～1.5kg 的新城疫免疫鸡若干只，试验前 2d 口服新城疫 V_4 或 Lasota 活苗（拟采血样做新城疫抗体检测及喉气管、泄殖腔棉拭子和/或脾等样品新城疫病毒检验）。

或选择白痢病仔猪数头，试验前 2d 注射猪瘟兔化活苗（拟采集血样做猪瘟抗体检测，采集十二指肠段样品做大肠杆菌分离鉴定，采集扁桃体或肾样品做猪瘟荧光抗体和/或 RT-PCR 检验）。

四、实验方法

1. 鸡的检（监）测诊断样品采集 采集血液样品。 ↓ 动物用采血器或一次性注射器采取翅静脉血或心脏穿刺采血。 ↓ 血样编号标识，凝固后离心分离血清，收集于1.5mL离心管中。 ↓ 喉气管和泄殖腔棉拭子采集。 ↓ 分别剪下样品端（棉拭子头部），置于含有保存剂的样品容器中，编号标识。 ↓ 处死实验鸡，浸泡后置于解剖盘中。 ↓ 采集鸡新城疫抗原琼脂扩散法检（监）测的羽毛囊样品，徒手拔取翅及尾部富含羽髓的粗羽毛，剪取羽囊部装于样品容器或自封袋，编号标识。 ↓ 剥皮，按无菌操作仔细剖开体腔。 ↓ 无菌操作，逐一采集肝、脾、肾、肺、气管、卵巢（或睾丸）、输卵管、法氏囊等器官、组织，分别置灭菌平皿或离心管等样品容器中编号标识。 ↓ 剥去头部皮肤，打开颅骨，采集脑组织样品。 ↓	1. 鸭等水禽可以从颈静脉窦采集血液样品。 2. 备做新城疫免疫抗体检测、分析。 3. 可作为新城疫病毒检验样品。 4. 以羽髓浸出液或羽毛髓质端直接插布做双向双扩散检测。 5. 法氏囊也可作为传染性法氏囊病抗原琼脂扩散检测样品。 6. 也可从颈基部、头颈部剪下取样品作为禽流感检测样品。

剪开眶下窦，采集棉拭子样品。 ↓	7. 可作为传染性鼻炎检验样品。
肠内容物取样，可剪开一小口，用棉拭子蘸取；或两端用棉线结扎后截取一段肠管置样品容器中。 ↓	
最后进行病理学检查和取材，病理学样品置于含10倍体积10%中性福尔马林保存剂容器中，编号标识。 ↓	
采毕进行样品清点、归类和整理记录。 ↓	
样品进行包装、填写送检单。 **2. 猪的检（监）测诊断样品采集** 血液样品采集。 ↓	
前腔静脉采血，保定后以动物用采血器或一次性注射器在胸骨柄与肩关节之间凹隙，略向后、向对侧方向进针。 ↓	
或从耳静脉采集，采集血量3～5mL，编号标识，血液凝固后离心分离血清。 ↓	8. 可做猪瘟抗体检测。
抗凝血采集方法同上。 ↓	9. 可做细胞免疫检测或附红细胞体检测。
猪鼻腔和直肠棉拭子样品采集，采集后分别截取样品置于含保存剂的样品容器中，编号标识。 ↓	
处死试验仔猪，体表用消毒液擦拭，消毒后置于解剖盘中，取背卧位，分别剖开前后肢的胸壁和腹部相连的皮肤、肌肉，摊开四肢呈仰卧，按常规前至下颌间隙、后至耻骨前缘打开胸腹腔。 ↓	10. 可作为布氏杆菌、波氏杆菌分离培养的样品，不能置于含抗生素的保存剂中保存。

根据需要，逐一采集扁桃体、颌下淋巴结、胸水、心包液、腹水、胆汁、肺、脾、肝、肾和肺支气管、肝门、肠系膜、腹股沟浅淋巴结，分别装入样品容器中，编号标识并登记。 ↓ 然后采集十二指肠段、回肠段内容物棉拭子或两端棉线结扎后截取相应肠段置于平皿或自封袋中，编号标识。 ↓ 进行病理学检查及其样品采集，对胸腹腔、心包、心、肝、脾、肾、喉头气管、食道、胃肠道（空肠、回肠、回盲口、盲肠、结肠、直肠）、膀胱、胸腺、胰腺、肾上腺等各系统器官组织进行检查，采集相关病理学样品，样品置于含10倍体积的10%中性福尔马林保存剂容器中，编号标识登记。 ↓ 最后剥开头部皮肤，打开颅腔进行脑膜、脑实质检查或取样，做相关检验。 ↓ 从上颌第1、第2臼齿之间锯开，做鼻甲骨完整性检查，或采集棉拭子样品做相关检验。 ↓ 采毕，进行样品清点、归类和整理记录。 ↓ 样品包装，填写送检单。	11. 肛拭子直接染片进行猪痢疾染色镜检。 12. 十二指肠内容物可进行大肠杆菌分离鉴定；回肠段可做劳森菌检验。

五、注意事项

（1）患病（病死）动物剖检要加强自身防护，并严防污染。
（2）微生物学检验（尤其拟作分离培养的）样品取材要严格按无菌操作采集、包装。
（3）实验完毕要做好用具、环境的消毒、清理及动物尸体无害化处理的工作。

六、思考题

（1）试述疫病检（监）测诊断样品的取材和送检的意义。

(2) 试述疫病检（监）测诊断样品的取材基本原则和要求。

七、实验报告

简述实验过程及相关环节应注意的事项。

实验三十五　动物的免疫接种与采血技术

一、实验目的

(1) 掌握保存、运送和用前检查兽医生物制品的方法。
(2) 了解兽医生物制品的种类及免疫接种的方法。
(3) 熟悉动物（鸡、小鼠等）的采血方法。

二、实验原理

用人工方法将免疫原或免疫效应物质输入到机体内，使机体通过人工自动免疫或人工被动免疫的方法获得防控某种传染病的能力称为免疫接种。常见的免疫接种途径有皮内、皮下、肌内、饮水、刺种、滴鼻、点眼与气雾等。人工免疫包括自动免疫和被动免疫两种，自动免疫是注射或服用疫苗，是当今最为广泛的人工诱导免疫方法，而被动免疫是指注射同种或异种抗体获得免疫力的方法。人工自动免疫可以维持较长的时间，人工被动免疫可维持的时间就较短。通过接种疫苗或注射同种或异种抗体，使动物免疫系统产生主动或被动免疫，以防控某种特定传染性疾病，保障生产效益。

三、实验准备

1. 器材　注射器及配套的各种型号针头，刺种针，气雾免疫发生器，75%酒精，2%碘酒，新洁尔灭，脱脂棉，纱布，高压蒸汽灭菌锅，剪刀，镊子，体温计，带盖搪瓷盘，桶，脸盆，肥皂，毛巾，工作服，帽，胶靴，登记册或卡等。

2. 疫苗及稀释液　鸡新城疫疫苗Ⅰ、Ⅱ、Ⅲ、Ⅳ等，鸡痘疫苗，马立克疫苗，禽霍乱菌苗，传染性支气管炎疫苗，传染性法氏囊病疫苗，传染性喉气管炎疫苗，减蛋综合征疫苗。

3. 待接种或采血动物　禽（鸡、鸭等）、猪、牛、羊或其他动物。

四、实验方法

（一）预防接种前的准备 (1) 动物免疫接种计划的制订。 ↓ (2) 免疫接种前，必须对所使用的生物制剂进行仔细检查。 ↓	1. 有下列情况之一的疫苗不得使用：①没有瓶签或瓶签模

(3) 免疫接种前，对预接种的动物进行临诊观察，必要时进行体温检查。

↓

(4) 器械的消毒。

↓

(5) 免疫接种前，对饲养员及相关人员进行免疫接种知识的教育，明确免疫接种的重要性。

(二) 疫苗的种类

1. 人工主动免疫制剂　灭活疫苗，减毒活疫苗，类毒素，亚单位疫苗（组分疫苗），基因工程疫苗，DNA疫苗，合成肽疫苗。

2. 人工被动免疫制剂　抗毒素，抗菌血清和抗病毒血清，丙种球蛋白，特异性免疫球蛋白，免疫核糖核酸，转移因子，胸腺素，干扰素。

(三) 免疫接种的方法

1. 皮下注射法

(1) 注射部位：对马、牛等大动物皮下注射时，一律采用颈侧部，猪在耳根后方，家禽在颈部或大腿内侧，羊在股内侧、肘后及耳根处，兔在耳后或股内侧。

(2) 注射方法：左手拇指与食指捏起皮肤成皱褶，右手持注射针管在皱褶底部稍倾斜快速刺入皮肤与肌肉间，缓缓推药。注射完毕，将针拔出，立即以药棉球揉擦，使药液散开。

2. 皮内注射法

(1) 羊痘弱毒疫苗采用皮内注射，注射部位多在尾根或尾下。

(2) 注射方法：常规消毒，用左手拇指和食指捏起皮肤成皱褶，右手持针从皱褶顶部与之呈20°～30°角，向下刺入皮肤内，缓慢注入疫苗。

3. 肌内注射法

(1) 注射部位：马、牛、猪、羊的肌内注射一律在臀部或颈部，禽多在胸部。

(2) 注射方法：左手固定注射部位，右手拿注射器，针头垂直刺入肌肉内，然后左手固定注射器，右手将针芯回抽一下，如无回血，将药液慢慢注入。若发现有回血，应变更位置。如动物不安或不易刺入，可将注射针头取下，右手拇指、食指和中指紧持针尾，对准注射部位迅速刺入肌肉，然后针尾与注射器连接可靠后，注入疫苗。

4. 饮水免疫法　是将可供口服的疫苗混于水中，动物通过饮水而获得免疫，饮水免疫时，应按动物头数和每头动物平均饮水

糊不清，没有经过合格检查者；②过期失效者；③生物制品的质量与说明书不符的，如色泽、沉淀、制品内有异物、发霉和有异味的；④瓶塞松动或瓶壁破裂者；⑤没有按规定方法保存者。

2. 注射时要将针头留有1/4在皮肤外面，以防折针后不易拔出。

3. 优点：①达到快速免疫；②适用于任

量，准确计算需用稀释后的疫苗剂量，以保证每一个体都能饮到一定量的疫苗。免疫前应限制饮水，夏季一般 2h，冬季一般为 4h，保证疫苗稀释后在较短时间内饮完。混有疫苗的饮水要注意温度，一般以不超过室温为宜。

本法具有省时、省力的优点，适用于大群动物的免疫。由于动物的饮水量有多有少，饮水免疫时应分两次完成，即连续两天，每天一次，这样可缩小个体间饮苗量的差异。

5. 刺种法 在翅下无毛处避开血管，用刺种针或蘸笔尖蘸取疫苗刺入皮下，为可靠起见，最好刺两下。

6. 滴鼻、点眼法 用乳头管吸取疫苗（约 0.03～0.04mL）滴于鼻孔或眼内 1～2 滴（雏鸡 1 滴，成年鸡 2 滴）。

7. 气雾免疫法 此法是用压缩空气通过气雾发生器将稀释疫苗喷射出去，使疫苗形成直径 1～10μm 的雾化粒子，均匀地浮游在空气之中，通过呼吸道吸入肺内，以达到免疫目的。常用的有室内气雾免疫法和野外气雾免疫法。

(四) 生物药品的保存和运送方法

1. 生物制品的保存 各种生物制品应严格按照说明书的要求进行保存。不同的生物制品有不同的存放要求。一般存放在低温、阴暗及干燥的场所。

2. 生物制品的运送 要求包装完善，防止碰坏瓶子和散播活的弱毒病原微生物。运送途中避免日光直射和高温，并尽快送到保存地点或预防接种场所。弱毒苗应在低温条件下运送，大量运送应用冷藏车，少量运送可装在装有冰块的广口瓶内，以免降低或丧失疫苗性能。

(五) 鸡的常用采血方法

(1) 剪破鸡冠可采血数滴供作血液涂片。

(2) 静脉采血：将鸡固定，伸展翅膀，在翅膀内侧选一粗大静脉，小心拔去羽毛，用碘酒和酒精棉球消毒，再用左手食指、拇指压迫静脉近心端使血管怒张，针头由翼根部向翅膀方向沿静脉平行刺入血管。

(3) 心脏采血：将鸡侧位固定，右侧在下，头向左侧固定。找出从胸骨走向肩胛部的皮下大静脉，心脏约在该静脉分支下侧；或由肱骨头、股骨头、胸骨前端三点所形成三角形中心稍偏前方的部位。用酒精棉球消毒后在选定部位垂直进针，如刺入心脏可感到心脏跳动，稍回抽针栓可见回血，否则应将针头稍拔出，再更换一个角度刺入，直至抽出血液。

(六) 小鼠的常用采血方法

1. 剪尾采血 左手拇指和食指从背部抓住小鼠颈部皮肤，将小鼠头朝下，小鼠保定后将其尾置于 50℃ 热水中浸泡数分钟，使尾部血管充盈。擦干尾部，再用剪刀或刀片剪去尾尖 1～2mm，

何年龄的鸡；③操作简便。

缺点：免疫持久性差，且个体差异大。每只鸡得到的疫苗量不平均。

4. 最常用的疫苗有 ND 和 IB。

5. 组织灭活苗和油苗一般 4～7℃ 保存，冻干苗一般 -20℃ 保存。

6. 采血完毕，用碘酒或酒精棉球压迫针刺处止血。一般可采血 2～10mL。

7. 采血后用棉球压迫止血。每次采血量 0.1mL。

用试管接流出的血液，同时自尾根部向尾尖按摩。

2. 摘除眼球采血 左手抓住小鼠颈部皮肤，轻压在实验台上，取侧卧位，左手食指尽量将小鼠眼周皮肤往颈后压，使眼球突出。用眼科弯镊迅速夹去眼球，将鼠倒立，用器皿接住流出的血液。

8. 采血完毕立即用纱布压迫止血。每次采血量0.6～1mL。

五、注意事项

（1）实验前后均应洗手消毒。
（2）接种时严格执行消毒及无菌操作。
（3）开启疫苗前瓶口须用酒精棉球消毒。
（4）用过的针头不能重复使用，以免污染疫苗。
（5）疫苗使用前，必须充分振荡，使其均匀混合。免疫血清则不应振荡，沉淀不应吸取，并随吸随注射。需经稀释后才能使用的疫苗，应按说明书的要求稀释。已打开瓶塞或稀释过的疫苗，必须当天用完，未用完的处理后弃去。
（6）针筒排气溢出的药液，应吸集于酒精棉球上，并将其收集于专用的瓶内。用过的酒精棉球、碘酊棉球和吸入注射器内未用完的药液都放入专用瓶内，集中烧毁。

六、思考题

（1）试述免疫接种在动物疫病防控上的意义。
（2）常用免疫接种的方法有几种？有何优缺点？
（3）试述动物（鸡、小鼠）采血的方法及注意事项。

七、实验报告

写出动物免疫接种的方法及接种时的注意事项。

实验三十六　多克隆抗体（免疫血清）的制备

一、实验目的

（1）掌握免疫血清（溶血素和抗菌抗体）的制备方法。
（2）掌握免疫原的制备方法。
（3）进一步熟悉凝集试验的操作过程及结果观察。

二、实验原理

免疫血清的制备是一项常用的免疫学实验技术。高效价、高特异性的免疫血清可作为免疫学诊断的试剂（如用于制备免疫标记抗体等），也可供特异性免疫治疗用。免疫血清的效价高低取决于实验动物的免疫反应性及抗原的免疫原性。如以免疫原性强的抗原刺激高应答性的机体，常可获得高效价的免疫血清。而使用免疫原性弱的抗原免疫时，则需同时加用佐剂以增强抗原的免疫原性。免疫血清的特异性主要取决于免疫用抗原的纯度。因此,如欲获得高特异性的免疫血清,必须预先纯化抗原。此外,抗原的剂量、免疫途径及注射抗原的时间间隔等,也是影响免疫血清效价的重要因素,应予重视。

具有免疫原性的抗原可刺激机体内相应的 B 细胞增殖、分化,形成浆细胞,并分泌特异性抗体。由于抗原分子表面的不同抗原决定簇(表位)为不同特异性的 B 细胞克隆所识别,因此由某一抗原刺激机体后产生的抗体,实际上为针对该抗原分子表面不同抗原决定簇的抗体混合物(即多克隆抗体)。另外,根据机体产生免疫应答的特点,需要多次重复注射免疫原,才能产生高效价及高亲和力的抗体。

本实验以鸡红细胞悬液为免疫原制备溶血素,以含油佐剂的布氏杆菌菌体抗原和不含佐剂的布氏杆菌菌体抗原为免疫原,来制备家兔抗布氏杆菌免疫血清。

三、实验准备

1. 动物　健康成年鸡和家兔,雄性。

2. 器材　组织捣碎机,剪刀,镊子,离心管,注射器(2mL、50mL)附针头(6 号、9 号),称量瓶(10mL),量筒,动物固定架,灭菌三角烧瓶(200mL),手术器械一套,血管夹,黑丝线,塑料放血管等。

3. 试剂　灭菌生理盐水,消毒酒精及碘酒,肝素钠,Hank's 液,生理盐水,白油,司本 80,吐温 80,硬脂酸铝等。

4. 抗原及血清　布氏杆菌病试管凝集抗原、布氏杆菌病标准阳性血清、布氏杆菌病标准阴性血清,从生物制品厂购买。

四、实验方法

(一)抗鸡红细胞抗体的制备	
1. 鸡红细胞悬液(免疫原)的制备　从鸡翼下静脉或心脏采血,用肝素抗凝,按抗凝血液的体积,加 8~10 倍已灭菌的 Hank's 液,轻轻摇匀后,置普通离心机中离心洗涤 3 次,每次 2 000r/min 离心 10min,弃上清液后,取压积 RBC 备用,或用无菌 Hank's 液分别配成 10% RBC 悬液和 50% RBC 悬液,即为免疫原。	1. 所用的试剂及用具应消毒灭菌。
2. 家兔免疫程序　选用体重 3~4kg 的健康家兔,先饲养观察 7d。用以 Hank's 液洗过 3 次的压积红细胞进行免疫,第 1 次 0.5mL,皮内注射,以后隔日注射 1 次,每次递增 0.5mL,从第 2 次开始,均为皮内、皮下多点注射,共注射 5~7 次,末次注射后 7d 试血,测定红细胞凝集抗体效价,若达 1∶2 000 以上时即可采血,分离血清,分装,-20℃保存备用。	2. 应多次分点注射,也可选择其他免疫程序。

3. 抗血清（溶血素）效价的测定　取试管 8 支，按表 36-1 将溶血素稀释并加入红细胞和生理盐水，用"＋"表示红细胞凝集程度，以出现"＋"的最高抗血清稀释度判定为溶血素效价。效价达 1∶2 000 以上者为合格。

表 36-1　溶血素效价的测定（单位：mL）

分组	试验组							对照组
管号	1	2	3	4	5	6	7	8
溶血素稀释倍数	10	10^2	10^3	2×10^3	3×10^3	4×10^3	5×10^3	
溶血素	0.1	0.1	0.1	0.1	0.1	0.1	0.1	
1%红细胞	0.1	0.1	0.1	0.1	0.1	0.1	0.1	0.1
生理盐水	0.1	0.1	0.1	0.1	0.1	0.1	0.1	0.2
	混匀，37℃感作 1h							
结果判定	＋＋＋＋	＋＋＋＋	＋＋	＋	－	－	－	－

4. 家兔采血

（1）心脏采血法：家兔仰卧保定，左胸部剪毛，消毒皮肤，用 50mL 注射器（连接 9～12 号针头），对准心搏动最强处刺入心脏抽血，一般一只家兔可采血 40～60mL。

3. 采血部位及用具注意消毒灭菌。

（2）颈动脉放血法：家兔仰卧保定，头部略放低以暴露颈部，剪毛及消毒皮肤。颈部中线切开皮肤约 10cm，分离皮下组织，分离胸锁乳突肌与气管间的颈三角区疏松组织，暴露出颈动脉后并使之游离。于动脉下套入两根黑丝线，分别置于远心端及近心端。结扎远心端，近心端的动脉用血管夹夹住。用小剪刀在两根丝线间的动脉壁上剪一小口，插入塑料放血管（或粗针头），再将近心端的丝线结扎固定于放血管上，以防放血管滑脱。松开血管夹，使血液流入灭菌三角烧瓶中，一般一只家兔可放血 80～100mL。

5. 免疫血清的提取与保存　将心脏抽取的血液立即注入无菌的三角烧瓶中，先放 37℃温箱 2h，用细玻璃棒将血块与瓶壁剥离，4℃冰箱过夜，使血清充分析出，上层淡黄色的为血清。

4. 若血清中带有红细胞或小的血凝块，则需离心沉淀，弃掉红细胞和血凝块。

将血清按 1∶100 的比例加入 1% 硫柳汞，分装于灭菌的小瓶内，封口，贴上标签，注明免疫血清的名称、效价及制备日期，低温保存备用。

（二）抗布氏杆菌抗体的制备 **1. 含油佐剂的布氏杆菌菌体抗原（免疫原）的制备** （1）油相：白油与司本 80 按 94∶6 的比例混合后，加 2% 硬脂酸铝融化混匀，116℃ 高压蒸汽灭菌 30min 后即为油相。 ↓ （2）水相：布氏杆菌病试管凝集抗原溶液与吐温 80（已灭菌）按 96∶4 的比例混合后即为水相。 ↓ （3）乳化：油相（放至室温后）与水相按 4∶3 比例混合。先将油相倾入组织捣碎机内，在低速搅拌下缓缓加入水相，然后继续加速搅拌而成油乳剂。 ↓ （4）稳定性检验：将制好的含佐剂抗原置于半径为 10cm 的离心器中，以 3 000r/min 离心 15min，如没有发生分层，可以判断其性质稳定。 **2. 不含佐剂的布氏杆菌菌体抗原（免疫原）的制备** 布氏杆菌病试管凝集抗原与生理盐水按 48∶52 的比例混合，即为不含佐剂的布氏杆菌菌体抗原，该免疫原所含抗原量与佐剂抗原的抗原量相同。 **3. 家兔免疫程序** 选用体重 2～3kg 的健康家兔（最好雄性），先饲养观察 7d。将含佐剂的抗原或不含佐剂的抗原于家兔背部皮内多点注射，免疫时间是第 1d、8d、15d，免疫剂量分别是 1.0mL、2.0mL、4.0mL，末次免疫 7d 后采血。 **4. 抗血清效价的测定** 用布氏杆菌试管凝集试验（参见实验二十）对抗血清进行凝集效价的测定。用"＋"表示颗粒性抗原的凝集程度，以出现"＋"的最高抗血清稀释度判定为凝集效价。凝集效价一般可达到 1∶400 以上。	5. 乳化速度应先慢后快。

五、注意事项

（1）免疫用实验动物的抗体反应性个体差异性较大，因此免疫时至少应选用两只以上动物。另外，不能使用妊娠动物。最好同时制订多个免疫程序，确保试验成功。

（2）抗原的剂量决定于抗原的种类。对免疫原性强的抗原，剂量相对较少，免疫原性弱的抗原，剂量可相对较多。抗原的用量一般以体重计算。在使用佐剂的情况下，一次注入的总剂量以每千克体重 0.5mg 为宜。如不加佐剂时剂量可加大 10 倍。另外，免疫周期长者可少量多次注射，免疫周期短者可较大量少次注射。

（3）免疫方法也可采用多点注射法，即于家兔脊柱两旁选 4～6 点皮下注射，同时于两侧肩部（或臂部）各注一处。每点注射 0.2mL，间隔 2 周后再于上述部位选不同点采用上述方法注射，也可产生高效价的免疫血清。

(4) 正确掌握家兔免疫的时间、免疫途径及免疫剂量，接种动物时，应注意自身安全。

六、思考题

(1) 家兔在免疫前为什么要先饲养观察 7d？
(2) 什么叫免疫原？佐剂的作用是什么？
(3) 制备溶血素时，免疫原为什么不用加佐剂？

七、实验报告

写出多克隆抗体的制备方法及每步的注意事项，并说明制备免疫血清的意义。

实验三十七　病毒的单克隆抗体制备

一、实验目的

(1) 掌握病毒单克隆抗体制备的基本原理及特性。
(2) 熟悉病毒单克隆抗体制备的具体过程及注意事项。

二、实验原理

单克隆抗体（monoclonal antibody，mAb）是指由一个 B 淋巴细胞杂交瘤产生的，只针对复合抗原分子上的单一抗原决定簇的特异性抗体。其实验原理是利用能在体外培养及大量增殖的小鼠骨髓瘤细胞与经抗原免疫后的纯系小鼠脾 B 淋巴细胞融合，形成 B 细胞杂交瘤，这种杂交瘤既有骨髓瘤细胞易于在体外无限增殖的特性，又具有 B 细胞分泌特异性抗体的能力，将这种杂交瘤作单个细胞培养，可形成克隆化的杂交瘤细胞。采用培养或注入小鼠腹腔的方法，便能获得大量的、高效价的、单一的特异性抗体。这种抗体的分子结构、氨基酸序列、特异性、亲和力等都是一致的，采用传统免疫学是不可能获得的。单克隆抗体的制备步骤如图 37-1 所示。

三、实验准备

1. 仪器设备　超低温冰箱，超纯水机，超净工作台，超速离心机，倒置生物显微镜，倒置荧光显微镜，低速水平离心机，电热恒温鼓风干燥箱，电热恒温培养箱，电子天平，CO_2 培养箱，高速冷冻离心机，全自动高压灭菌器，全自动酶标仪，生化培养箱，生物安全柜，液氮罐，单道移液器，8 道可调移液枪，普通冰箱，微波炉，电磁炉，酸度计等。

2. 玻璃器皿　配制弗氏完全佐剂及细胞培养基、接种小鼠及采血、解剖小鼠器械等配套器材，细胞培养瓶或培养板，滤器，称量纸，微量移液器配套枪头，吸水纸，蓝盖瓶，离心管，注射器，量筒，标签纸，记号笔等。

3. 主要材料与试剂

(1) 病毒株：用于制备全病毒纯化抗原。
(2) 细胞株：病毒培养用的细胞，SP2/0 骨髓瘤细胞。

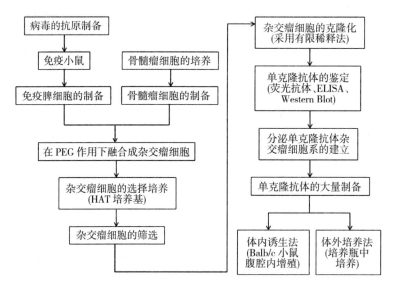

图 37-1 单克隆抗体制备流程图

(3) 实验动物：Balb/c 小鼠。

(4) RPMI 1640 干粉，融合剂 50％聚乙二醇（PEG），HAT（50×）和 HT（100×）选择培养基，DMEM 培养液，胎牛血清，双抗（青霉素、链霉素），羊抗鼠 IgG 辣根过氧化物酶，牛血清白蛋白（BSA），二甲基亚砜（DMSO），抗体亚类试剂盒，吐温-20，弗氏完全佐剂和不完全佐剂，羊抗小鼠 IgG-HRP（二抗）和羊抗小鼠 IgG-FITC（二抗）。

4. 主要试剂的配制

(1) RPMI 1640 基础培养基：打开一小包 RPMI 1640 干粉溶于 900mL 超纯水中，放磁力搅拌器上充分混匀，$NaHCO_3$ 调 pH 到 7.0 后，用 $0.22\mu m$ 的滤器过滤除菌，4℃保存备用。

(2) RPMI 1640 完全培养基：在 840mL RPMI 1640 基础培养基中分别加入 10mL 双抗（终浓度为 100U/mL）及 150mL 胎牛血清即为完全培养基。

(3) HAT 选择培养液：在 980mL RPMI 1640 完全培养基加入 20mL HAT（50×），4℃保存备用。

(4) HT 选择培养液：在 990mL RPMI 1640 完全培养基中加入 10mL HT（100×），4℃保存备用。

(5) 细胞冻存液：胎牛血清与 DMSO 以 9∶1 的比例混合，4℃保存备用。

(6) ELISA 包被液：分别称取无水 Na_2CO_3 1.59g 和 $NaHCO_3$ 2.93g，溶解于 1 000mL 超纯水中，即为 0.05mol/L pH 9.6 Na_2CO_3 缓冲液。

(7) ELISA 洗涤液（PBST）：分别称取 8.0g NaCl，0.2g KCl，0.2g KH_2PO_4，2.9g $Na_2HPO_4 \cdot 12H_2O$ 和 0.5mL 吐温-20，溶解于 1 000mL 超纯水中，即为 0.01mol/L pH 7.2 的磷酸盐缓冲液。

(8) ELISA 封闭液（BSA-PBST）：在 1 000mL 洗涤液中加入 20g 的牛血清白蛋白（BSA）即可。

(9) ELISA 底物溶液：0.1mol/L 柠檬酸 486mL 与 0.2mol/L Na_2HPO_4 514mL 混合后，加入 400mg 邻苯二胺。

（10）ELISA 终止液：在 88.9mL 的超纯水中加入 11.1mL 的浓 H_2SO_4。

四、实验方法

1. 病毒的抗原制备 （1）细胞传代培养及病毒增殖培养：等细胞长成单层后，倒掉上清，接种病毒，待出现 80% 细胞病变时，将细胞瓶置 -80℃ 冰箱中，反复冻融三次，收获病毒液。 ↓ （2）病毒浓缩：将收集的细胞病毒液在 4℃ 条件下 3 000r/mim 离心 50min，取上清液，然后以 14 000r/min 离心 70min，去掉上清液，用 0.01mol/L PBS（pH 7.2）悬浮沉淀。 ↓ （3）病毒纯化：将浓缩的病毒用蔗糖密度梯度离心法纯化病毒。将纯化的病毒经 96℃ 灭活 20min，再经超声波裂解 10min，即制成全病毒蛋白，置 -80℃ 保存备用。 ↓ **2. 免疫小鼠** 将纯化的全病毒抗原慢慢加入到等体积弗氏完全佐剂进行乳化（油包水），制备油佐剂 300μL，采用背部和腹部皮下分点注射 6 周龄的 Balb/c 小鼠 4 只，每只小鼠接种全病毒抗原剂量为 100μg，以后每间隔 1 周（即 14d、21d 和 28d），换用不完全佐剂乳化后加强免疫 3 次，共免疫 4 次，在第 4 次免疫后 1 周开始采小鼠尾静脉血用于检测抗体，当抗体效价达 1:1 400 以上时即可准备取小鼠脾细胞做融合实验，在融合前 3d，再用双倍剂量的纯化抗原经尾静脉和腹腔多点注射加强免疫。 ↓ **3. 免疫小鼠血清效价的检测** 取经过最后一次免疫的小鼠，断尾采血制备血清，采用间接 ELISA 测定血清抗体效价。 ↓ **4. SP2/0 骨髓瘤细胞的复苏与冻存** 在做细胞融合实验前一周复苏骨髓瘤细胞，置于 37℃，5%CO_2 的培养箱中培养。同时应冻存一些生长旺盛的细胞备用。 ↓	1. 需在无菌条件下进行细胞培养及病毒感染。 2. 用蔗糖密度梯度离心法纯化病毒，能得到比较纯的病毒。根据不同病毒选择适宜的蔗糖浓度，如 25%、30%、35%、40%、45%、50% 等，加样的时候按蔗糖浓度从高往低的顺序依次缓慢加入离心管，最后在上层加入浓缩的病毒。超速离心后，在不同蔗糖浓度之间可出现一条或多条白色的病毒带。收集病毒带，经超速离心除去蔗糖后用电子显微镜观察病毒粒子的完整性。 3. 用 ELISA 测定血清抗体效价时，应设阴性鼠血清对照。 4. 从液氮罐中取出冻存管复苏细胞时，应戴好防护手套及眼罩，迅速放入 37℃ 温水中解冻。冻存细胞时，应逐级慢慢降温后放液氮罐中保存。

5. 免疫脾细胞的制备

（1）挑选一只血清效价在 1：14 000 以上的小鼠，脱颈处死后，在 75％的乙醇中浸泡 5min。

（2）将消毒好的小鼠固定，腹部朝上，用眼科剪剪开腹部皮肤，无菌操作取出脾，放入灭菌的玻璃匀浆器中。

（3）加入 5mL 的 RPMI 1640 基础培养液，上下轻轻研磨，使脾细胞充分游离出来，取出匀浆棒，将研磨液吸入到一次性的细胞筛网中过滤。

（4）把脾细胞悬液收集到 15mL 的离心管中，1 000r/min 离心 5min。

（5）倒弃上清，用无血清培养液重悬脾细胞及细胞计数。

6. 饲养细胞的制备

（1）取一只 6 周龄健康且没有免疫的 Balb/c 小鼠，用力拉伸小鼠颈部将其处死。

（2）将小鼠浸入 75％乙醇溶液中 5min，四肢固定，腹部朝上，用眼科剪、眼科镊无菌操作剪开腹部皮肤，暴露整个腹部。

（3）用注射器吸取 3mL 事先预热的培养液，小心注入腹腔，然后用酒精棉球上下按摩腹部或轻揉小鼠腹腔数次后，抽出腹腔中的液体，其中即含有腹腔巨噬细胞。

（4）将腹腔液体吸入事先预热的含 20％胎牛血清的培养液中，充分混匀，分装到 96 孔细胞培养板中，每孔 100μL，37℃，5％ CO_2 培养箱中培养。

---

5. 解剖小鼠时应注意体表消毒及无菌操作。

6. 在体外细胞培养中，单个或数量很少的细胞不易生存与繁殖，必须加入其他活细胞才能使其生长繁殖，加入的细胞称为饲养细胞。

7. 细胞融合 （1）在 50mL 离心管中，分别加入 1 份 SP2/0 骨髓瘤细胞和 10 份免疫脾细胞，充分混合后，1 500r/min，离心 5min。 ↓ （2）吸弃上清，用手轻轻敲击管底，使细胞沉淀处于松散状态。 ↓ （3）将 50mL 的离心管放于 37℃水浴中，然后缓慢滴入 1mL 事先预温到 37℃的 50%PEG（融合剂），一边轻晃离心管，一边缓慢滴加融合剂，一般控制在 1min 内完成此过程。 ↓ （4）再缓慢滴加 37℃预温的 RPMI 1640 基础培养液（不含血清）20mL，缓慢加入，边加边晃动，并控制在 3min 内完成。 ↓ （5）1 500r/min 离心 5min。 ↓ （6）吸弃上清，用含 20%胎牛血清的 HAT 培养液重悬细胞，并充分混匀。 ↓ （7）将混合均匀的细胞悬液分别加入到已生长好饲养细胞的 96 孔细胞培养板中，每孔 100μL。 ↓ （8）于 37℃，5% CO_2 培养箱中培养。 ↓ （9）每日观察 2 次融合细胞的生长状况，当融合细胞集落长满培养孔的 1/3 时或细胞培养液颜色变黄时，取上清液检测抗体效价。 ↓ **8. 阳性杂交瘤细胞的筛选** 采用间接 ELISA 方法筛选杂交瘤细胞生长孔，检测出阳性的细胞孔，并从阳性细胞孔中选出 OD 值较高且细胞长势旺盛的孔，进行有限稀释法克隆。	7. 细胞融合过程中应控制好温度及时间。 8. 同时设 SP2/0 细胞的上清液为阴性对照。

9. 阳性细胞的克隆　采用有限稀释法，选择用 ELISA 方法检测过的 OD 值较高的阳性孔，并且细胞集落较少、细胞生长旺盛的培养孔进行亚克隆筛选。方法简述为标记阳性孔，轻轻吹打使细胞重悬于培养基，转到新的 96 孔板中，用含 15% 胎牛血清的 HT 培养液对细胞进行一定稀释（最好稀释至每孔 1~2 个细胞），然后加到含有培养好饲养层细胞的 96 孔培养板中，37℃，5% CO_2 培养箱中培养。一周后观察杂交瘤细胞生长情况，挑选单个细胞集落或集落比较少的培养孔，做好标记，同时补加培养液继续培养。当细胞长满培养孔的 1/3 时，或培养液的颜色变黄时，吸取上清液用间接 ELISA 方法检测抗体效价，挑选效价高、细胞长势好的孔再次进行亚克隆筛选，一般连续克隆 3~4 次，就可以筛选到阳性率达 100% 并且效价稳定的单克隆细胞株。	9. 筛选到效价稳定的阳性单克隆细胞株时，应做好标记及保存。
10. 腹水的制备　选择 6 周龄健康的 Balb/c 小鼠，提前 2 周用灭菌的液体石蜡注射小鼠进行诱导，一般每只腹腔注射 0.2mL。取生长旺盛的杂交瘤细胞，1 000r/min 离心 5min，用 1mL 的 RPMI 1640 基础培养液重悬细胞，腹腔注射小鼠，每只注射约 $1×10^6$ 个杂交瘤细胞。	10. 小鼠腹水可多次采集。
11. 腹水的采集　注射后 1~2 周，观察小鼠，如果观察到小鼠腹部明显膨大，证明已产生腹水。采集时选用无菌的 12 号针头，小鼠表面先用 75% 乙醇消毒后，在腹腔下侧穿刺，引流收集腹水。腹水经 6 000r/min 离心 5min 后，保留上层清亮略带黄色的腹水，检测效价后，-80℃ 保存备用。	
12. 单克隆抗体亚型 ELISA 鉴定　根据鼠源抗体亚型分型试剂盒说明书的方法，进行单克隆抗体亚型的鉴定（IgA，IgG2a，IgG2b，IgG1，IgG3，IgM 共 6 种亚型）。	
13. 单克隆抗体免疫荧光鉴定　具体方法参考本实验指导中的荧光抗体技术实验。主要包括①细胞培养；②接毒；③洗板；④固定；⑤洗板；⑥加待检样品；⑦洗板；⑧加荧光抗体；⑨洗板；⑩加甘油，倒置荧光显微镜观察。	11. 免疫荧光抗体不含有宿主细胞成分，减少非特异性的产生，提高检出率和特异性，筛选出阳性克隆株成功率高。

14. Western blotting 鉴定 具体方法参考实验三十八。

15. 分泌单克隆抗体杂交瘤细胞系的建立

16. 单克隆抗体的大量制备 采用动物体内诱生法和体外培养法。

（1）体内诱生法：参考步骤10和11进行操作，即可获得大量单克隆抗体。

（2）体外培养法：将杂交瘤细胞置于培养瓶中进行培养。在培养过程中，杂交瘤细胞产生并分泌单克隆抗体，收集培养上清液，离心去除细胞及其碎片，即可获得所需要的单克隆抗体。

五、注意事项

（1）应制备高纯度的全病毒抗原免疫小鼠，可以大大减少除病毒抗原以外无关的杂交瘤数量，得到理想的效果。

（2）小鼠免疫成功是单克隆抗体制备成功的先决条件，选用6周龄健康的Balb/c小鼠，腹腔多点注射，一般要经过4次或4次以上免疫。

（3）采用ELISA方法与免疫荧光抗体相结合的方法进行筛选克隆株细胞，两种方法检验结果都为阳性则大大提高阳性的可靠程度。

（4）采用纯化的全病毒蛋白免疫小鼠，理论上可以筛选出更多的单克隆细胞株，但是也给阳性细胞株的鉴定带来很大难度。

（5）经过全面鉴定其所分泌单克隆抗体的免疫球蛋白类型、亚类、特异性、亲和力、识别抗原的表位及其分子质量后，应及时进行冻存。

六、思考题

（1）试述单克隆抗体制备的基本原理及临床应用价值。
（2）试述单克隆抗体制备的具体过程及注意事项。
（3）试述筛选单克隆细胞株的常用方法及优缺点。
（4）简述细胞融合的关键要素及注意事项。
（5）比较单克隆抗体与多克隆抗体的优缺点。

七、实验报告

试述单克隆抗体制备的基本原理、具体步骤及其临床应用价值，并举例说明。

实验三十八　病毒的 Western blotting 技术

一、实验目的

（1）掌握病毒 Western blotting 技术的实验原理。
（2）掌握病毒 Western blotting 技术的操作方法、判定标准及注意事项。

二、实验原理

免疫印迹（immunoblotting）又称蛋白质印迹（Western blotting），是利用特异性的抗体检测复杂样品中某种特定病毒蛋白的有效方法，是现代生物学研究中经常使用的一种实验技术。其实验原理是将待检病毒蛋白样品混合物通过 SDS 聚丙烯酰胺凝胶电泳（SDS-PAGE）分离后，根据复杂的蛋白样品分子质量大小及所带电荷的多少而分开，然后用转移电泳技术把分离开的蛋白样品转移到固相支持物硝酸纤维素膜上，通过抗原抗体特异性结合的原理，膜表面上固定的蛋白质首先与特异性的第一抗体进行反应，然后与酶标复合物如辣根过氧化物酶（HRP）或碱性磷酸（酯）酶（AP）标记的第二抗体反应，最后与适当的酶底物发生显色反应，显示出混合样品中特定蛋白的位置。免疫印迹技术流程如图 38-1 所示。

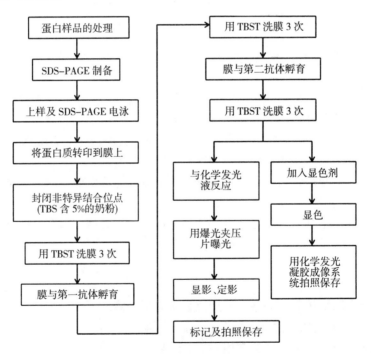

图 38-1　免疫印迹技术流程图

三、实验准备

1. 仪器　水平/垂直电泳系统整套（BG-MIDI）（包括制胶及转膜装置），化学发光凝胶成像系统，微量移液器（0~1 000 μL 各种规格整套），恒温摇床，离心机，超低温冰箱，制冰机，塑料袋封口机，电磁炉，微波炉等。

2. 器械 剪刀，镊子，计时器，保鲜膜，垫板，暗盒，胶片，蓝盖瓶（100mL、500mL、1 000mL若干），枪头，滤纸，手套，口罩，拨胶板，PVDF膜，尺子，刻刀（解剖刀），冰盒，自封袋，大、小平皿，清洗盒，离心管（1.5mL，10mL及50mL），浮板及离心管架子等。

3. 实验试剂

（1）第一抗体：抗目标蛋白的单克隆抗体或多克隆抗体（鼠抗）。

（2）第二抗体：辣根过氧化物酶（HRP）或碱性磷酸（酯）酶（AP）标记的抗小鼠IgG，如兔抗鼠IgG或羊抗鼠IgG。

（3）已知分子质量的预染蛋白质Marker（作为蛋白质的标准参照物）。

（4）2×SDS凝胶加样缓冲液：100mmol/L Tris-HCl（pH 6.8），200mmol/L 二硫苏糖醇（DTT），4% SDS（电泳级），0.2%溴酚蓝，20%甘油。注意：不含有二硫苏糖醇（DTT）的2×SDS凝胶加样缓冲液可保存于室温，临用前需从1mol/L 二硫苏糖醇储存液现用现加于上述缓冲液中。

（5）细胞裂解液（200mL）：20% Triton X-100 10μL，600mmol/L NaCl 5mL，200mmol/L HEPES 2mL，100mmol/L EDTA 200μL，甘油2mL，加超纯水定容至20mL。

（6）SDS电泳缓冲液（1L）：Tris-base 3.02g，甘氨酸14.4g，SDS 1g，加超纯水溶解，调pH至pH 8.3，定容至1L，室温保存。

（7）30%丙烯酰胺（100mL）：丙烯酰胺29.2g，甲叉双丙烯酰胺0.8g，溶于超纯水中，定容至100mL，4℃闭光保存。

（8）1.5mol/L Tris-HCl（pH 8.8，250mL）：Tris-base 45.43g，加超纯水200mL，溶解后，调pH至8.8，最后用超纯水定容至250mL，高压灭菌，4℃保存。

（9）0.5mol/L Tris-HCl（pH 6.8，250mL）：Tris-base 15.14g，加超纯水200mL，溶解后，调pH至6.8，最后用超纯水定容至250mL，高压灭菌，4℃保存。

（10）Western blot转膜缓冲液（1L）：Tris-base 3.03g，甘氨酸14.4g，甲醇200mL，超纯水加至1L，4℃保存（现配现用）。

（11）TBS缓冲液（1L）：1mol/L Tris-HCl（pH 7.6）20mL，NaCl 8.0g，蒸馏水至1 000mL。

（12）TBS-T（Tris缓冲盐溶液，100mL）：NaCl 6.06g，Tris-base 8.78g，调pH至7.5，加水至100mL，加0.05% Tween-20。

（13）5×Loading buffer（10mL）：1mol/L Tris-HCl（pH 6.8）0.6mL，50%甘油5mL，10% SDS 2mL，β-巯基乙醇0.5mL，1%溴酚蓝1mL，超纯水0.9mL，放置于4℃保存。

（14）10%过硫酸铵（AP）：过硫酸铵0.1g，超纯水1.0mL，溶解后，4℃保存，保存时间为1周。

（15）封闭液：含5%脱脂奶粉的TBST缓冲液。即脱脂奶粉5g，TBST 100mL。

（16）一抗稀释缓冲液：含5%BSA的TBST。

（17）二抗稀释缓冲液：含5%脱脂奶粉的TBST。

（18）ECL发光液：A液和B液，4℃保存。

（19）显影液和定影液：避光保存。

四、实验方法

1. 待检病毒样品的准备

（1）细胞样品处理：收集病毒感染后病变明显的组织细胞，放在-20℃冻存，反复冻融3次，先用超速离心法浓缩病毒，再用蔗糖梯度离心法纯化病毒。将纯化的病毒经96℃灭活20min，再经超声波裂解10min，即制成全病毒蛋白，置-80℃保存备用。

1. 全病毒蛋白应灭活处理。

（2）组织病料处理：选择新鲜的病毒感染组织样品，称取50mg，放到匀浆器后加入适量动物组织裂解液，置冰上充分研磨，直到组织完全磨碎后，装入1.5mL EP管中在冰上裂解30min，期间涡旋振荡3次以充分裂解。30min后，12 000r/min 4℃离心10min，吸取上清液移入新的EP管中，加入相应的上样缓冲液，放沸水中煮5min后，保存于-80℃冰箱备用。敏感度与病毒感染的量有关。

2. 组织裂解应充分。

2. SDS-PAGE 的制备

（1）将清洗干净、干燥好的两块玻璃平板叠放对齐，固定在灌胶支架上，注意凹面朝里，4个螺丝锁紧。

3. 螺丝应锁紧以防漏胶。

（2）分离胶的配制（10%或15%）：根据目标蛋白分子质量选择合适的分离胶浓度，用50mL的离心管按比例加入配胶各组分（用到1 000μL、200μL和10μL的移液枪），混匀后，加入到槽内，每片胶10mL。分离胶加至玻板2/3高处，大约在插入梳子的下缘以下1cm，然后加入去离子水至玻板边缘压胶。最后加入AP和TEMED组分，加入TEMED后当立即混匀、灌胶。

4. 加水压胶时，需缓慢均匀地加入，切忌将水快速加入，容易导致胶不平。

配制 Tris-甘氨酸 SDS 聚丙烯酰胺凝胶电泳分离胶所用溶液

成分	配制不同体积和浓度凝胶所需各成分的体积/mL			
	10	20	30	40
（一）配10%胶：				
水	3.896	7.892	11.888	15.884
30%丙烯酰胺混合液	3.3	6.7	10.0	13.3
1.5mol/L Tris(pH 6.8)	2.5	5.0	7.5	10.0
10% SDS	0.2	0.2	0.3	0.4
10%过硫酸铵（AP）	0.1	0.2	0.3	0.4
TEMED	0.004	0.008	0.012	0.016

(续)

成分	配制不同体积和浓度凝胶所需各成分的体积/mL			
	10	20	30	40
(二) 配 15%胶：				
水	2.296	4.592	6.888	9.184
30%丙烯酰胺混合液	5.0	10.0	15.0	20.0
1.5mol/L Tris(pH 6.8)	2.5	5.0	7.5	10.0
10%SDS	0.1	0.2	0.3	0.4
10%过硫酸铵（AP）	0.1	0.2	0.3	0.4
TEMED	0.004	0.008	0.012	0.016

配制 Tris-甘氨酸 SDS 聚丙烯酰胺凝胶电泳分离胶所用溶液

成分	配制不同体积和浓度凝胶所需各成分的体积/mL			
	3	4	5	6
水	2.058	2.746	3.435	4.124
30%丙烯酰胺混合液	0.5	0.67	0.83	1.0
1.0mol/L Tris(pH 6.8)	0.38	0.5	0.63	0.75
10%SDS	0.03	0.04	0.05	0.06
10%过硫酸铵（AP）	0.03	0.04	0.05	0.06
TEMED	0.002	0.004	0.005	0.006

(3) 室温（25℃）静置 30min 左右，肉眼可见明显的分界线时，倒掉分离胶上层的去离子水，用滤纸将残余的水吸干。

(4) 配浓缩胶：按浓缩胶的组分分别加入到 50mL 的离心管中，混匀后立即加入到分离胶上方的胶板中，每片胶约加 3mL，插好梳子，插入时要注意避免产生气泡。等待 20～30min，浓缩胶凝固后即可小心拔掉梳子。

3. 加样及电泳

(1) 取下制胶架的底座后，将胶板放入电泳槽中，倒入 SDS 电泳缓冲液盖过胶板顶部。

5. 等待过程中可准备好干净的梳子以及清洗用过的 50mL 的离心管为配浓缩胶备用。

6. 如胶孔有歪斜时，可用细针头拨正后正常使用。

(2) 加样：设 Marker 对照孔及样品孔，Marker 孔加 5μL，样品孔加 15μL，最后将 Marker 孔和有空出的孔分别加入相应的上样缓冲液，补至与样品孔相同的量，保证每孔加样相等。

7. 每孔的加样量均相等，不足的用上样缓冲液补足。

8. Marker 在左边，大的条带朝自己。

(3) 电泳：通电开始跑胶，浓缩胶用 80V 的电压，约跑 50min，当样品移动离开浓缩胶后，改用 120V 的电压跑分离胶，约 120min，直到目的蛋白条带清晰分开（溴酚蓝移至底部）停止电泳。

4. 转膜

(1) 取下胶板，小心分开玻璃夹板，避免牵拉胶及防止胶干燥。

(2) 根据胶的大小，剪好 6 张略大于胶的滤纸和 1 张 PVDF 膜。

(3) 将 PVDF 膜在 100％甲醇中浸泡 5min，后放入转膜液浸泡。滤纸直接放入转膜液中浸泡。

9. 不可让 PVDF 膜干，否则可能会有高背景。

(4) 制作三明治夹心。顺序从阴极（黑色）至阳极（红色或白色）依次为：一层棉垫，3 张滤纸，胶，PVDF 膜，3 张滤纸，一层棉垫。

10. 膜和胶之间，膜和上层滤纸之间不可有气泡，否则影响转膜效果。

(5) 合上转膜夹，黑色对黑色，白色对红色将转膜夹放入转膜槽中，加满转膜缓冲液。注意正（红）、负（黑）电极连接正确。

(6) 转膜槽放入冰水中，并在周围放入冰袋或碎冰，在 250mA 电流下，转膜约 2h。

5. 封闭

（1）取下膜后可见 Marker 被转到膜上，间接证明蛋白被转上，标记好膜的正反面。

↓

（2）将膜放入 TBS 含 5% 的奶粉中封闭 2～3h，摇床 40r/min 或 4℃过夜。

11. 5% 的奶粉 TBS 应现配现用。

↓

6. 抗体孵育

（1）洗涤：把膜放入到一个较大的容器中，用 15mL TBST 清膜 3 次，每次 5min，摇床 40r/min，中间更换 TBST。注：洗涤完后，根据膜的大小装入到自制的封口袋中进行抗体孵育。

↓

（2）一抗孵育：用一抗稀释缓冲液作 1∶1 000 稀释（效价不同的抗体稀释倍数不一样），室温孵育 2～3h（摇床 25r/min）或放 4℃过夜孵育。如背景较高，可考虑用封闭液稀释一抗。

12. 可根据抗体效价按实际情况调节孵育时间。

↓

（3）洗涤：用 15mL TBST 洗膜 3 次，每次 5min，摇床 40r/min。

↓

（4）用二抗稀释缓冲液以 1∶1 000 或其他倍数稀释二抗（效价不同的抗体稀释倍数不一样），摇床 40r/min 室温孵育 2～3h。

↓

（5）洗涤：用 15mL TBST 洗膜 3 次，每次 5min，摇床 40r/min。

↓

7. 显影

（1）将 ECL 发光液的 A 液和 B 液等量混匀后（用量根据膜的大小调整），把膜放到平皿中（正面朝上），用移液枪充分淋浴 5min。

↓

（2）将膜正面朝上平铺于保鲜膜上，放到曝光夹上进行压片。

（3）在暗室中，将胶片加入暗盒，折下右上角，盖紧，根

↓

据需要选择合适的压片时间，一般几秒钟到 1min 不等。 （4）取出胶片，迅速投入显影液中轻轻摇晃约 2min，放清水中洗一次后，再投入到定影液中，轻轻摇晃约 2min，取出后再用清水洗胶片，自然晾干后观察结果，胶片可长期保存。 **8. 标记和保存** （1）待胶片干透后，放入暗盒比对膜上的 Marker，标记上 Marker 条带的位置。 （2）标记日期、样品名称、抗体稀释浓度、孵育时间等相关信息。	13. 要等胶完全晾干才能叠放保存。

五、注意事项

（1）待检病毒的组织样品应新鲜，病变应典型，处理样品应在低温环境下操作以免蛋白降解。

（2）抗体孵育时，膜的正面朝上，如果两块膜一起装入封口袋孵育，应背对背放。

（3）一抗和二抗稀释应根据抗体效价高低，选择合适的稀释浓度。

（4）实验过程中应标记好胶、膜及加样顺序，以免弄错。剪膜时不应太大，以免浪费。

（5）牛奶应现配现用，配后可暂时放 4℃保存。

（6）放入暗盒前，膜上的显影液不宜过多，否则可能导致高背景。压胶片时，要让胶片与膜紧密结合。

（7）显影时间注意控制，太长容易导致高背景，太短条带可能过弱。根据第一张胶片的曝光情况，调整下一张胶片的曝光时间、显影时间，以获得最佳显影效果。

（8）在红外线灯质量不好的情况下，需在完全黑暗中操作。

六、思考题

（1）简述 Western blotting 检测的原理及操作方法。

（2）试述病毒组织样品蛋白质提取的方法及注意事项。

七、实验报告

写出实验的原理、具体过程及操作时的注意事项，并解释实验结果（用图表示）。

实验三十九　病（死）鸡的剖检及实验室检查

一、实验目的

（1）正确地掌握病（死）鸡尸体剖检方法。

(2) 掌握病料取材、抹片的制备、染色及镜检方法。

(3) 掌握常见病原菌的分离培养技术。

二、实验原理

随着养禽业的发展，禽病的发生频率和种类越来越多，迫切需要提高禽病的诊断水平，尸体剖检及实验室检查是诊断禽病、指导治疗的非常重要的手段之一。

(1) 它可以验证临床诊断和治疗的正确性。

(2) 它可以预防疫病的暴发。

(3) 它可以指导学术研究和科研工作。

三、实验准备

1. 仪器设备 恒温培养箱，普通冰箱，高压蒸汽灭菌锅，电磁炉，生物显微镜。

2. 病料 病（死）鸡若干。

3. 培养基及试剂 普通肉汤，普通琼脂，麦康凯琼脂平板和鲜血琼脂平板，革兰染色试剂。

4. 玻璃器皿 解剖盘，解剖刀，剪刀，镊子，记号笔，打火机，酒精灯，接种环，试管架，线绳，牛皮纸或报纸，标签纸，擦镜纸，镜油，吸水纸，玻片，染缸，搁架，洗瓶，卡尺，消毒用具。

四、实验方法

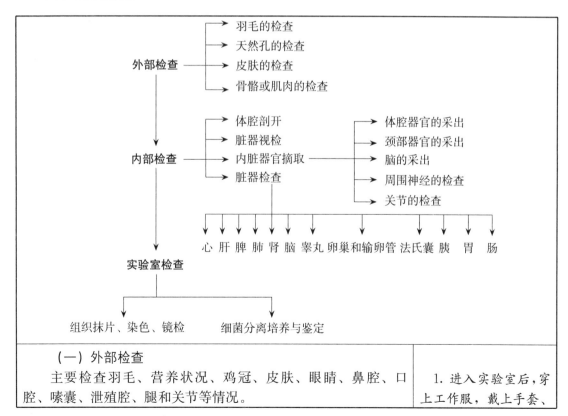

(一) 外部检查

主要检查羽毛、营养状况、鸡冠、皮肤、眼睛、鼻腔、口腔、嗉囊、泄殖腔、腿和关节等情况。

1. 进入实验室后，穿上工作服，戴上手套、

1. 羽毛的检查 注意是否粗乱，有无脱落，泄殖腔周围羽毛有无粪便污染等。 ↓ **2. 天然孔的检查** 注意口、鼻、眼有无分泌物及其数量，视检泄殖腔内黏膜变化及周围羽毛有无被粪便污染。 ↓ **3. 皮肤的检查** 检查鸡冠、肉髯有无痘疮等变化，观察腹壁及嗉囊表面皮肤颜色。 ↓ **4. 骨骼或肌肉的检查** （1）检查关节的粗细，有无肿胀，足或足底有无出血等。 （2）用手触摸胸骨两侧的肌肉丰满度及龙骨有无变形等。 （二）内部检查 **1. 体腔剖开** （1）羽毛浸湿消毒，由前向后擦干，置于解剖盘上。 ↓ （2）切开大腿与躯干连接的皮肤，髋关节外展脱位，翅膀平展，背卧位固定于解剖盘上。 ↓ （3）拨检颈部、胸部、腹部的羽毛，观察颜色。 ↓ （4）从喙角沿颈下体中线到泄殖腔孔前做一纵切口，向两侧剥开皮肤，观察肌肉色泽及丰满度、有无充血或出血等。 ↓ （5）在后腹部，将腹壁横行切开，两侧分别向前剪断肋骨、乌喙骨及锁骨，然后握住龙骨突的后缘用力向上前方翻压，并切断周围的软组织，去掉胸骨，暴露体腔。 ↓ **2. 脏器视检** 视检胸、腹气囊（共9个），观察各脏器的颜色、浆膜的状况，体腔有无积液、粘连等。 ↓	口罩，熟悉实验室环境及提供的实验材料种类、数量及其摆放布置。 2. 如果是活鸡则应扑杀（采用颅颈部脱位或放血法）后再剖检。

3. 内脏器官摘取
（1）体腔器官的采出：先将心脏连同心包一起剪离后取出。

↓

再采出肝。

↓

将消化道（腺胃、肌胃、肠、胰）一同采出。

↓

将生殖器官（睾丸、卵巢和输卵管）分别依次采出。

↓

用外科刀柄剥离肺和肾，尽可能避免其破碎。

↓

（2）颈部器官采出：用剪刀剪开下颌骨、食道、嗉囊，观察变化。

↓

再剪开喉头、气管，检查有无分泌物、充血、出血等，同时视检胸腺颜色、性状等。

↓

（3）脑的取出：先用刀剥离头部皮肤，再剪除颅顶骨，露出大脑和小脑，轻轻剥离，大小脑一起取出。

↓

（4）周围神经的检查：注意大腿内侧，剥离内收肌，找出坐骨神经，对比两侧神经的粗细。如患鸡马立克病时，会出现单侧神经肿大。

↓

（5）关节的检查：剪开腿部主要关节，注意有无积液、脓液、沉积物等。

↓

4. 脏器检查
（1）检查心脏：检查心冠脂肪有无出血；剪开心包，注意有无积液、粘连，视检心外膜有无出血、渗出物等；剪开心房和心室，检查心内膜有无出血等。

3. 如做病原菌的检查，先无菌采取小块肝及脾组织置于无菌平皿中备用。

↓ （2）检查肝：观察其形态、大小、色泽、质地，表面有无坏死灶、坏死点、出血点、结节，以及切面的性状等。 ↓ （3）检查脾：观察其形态、大小、色泽、质地，表面及切面的性状等。 ↓ （4）检查肺：观察其形态、色泽和质地，有无结节，切开检查有无炎症、坏死灶等。 ↓ （5）检查肾：分为3叶，界线不明显，检查其大小、色泽、质地、表面性状等，如有尿酸盐沉着时，可见白色点，肾肿大。 ↓ （6）检查脑：注意有无充血、出血及性状。 ↓ （7）检查睾丸：注意其大小、表面及切面的状态。 ↓ （8）检查卵巢和输卵管：左侧卵巢发达，右侧常萎缩。注意黏膜的性状，有无充血、出血和寄生虫。 ↓ （9）检查法氏囊（腔上囊）：法氏囊是最重要的免疫器官，注意有无出血、渗出和坏死等变化。 ↓ （10）检查胰腺：分为3叶，分别开口于十二指肠，注意有无出血等。 ↓ （11）检查腺胃和肌胃：先将腺胃、肌胃一同切开，检查腺胃胃壁的厚度、内容物的性状、黏膜及腺体的状态、有无寄生虫。剥离肌胃的角质膜，检查胃壁性状。	4. 特别提醒：这时需剥离肠系膜，理顺消化道，依次做检查。

（12）检查肠：检查黏膜和内容物性状，以及有无充血、出血、坏死、溃疡和寄生虫等。请注意：必须剪开盲肠扁桃体及两侧的盲肠，并作检查。

（三）实验室检查

1. 组织抹片、染色、镜检

（1）载玻片的准备：载玻片应清晰透明，洁净面无油渍，如有油渍可滴加乙醇1～2滴，用洁净纱布擦拭，然后在酒精灯外焰上轻轻拖过几次。若仍不能去除油渍可再滴加1～2滴冰醋酸，方法同上。

↓

（2）标记：可用记号笔或蜡笔标记需涂片的位置及正反面。

↓

（3）组织抹片的制备：用镊子夹持组织（肝或脾）中部，然后以灭菌或洁净剪刀取一小块（注意大小适中），夹出后将其新鲜切面在玻片上压印（触片）或涂抹成一薄层（注意不能太厚）。

↓

（4）干燥：自然干燥（注意应充分干燥，否则组织容易脱落）。

↓

（5）染色：待组织片干透后，将组织片平放于染色架上，滴加染液3～5滴按要求进行染色。

↓

（6）冲洗染液：用流动的蒸馏水从血涂片一端冲去染液，约30s。

↓

（7）吸干或自然干燥：用吸水纸轻压将水吸干或自然干燥。

↓

（8）镜检：正确地取出显微镜，按显微镜的操作规范对好光，放上待检的组织片，先用低倍镜找到清晰视野，再换高倍镜找到清晰视野，然后滴加镜油，用油镜观察，先粗调，后微调，找到细菌。

↓

5. 收拾整理剖检的病（死）鸡及解剖器械、消毒处理等。

(9) 绘图描述：用笔描述镜检结果并绘图说明。

↓

(10) 收拾整理：先用粗调降下载物台，移开油镜头，取下组织片，用擦镜纸擦拭油镜头，再用二甲苯或酒精乙醚清理油镜头，盖好镜罩，正确放回原处。

↓

2. 细菌的分离培养及形态观察
(1) 分离培养，平板划线分离。

↓

(2) 菌落观察。

↓

(3) 形态观察（涂片、染色、镜检）。

五、注意事项

(1) 病（死）鸡尸体剖检时应严格消毒，防止疾病扩散，同时也应注意自身安全。
(2) 病原分离培养应注意无菌操作。
(3) 组织抹片应先做好标记。
(4) 应等组织片干透后再加染液。
(5) 染色时，涂片正反要分清楚。
(6) 冲洗时要用流动的水从玻片一端冲。
(7) 染色过程中要把握好时间。
(8) 染液不可过少，以防蒸发干燥染料沉着于组织上难以冲洗干净。
(9) 规范使用显微镜，用完后擦拭油镜及做必要的清理。

六、思考题

(1) 病（死）鸡剖检的术式及剖检过程中应注意什么？
(2) 剖检过程中怀疑是病毒病，可用哪些实验室方法进行诊断？

七、实验报告

正确描述剖检过程中观察到的病理变化及显微镜下观察到的细菌形态。

实验四十　大肠杆菌病的诊断

一、实验目的

(1) 学习病（死）鸡的剖检技术。

(2) 掌握大肠杆菌病的诊断程序及注意事项。

二、实验原理

大肠杆菌病是由大肠杆菌某些血清型菌株引起的一类疾病的总称。各个品种和日龄的鸡均可发病，但肉仔鸡最易感。该病一年四季均可发生，尤以冬季及夏季多发。我国各地都有该病的流行报告，发生较多，也较难防控。家禽感染大肠杆菌后，由于大肠杆菌的致病力、感染的途径和家禽的年龄、抵抗力不同，可以产生许多病变不同的病型，在临床上可表现为败血症、气囊炎、肝周炎、心包炎、脐炎、关节炎、脑炎等，发病率、死亡率高，且因与其他呼吸道疾病如慢性呼吸道病混合或并发感染而使死亡率升高。随着养禽业的迅速发展与高度集约化饲养，鸡大肠杆菌病已成为鸡群重要的疾病之一。

三、实验准备

1. 仪器设备 恒温培养箱，普通冰箱，高压蒸汽灭菌锅，电磁炉，微波炉，生物显微镜。

2. 病料 感染大肠杆菌的病（死）鸡。

3. 培养基及试剂 普通肉汤，普通琼脂斜面，普通琼脂，麦康凯琼脂平板和鲜血琼脂平板，革兰染色试剂，药敏纸片，单价O因子血清。

4. 玻璃器皿 解剖盘，解剖刀，剪刀，镊子，记号笔，打火机，酒精灯，接种环，试管架，线绳，牛皮纸或报纸，标签纸，擦镜纸，镜油，吸水纸，玻片，染缸，搁架，洗瓶，卡尺，消毒用具。

四、实验方法

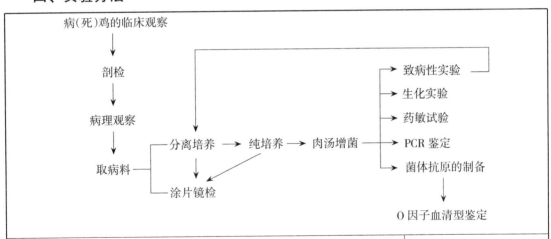

1. 临床观察 重点了解病鸡的精神状态、食欲情况、粪便、发病率、死亡率、有无神经症状等；如为蛋鸡应了解产蛋情况。观察羽毛、营养状况、鸡冠、皮肤、眼、鼻腔、口腔、嗉囊、泄殖腔、腿和关节等有无异常。

1. 病鸡精神不振、呆立，羽毛松乱，两翅下垂，尾部羽毛被黄绿色粪便污染；食欲减少，冠发紫，排黄绿粪便。个别鸡表现神经症状，歪头斜颈。

2. 病（死）鸡的剖检　如是活鸡，可用颈总动脉放血方法杀死，尸体表面及羽毛用2%～5%的来苏儿润湿后，按剖检的术式进行。 ↓ **3. 病变观察**　肉眼观察肝、食道、腺胃、肌胃、胰、脾、肾、法氏囊、心、肺、脑和神经等有无病理变化。 ↓ **4. 细菌分离培养**　将病料划线接种于普通琼脂平板和麦康凯琼脂平板上，37℃温箱中培养24h，观察结果。 ↓ **5. 组织触片染色镜检**　取有病变的肝或心血制作组织触片，革兰染色镜检。 ↓ **6. 平板菌落涂片镜检**　将普通琼脂平板和麦康凯琼脂平板上的菌落制作涂片，革兰染色镜检。 ↓ **7. 纯化培养**　将分离到的细菌用麦康凯琼脂平板进行纯化培养。 ↓ **8. 增菌培养**　将纯化后的细菌接种于普通肉汤中增菌培养。 ↓ **9. 致病性试验**　接种小鼠或本体动物，观察有无致病性。 ↓ **10. 菌种的回收**　剖检患病（病死）动物，组织触片、染色、镜检，用麦康凯琼脂平板进行分离培养，纯化培养后接种于肉汤中增菌。 ↓ **11. 生化试验**　从麦康凯培养基上，挑取单个菌落接种于生化培养基中（葡萄糖、乳糖、麦芽糖、甘露醇、蔗糖、MR、V-P、靛基质等），37℃培养24～72h后，观察结果。 ↓	2. 体表浸润防止剖检时有绒毛和尘埃飞扬。 3. 病鸡肝肿大、质脆，有点状坏死灶，表面覆盖有黄白色的纤维素性渗出物。 4. 在麦康凯琼脂平板上可见边缘整齐、表面光滑、湿润的粉红色菌落。 5. 可见两端钝圆，多数散在排列，偶尔有2～3个连在一起的革兰阴性短杆菌。 6. 分离菌在肉汤中培养18～24h，呈均匀混浊，管底有黏性沉淀，液面管壁有菌环。 7. 一般大肠杆菌在葡萄糖、乳糖、甘露醇、麦芽糖中产酸产气；MR阳性；V-P阴性；靛基质阳性。

12. 药敏试验 采用纸片法，被检菌均匀涂布平板，间隔一定距离贴纸片，37℃培养24h。用游标卡尺测抑菌圈，判定结果。

↓

13. 菌体抗原的制备 取经形态学检查、培养特性检查和生化试验鉴定为致病性的大肠杆菌，接种于普通琼脂平板上，37℃培养24h后，用0.5mL 0.5%石炭酸生理盐水（即0.5mL石炭酸加99.5mL生理盐水）洗下，并收集于青霉素瓶中，121℃加热处理2h，以破坏其K抗原。

↓

14. O因子血清型鉴定（凝集试验） 先将冻干的O因子血清用0.5%石炭酸生理盐水作5倍稀释，用微量加样器吸取15μL单因子血清分别滴于玻板上，然后用铂金耳钓取经处理的大肠杆菌菌体抗原一环与单因子血清混合，同时做生理盐水对照，观察有无自凝现象。30s后，若有凝集颗粒出现，则判为阳性，5min内不出现凝集颗粒者判为阴性。

五、注意事项

（1）病（死）鸡尸体剖检时应严格消毒，防止疾病扩散，同时也应注意自身安全。
（2）病原分离培养应注意无菌操作。
（3）制作涂片时，注意不能涂得太厚而影响镜检观察。
（4）临床诊断方面，注意与其他疾病症状相鉴别。
（5）分离培养及药敏试验，应按规定时间观察结果。

六、思考题

（1）怎样用实验室技术来鉴别大肠杆菌和沙门菌？
（2）大肠杆菌病、鸡霍乱、鸡白痢在临床上有何区别？

七、实验报告

写出大肠杆菌病的诊断程序及注意事项。

实验四十一 巴氏杆菌病的诊断

一、实验目的

（1）掌握巴氏杆菌病的实验室诊断方法。
（2）认识病原菌分离鉴定在禽病诊断中的作用。

二、实验原理

巴氏杆菌病是由多杀性巴氏杆菌引起的一种急性、热性传染病。禽巴氏杆菌病又称为禽霍乱,主要表现为败血症,即实质器官的出血、肿大与坏死。巴氏杆菌在病禽组织内呈典型的两极着色,纯培养物呈卵圆形或短杆状;在血或血清琼脂上生长良好,呈露珠样小菌落并有不同颜色的荧光;能发酵多种糖;多杀性巴氏杆菌能致死小鼠、家兔等。故常依据形态特征、培养特性、生化特性和动物实验等来鉴定。

三、实验准备

1. 仪器设备 恒温培养箱,普通冰箱,高压蒸汽灭菌锅,电磁炉,微波炉,生物显微镜,电子天平。

2. 病料 患巴氏杆菌病的鸭。

3. 培养基及试剂 胰蛋白胨大豆肉汤(TSB),胰蛋白胨大豆琼脂(TSA),5%兔鲜血琼脂平板,革兰染色试剂,瑞氏染色试剂,药敏纸片,禽霍乱琼脂扩散抗原,标准阳性血清,标准阴性血清。

4. 玻璃器皿 解剖盘,解剖刀,剪刀,镊子,记号笔,打火机,酒精灯,接种环,试管架,线绳,牛皮纸或报纸,标签纸,擦镜纸,镜油,吸水纸,玻片,染缸,搁架,洗瓶,卡尺,消毒用具。

四、实验方法

实验步骤	说明
1. 临床症状观察 仔细观察病鸭患病时的异常表现,如精神状态、食欲情况、粪便、冠、鼻腔、口腔、嗉囊、泄殖腔、腿和关节等有无异常。 ↓ **2. 病理剖检** 肉眼观察肝、食道、腺胃、肌胃、胰、脾、肾、法氏囊、心、肺、脑和神经等有无病理变化。 ↓ **3. 细菌的分离培养** 无菌采集病死鸭的心、血、肝、脾等组织,接种在TSA琼脂平板或鲜血琼脂平板上,37℃培养24~36h。 ↓ **4. 细菌形态学观察** (1)组织触片染色镜检:取心、血、肝等组织制作触片染色镜检。 (2)菌落涂片镜检:挑取菌落,制作涂片,革兰染色或瑞氏染色镜检。	1. 鸭发生急性禽霍乱的症状以病程短促的急性型为主。病鸭精神委顿,不愿下水游泳,食欲减少或不食,口和鼻有黏液流出,呼吸困难,并常摇头,企图排出积在喉头的黏液,故有"摇头瘟"之称。病鸭排出腥臭的白色或铜绿色稀粪,有的粪便混有血液。 2. 死于禽霍乱的鸭在心包内充满透明橙黄色渗出物,心包膜、心冠脂肪有出血斑。肝略肿大,表面有针尖状出血点和灰白色坏死点。

5. 致病力测定 分离纯化培养后接种小鼠或本体动物。 **6. 生化试验** 糖类分解试验、吲哚（靛基质）试验、V-P试验、MR试验、氧化酶试验、脲酶试验、淀粉水解试验。 **7. 药敏试验** 采用纸片法，被检菌均匀涂布平板，间隔一定距离贴纸片，37℃培养24h。用游标卡尺测抑菌圈，判定结果。 **8. 动物回归实验** 将病料剪碎并研磨，用灭菌生理盐水制成1∶10悬液，也可将血琼脂平板培养物制成悬液，皮下注射小鼠，0.1～0.3mL/只。注意观察小鼠的表现，待发病死亡后，即行解剖，观察小鼠病变，用肝、脾触片或心血涂片，美蓝染色或瑞氏染色镜检，应有两极浓染的球杆菌。同时上述病料接种血琼脂平板，次日观察细菌生长情况和菌落特征。 **9. 琼脂扩散试验** 制备琼脂板，打孔，封底，将禽霍乱抗原加入中间孔,待检血清和阴性、阳性血清加入周围孔,感作后判定结果。	3. 多杀性巴氏杆菌形态为两端钝圆、中央微突的短杆菌或球杆菌，不形成芽孢，无鞭毛。 4. 多杀性巴氏杆菌在48h内可分解葡萄糖、蔗糖和甘露糖，产酸不产气。一般不发酵乳糖。可产生硫化氢。靛基质试验为阳性，MR和V-P试验均为阴性。 5. 若被检血清孔与中心孔之间出现清晰沉淀线，并与阳性血清孔与中心孔之间沉淀线末端相吻合，则被检血清判为阳性。

五、注意事项

（1）病（死）鸭尸体剖检时应严格清毒，防止疫病扩散，同时也应注意自身安全。
（2）病原分离培养时应注意无菌操作。
（3）制作涂片时，注意不能涂得太厚而影响镜检观察。
（4）应选择合适的培养基进行分离培养。
（5）临床诊断方面，注意与其他疾病症状相鉴别。

六、思考题

（1）简述巴氏杆菌病的临床症状和病理剖检特征。
（2）简述多杀性巴氏杆菌的培养特性。

七、实验报告

写出巴氏杆菌病的诊断程序及注意事项。

实验四十二　鸡新城疫的诊断

一、实验目的

（1）掌握鸡新城疫的诊断程序及注意事项。
（2）了解鸡新城疫免疫抗体的监测技术。

二、实验原理

鸡新城疫（ND）又名亚洲鸡瘟、假性鸡瘟，是由新城疫病毒引起的一种急性、高度接触性及败血性传染病。特征是发热、严重下痢、呼吸困难、神经紊乱、黏膜和浆膜出血，发病快，死亡率高，是威胁养鸡业最严重的一种传染病。

鸡新城疫病毒（NDV）属于副黏病毒科、副黏病毒属。只有一个血清型，可按毒株的强弱分为强毒株、中等毒株和弱毒株。不同毒株的最特征的性质之一，是对鸡的致病性差别很大。根据在感染鸡所引起的临床症状可将 NDV 毒株分为 5 个群或病型，它们是：嗜内脏的强毒力型，特点是高致病性，常常见到肠出血病变；嗜神经的强毒力型，特点是有高的残废率，常有呼吸和神经症状；中等毒力型，特点是有呼吸症状，偶有神经症状，但残废率低；温和型或呼吸型，特点是症状温和或者亚临床型呼吸道感染；无症状的肠型，特点是常为亚临床型肠感染。但是，新城疫的临诊症状，都不是新城疫所特有的，临床诊断只能是初步的诊断，确诊必须借助血清学试验、病原分离和鉴定试验。

三、实验准备

1. 仪器　孵化箱或生化培养箱，超净工作台，离心机，可调移液器等。

2. 玻璃器械　解剖器械，血凝板，照蛋器，蛋架，1mL 注射器，20～27 号针头，镊子，剪刀，酒精灯，灭菌吸管，灭菌滴管，灭菌青霉素瓶，铅笔，透明胶纸，2.5% 碘酒，70% 乙醇，棉球，封蜡（固体石蜡），灭菌培养皿，灭菌盖玻片，棉拭子等。

3. 鸡胚　7～9 日龄健康鸡群无母源抗体的鸡胚。

4. 试剂　青霉素，链霉素，无菌生理盐水，标准阳性血清。

四、实验方法

1. 临床症状观察　仔细观察病鸡患病时的异常表现，如精神状态、食欲情况、粪便、冠、鼻腔、口腔、嗉囊、泄殖腔、腿和关节等有无异常。 ↓	1. 呼吸困难，张口伸颈，常有"咕噜""咯咯"的叫声，排黄绿色粪便。
2. 病理剖检　肉眼观察肝、食道、腺胃、肌胃、胰、脾、肾、法氏囊、心、肺、脑和神经等有无病理变化。 ↓	2. 腺胃黏膜出血，小肠出血性坏死。

3. 样品采集 采集泄殖腔拭子和气管拭子浸没于加双抗（青霉素、链霉素）的培养基中；如果无菌采集的脏器样品，可制成1∶5悬液。 ↓ **4. 病料处理** 组织悬液或拭子的冲洗液再1 000～2 000r/min离心10min，取上清液作为待接种的材料。 ↓ **5. 鸡胚接种** 取上清液接种4～5个9～10日龄的SPF鸡胚，以尿囊腔接种每胚0.1mL。 ↓ **6. 孵育** 接种后的鸡胚在37℃孵育，并定时照蛋，将死胚取出置4℃冷却，接种24h后将所有鸡胚取出置4℃冷却。 ↓ **7. 收胚** 无菌吸取尿囊液和羊水。 ↓ **8. 血凝（HA）试验** 采集健康鸡的红细胞，制成1%的红细胞悬液，做血凝试验。 ↓ **9. 血凝抑制（HI）试验** 鸡胚液HA阳性，表明分离到了红细胞凝集性病毒，是不是NDV，还需要鉴定。用特异性抗血清进行血凝抑制试验（HI）（具体实验方法参考实验十四），可证实或排除NDV。 ↓ **10. NDV的毒力型鉴定** 测定鸡胚最小致死量平均死亡时间（MDT）。用灭菌生理盐水连续10倍递增稀释病毒（10^{-1}……10^{-9}），每个稀释度至少接种5个9～10日龄SPF鸡胚，每个胚尿囊腔接种0.1mL。接种后的鸡胚在37℃孵育24h，每天早晚各照胚一次，记录每组鸡胚中各胚死亡的时间。使所有鸡胚死亡的最高稀释度就是最小致死量（MLD）。MDT是MLD致死鸡胚的平均时间，强毒株为40～70h，中等毒株为70～140h，弱毒株为140h以上。MDT可按下列公式计算。 MDT＝（在x小时死亡胚数×x小时＋在y小时死亡胚数×y小时）/死亡胚胎总数	3. 泄殖腔拭子和气管拭子是用于NDV分离的最好样品来源，如有出现神经症状的病鸡可采集脑样品。 4. 溶液中加抗生素的最终使用含量为青霉素1 000 IU/mL，链霉素1mg/mL。 5. 如果没有SPF鸡胚，也可以用非免疫鸡胚。抗体阳性鸡胚会降低病毒分离的成功率。在NDV的日常分离中细胞培养很少使用。 6. 为了不漏检，应将第一次试验阴性的胚液不经稀释再盲传两代。 7. 由于致病性弱的NDV在野禽中广泛存在，而且这一类NDV弱毒株作为弱毒活疫苗在家禽中广泛使用，因此在发病鸡群分离鉴定出NDV还不能作出感染NDV的确诊，只有鉴定分离到的NDV是强毒，才能确诊。

五、注意事项

（1）新城疫病毒的分离应选用 SPF 鸡胚以提高病毒分离的成功率。
（2）第一次收取的尿囊液经 HA 试验确定为阴性的最好盲传两代，以防漏诊。
（3）HI 试验结果阳性鉴定新城疫病毒，但并不能代表所分离的病毒为强毒。
（4）分离病毒过程中应注意无菌操作。
（5）在临床诊断上，注意与其他疫病相区别。

六、思考题

（1）简述鸡新城疫的临床表现及病理剖检特征。
（2）简述新城疫的实验室诊断程序及注意事项。
（3）为什么分离鸡新城疫病毒一般不用细胞培养？

七、实验报告

写出鸡新城疫的诊断程序及注意事项。

实验四十三　牛结核病的检疫

一、实验目的

掌握牛结核菌素变态反应的检疫方法及注意事项。

二、实验原理

牛结核病（bovine tuberculosis）是由牛分枝杆菌（*Mycobacterium bovis*）引起的一种人兽共患的慢性传染病，我国将其列为二类动物疫病。牛结核菌素变态反应诊断有 3 种方法，即皮内反应、点眼反应及皮下反应。根据中华人民共和国国家标准《动物结核病诊断技术》（GB/T 18645—2002），目前我国主要采用牛分枝杆菌 PPD（提纯蛋白衍生物）皮内变态反应试验（即牛提纯结核菌素皮内变态反应试验）。

三、实验准备

1. 试剂　牛分枝杆菌提纯结核菌素（PPD），无菌生理盐水。
2. 器材　卡尺，乙醇，来苏儿，脱脂棉，纱布，皮内注射器，针头，镊子，毛剪，消毒盘，记录表，工作服，工作帽，口罩，线手套及胶靴等。
3. 动物　牛。

四、实验方法

1. 注射部位及术前处理　将牛编号后在颈侧中部上 1/3 处剪毛（或提前一天剃毛），小于 3 月龄的犊牛，也可在肩胛部进行，直径约 10cm，用卡尺测量术部中央皮皱厚度，做好记录。如术部	1. 选择好剪毛部位，测量最好同一个人操作。

有变化时，应另选部位或在对侧进行。 **2. 注射剂量** 不论牛大小，一律皮内注射 0.1mL（2 000IU），即将牛提纯结核菌素稀释成 2 万 IU/mL 后，皮内注射 0.1mL。 **3. 注射方法** 先以 75% 乙醇消毒术部，然后皮内注入定量的牛提纯结核菌素，注射后局部应出现小疱，如注射有疑问时，应另选 15cm 以外的部位或对侧重做。 **4. 注射次数和观察反应** 皮内注射 72h 后判定。仔细观察局部有无热痛、肿胀等炎性反应，并以卡尺测量皮皱厚度，做好详细记录。对疑似反应牛立即在另一侧以同一批菌素、同一剂量进行第二次皮内注射，再经 72h 后观察反应。 **5. 结果判定** （1）阳性反应：局部有明显的炎性反应。皮厚差等于或大于 4mm 者，其记录符号为（＋）。对进出口牛的检疫，凡皮厚差大于 2mm 者，均判为阳性。 （2）疑似反应：局部炎性反应不明显，皮厚差在 2.1～3.9mm 间，其记录符号为（±）。 （3）阴性反应：无炎性反应，皮厚差在 2mm 以下，其记录符号为（－）。 （4）凡判定为疑似反应的牛，于第一次检疫 60d 后进行复检，其结果仍为可疑反应时，经 60d 后再复检，如仍为疑似反应，应判为阳性。	2. 冻干提纯结核菌素稀释后应当天用完。 3. 注射后用手轻摸局部，应出现小疱才合格。 4. 如有可能，对阴性和疑似反应牛，于注射后 96h、120h 再分别观察一次，以防个别牛出现迟发型变态反应。 5. 牛分枝杆菌 PPD 皮内变态反应试验阳性的牛，判为结核病牛。对患病动物全部扑杀。 6. 牛分枝杆菌 PPD 皮内变态反应试验可疑动物需隔离复检。

五、注意事项

（1）牛是大动物，较凶猛，操作时注意自身安全。
（2）注射和测量最好同一个人操作，以减少误差。

六、思考题

（1）什么叫变态反应？
（2）为什么要进行牛结核病的检疫？

(3) 简述旧结核菌素（OT）和提纯结核菌素（PPD）的优缺点。

七、实验报告

写出牛结核病检疫的程序及注意事项。

实验四十四　猪链球菌病的诊断

一、实验目的

(1) 了解猪败血型链球菌病的临床症状及剖检病变。
(2) 掌握猪链球菌病的诊断程序和要点。

二、实验原理

猪链球菌病是由多种不同血清型（群）致病性链球菌所引起的一种多病型人兽共患性传染病，不仅直接引起猪的发病死亡，造成经济损失，更重要的是其中 SS-2 可引起猪到人的感染和死亡，成为公共卫生安全问题，因此，加强本病检疫诊断具有重要的现实意义。

病原菌革兰阳性，单个或长短不一的链状。人工培养对营养要求较高，需加入血清或全血。猪链球菌 2 型菌落较小、灰白色、α 溶血，其他型多呈 β 溶血，菌落稍大、光滑如蜜滴样等特性可应用于实验室检验鉴别。家兔、小鼠对病原易感性最高，常作为病原致病性检测试验动物。

本病多呈散发或地方性流行，疾病的发生与疫情严重程度和应激有关，如高温高湿、气候骤变、饲养管理不当、圈舍卫生条件差、拥挤、通风不良、运输或转栏拼群、免疫或并发疫病等应激下引起内源性感染发病，进而水平传播、疫情扩散、流行，故以 7～10 月份多见。

最急性者常突然死亡。急性型体温高达 41～43℃，稽留，因败血症死亡，剖检血液黑红色，凝固不良，胸腹腔积液，常伴有纤维蛋白渗出，胆囊壁胶样水肿，脾肿大、色暗、质脆。脑炎型主要发生于哺乳或断奶前后仔猪，初期体温升高到 40～42.5℃，呆钝、流鼻液，随后出现共济失调、转圈、眼球震颤、磨牙空嚼，触觉过敏，尖叫抽搐等神经症状。慢性型主要表现为多发性关节炎，以腕关节、跗关节较常见；也可发生乳房炎、心内膜炎等。

三、实验准备

1. 仪器设备　恒温培养箱，普通冰箱，高压蒸汽灭菌锅，电磁炉，微波炉，生物显微镜。

2. 试验动物　自然病例或人工造病病（死）猪，家兔，小鼠。

3. 培养基及试剂　肝化汤，肝化汤鲜血（绵羊）琼脂平板，普通琼脂平板，革兰染色试剂，生化管，药敏纸片。

4. 玻璃器皿　解剖盘，解剖刀，剪刀，镊子，记号笔，打火机，酒精灯，接种环，试管架，灭菌平皿，标签纸，擦镜纸，镜油，吸水纸，载玻片，染缸，搁架，洗瓶，卡尺，消毒用具。

四、实验方法

步骤	说明
1. 临床观察 检测体温，观察结膜色泽，有无流泪，有无流鼻液而鼻镜干燥。观察病猪耳、颈部、腹下皮肤颜色，有无有出血斑。	1. 急性型猪链球菌病病猪体温高达42～43℃、稽留，类似的症状一般只见于猪丹毒和热射病。
2. 病（死）猪剖检 备好消毒液，在室内剖检使用解剖盘，野外剖检要先挖好掩埋坑，在坑边就近剖检。按剖检的术式进行。如需刺杀放血处死的要预防血液的环境污染。	2. 在剖检由可疑猪链球菌2型（SS-2）引起的病猪时应加强自我防护，避免徒手甚至有破口而不戴手套剖检。
3. 细菌分离培养 取心血、脾、淋巴结、肝、肺作为病料划线接种肝化汤鲜血琼脂平板和普通琼脂平板；若为突然急性死亡的最急性型病例，应同时接种肝化汤（增菌培养），37℃温箱中培养24h，观察结果。	3. 在鲜血琼脂平板上β溶血，SS-2多α溶血，且菌落细小、呈灰白色。
4. 病变观察 肉眼观察血液色泽、凝固情况；胸腹腔有无积液、纤维蛋白渗出；胆囊壁及肝门部结缔组织有无胶样水肿；脾、肾、肝有无淤血肿大、色暗质脆等病理变化。	4. 败血型猪链球菌病病猪多血液黑红色，凝固不良，胸腔、腹腔纤维蛋白渗出，胆囊壁胶样水肿，脾肿大。
5. 组织触片染色镜检 取有病变的肝或心血制作组织触片，革兰染色镜检。	5. 可见散在或2～4个短链状的革兰阳性球菌。
6. 平板菌落涂片镜检 将血琼脂平板上可疑菌落制作涂片，革兰染色镜检（本菌在普通琼脂平板上不生长）。	6. 本菌在普通琼脂平板上不生长，在肉汤中培养呈均匀混浊，管底有黏性沉淀，液面无菌环。
7. 纯化培养 将分离到的细菌做液体培养后，以血液琼脂平板四区划线接种，进行纯化培养。	
8. 致病性试验 接种家兔或小鼠，必要时接种本体动物，观察有无致病性。家兔对本菌敏感性高，接种后36～72h内死亡。	
9. 接种菌回收 剖检患病（病死）试验动物，组织触片、染色、镜检，并用血琼脂平板进行分离培养，回收原接种菌。	

10. 接种菌回收 剖检患病（病死）动物，组织触片、染色、镜检，并用麦康凯琼脂平板进行分离培养，纯化培养后接种肉汤增菌。	
11. 生化试验 挑取纯培养物单个菌落接种于生化培养基中（乳糖、菊糖、棉实糖、甘露醇、山梨醇、水杨苷、七叶苷、海藻糖等），37℃培养24~72h后，观察结果。	7. 兽疫链球菌山梨醇反应阳性，海藻糖反应阴性；猪链球菌则相反。
12. 药敏试验 采用纸片法，被检菌均匀涂布平板，间隔一定距离贴纸片，37℃培养24h。用游标卡尺测抑菌圈，判定结果。	
13. PCR鉴定 目前猪荚膜2型链球菌已有以荚膜基因保守序列和 *MRP*、*EF* 基因设计的PCR法用于检测，可查阅有关资料。	

五、注意事项

（1）病（死）猪尸体剖检时要注意消毒，防止病原污染扩散，同时也应加强自身安全防护。

（2）病原形态特征和培养特性检验对本病诊断具有重要参考意义，必须严格操作，认真观察记录。病原分离培养应注意无菌操作。

（3）临床诊断，应注意与其他疾病的症状相鉴别。

六、思考题

（1）简述猪链球菌病的流行特点和危害性。

（2）本病临床诊断和实验室病原学检验鉴定的要点有哪些？

七、实验报告

简述猪链球菌病实验室诊断程序及其方法和判别要点。

实验四十五　猪瘟的诊断

一、实验目的

（1）掌握猪瘟的临床诊断和病理剖检的观察方法。

（2）掌握猪瘟的实验室诊断方法及注意事项。

二、实验原理

猪瘟是由猪瘟病毒引起的具有高度传染性的疫病，是威胁养猪业的一种主要传染病，以发病急、高热稽留和细小血管壁变性引起广泛出血、梗塞和坏死等变化为主要特征。目前，猪瘟流行常表现无规律的地区性散发，发病特征不典型，表现发热、精神沉郁、食欲减退、咳嗽、共济失调、结膜炎以及腹泻、围产期死亡、死胎、流产等症状。中等毒力及强毒感染有以上症状，并且在猪群中不分年龄快速传播。本实验在临床诊断、病理剖检的基础上，采用猪瘟病毒抗原的快速检测对于猪瘟的诊断具有特别重要的意义。

直接荧光抗体试验检测抗原，采集扁桃体或淋巴结、肾等组织制作切片，利用标记抗体直接与相应的待检猪瘟抗原结合，形成特异的结合物。在荧光显微镜的紫外线或蓝紫光的照射下呈现特异荧光，以鉴定未知抗原。其特点是特异性强，方法简便，需时短。

酶联免疫吸附试验检测抗原，采全血或病变组织（扁桃体、淋巴结或肾）渗出液，用双抗体夹心ELISA，将猪瘟多克隆抗血清包被于微量反应板上，可与样品中的猪瘟抗原结合，加上酶标记的单克隆抗体，在底物的作用下，复合物上的酶催化底物，使其水解、氧化或还原，从而产生有色物质，通过酶标仪测定其吸光度，进行定量分析。由于具有快速、敏感、简便、易于标准化等优点，使其得到迅速的发展和广泛应用。

三、实验准备

1. 仪器　离心机，水浴箱，冰箱，冰柜，制冰机，酶标仪，洗板机，生化培养箱，冰冻切片机，超声波清洗仪，电脑，打印机，单道可调移液器（1～10μL、10～100μL、100～1000μL），8道可调移液器（1～50μL、50～300μL）。

2. 试剂　猪瘟荧光抗体，猪瘟酶标抗原检测试剂盒，冷丙酮，PBS洗液。

猪瘟酶标抗原检测试剂盒包括：①多克隆羊抗血清包被板（96孔）；②10倍浓缩样品稀释液；③10倍浓缩洗涤液；④CSFV单克隆抗体；⑤阳性、阴性对照血清；⑥100倍浓缩辣根过氧化物酶标记抗鼠IgG；⑦酶标抗体稀释液；⑧底物液；⑨终止液。

3. 器械　加样槽，烧杯，盐水瓶（250mL、500mL），稀释板，吸头（10μL、300μL），量筒，注射器，镊子，手术剪，手术刀，缸，载玻片，医用胶布，滤纸。

四、实验方法

1. 临床诊断　详细询问和调查发病猪群的发病情况，包括发病猪头数、发病经过、可能的原因或传染源、主要临诊症状、治疗措施及效果、病程和死亡情况、发病猪的来源及预防接种的时间、发病猪群附近其他猪群的情况等；详细检查病猪的临诊症状，包括步态及精神状态，大便形状和质地以及是否带血或黏液，眼结膜和口腔黏膜是否有出血变化，体表可触摸淋巴结肿大情况，体温变化情况等，写出病历。 ↓	1. 从临诊症状、流行病学和病理变化等方面进行综合分析，注意与其他疾病（如弓形虫病、猪丹毒、猪肺疫、猪副伤寒等）相区别，做出初步诊断。

2. 病理剖检观察 病猪死亡后，应进行剖检，全面检查各系统内脏器官，特别注意淋巴结、咽喉部、肾、膀胱、胆囊、心内外膜、肠道等脏器的出血性变化。写出剖检记录。 ↓ **3. 直接荧光抗体检查**（具体方法参考实验二十四） （1）取材：取病（死）猪有病变的扁桃体、淋巴结或脾一小片，用滤纸吸去外表面的液体。 ↓ （2）切片或触片：用冰冻切片机切片或制备组织触片，置室温下干燥。 ↓ （3）固定：将触片置冷丙酮缸内，加满冷丙酮，−20℃固定15～20min。 ↓ （4）浸洗：用磷酸盐缓冲液（PBS）浸洗2～3次，风干。 ↓ （5）加荧光抗体：滴加标记荧光抗体，以覆盖组织片为准，置37℃湿盒内作用30min。 ↓ （6）漂洗：用pH 7.2的PBS漂洗3次，每次5～10min。 ↓ （7）风干：自然风干。 ↓ （8）封片：滴加pH 9.0的缓冲甘油，用盖玻片封片。 ↓ （9）镜检观察：将染色封片后的组织切片在蓝紫光的荧光显微镜下观察。 ↓	2. 取材时病变应典型。 3. 组织触片尽可能薄，单层细胞效果较好。 4. 注意荧光抗体染色片应放入湿盒中。 5. 不应产生气泡，以免影响结果。

（10）结果判定：如果扁桃体隐窝上皮细胞或肾曲小管上皮细胞的细胞质内呈明亮的翠绿色荧光，细胞形态清晰判为阳性。无荧光或荧光微弱，细胞形态不清晰的判为阴性。 ↓ **4. 酶联免疫吸附试验检测抗原**（根据产品说明书进行操作） （1）加单克隆抗体：每孔加入 25μL CSFV 特异单克隆抗体。 ↓ （2）加对照血清：在 A1 和 B1 孔加阳性对照血清，C1 和 D1 孔加阴性对照血清，每孔 75μL。 ↓ （3）加待检样品：其余各孔分别加入 75μL 制备好的样品（如组织渗出液或全血）。 ↓ （4）孵育：置湿盒中 25℃孵育过夜。 ↓ （5）洗板：甩掉孔中液体，用洗涤液洗板 5 次，每次加 300μL，拍干。 ↓ （6）加二抗：每孔加辣根过氧化物酶标记物，在湿盒中 25℃孵育 1h。 ↓ （7）洗板：方法见（5）。 ↓ （8）加底物：每孔加底物 100μL，在 25℃下避光孵育 10min。 ↓ （9）加终止液：每孔加终止液 100μL 终止反应。 ↓ （10）读数：在酶标仪上测量待检样品和对照孔在 450nm 处的吸光值。 ↓	6. 注意区别非特异性荧光。 7. 试剂盒所有试剂及待检样品使用前应回温处理。 8. 加样时注意更换滴头，避免交叉污染。 9. 样品稀释方法为取待检样品 75μL 加 10μL 5 倍浓缩样品稀释液，直接加入到酶标板孔中。 10. 不要因洗液溢出而影响结果。 11. 底物加完后应避光保存。 12. 终止后应立即读数。

（11）计算矫正值：计算每个样品和对照孔的矫正吸光值的平均值。待检样品矫正值等于样品吸光值减去阴性对照孔吸光值的平均值。

↓

（12）结果判定：被检样品矫正吸光值大于或等于 0.30，则为阳性；小于或等于 0.20 则为阴性；在 0.20 和 0.30 之间为可疑。

五、注意事项

（1）制备标本的载玻片越薄越好，应无色透明，用前洁净处理并用绸布擦净；切片或组织触片尽可能薄，太厚不易观察而影响结果的判定。

（2）组织触片要自然干燥，不可加热，以防细胞质变性。

（3）荧光显微镜使用前应先预热 15min，在暗室内使用。

（4）必须确保样品加样量准确，如果加样量不准确，可能会导致错误的实验结果。

（5）在操作过程中，应尽量避免反应微孔中有气泡产生。

（6）用洗板机洗板时，调节好洗板机的加液量是非常重要的，避免洗液过量而溢出。

六、思考题

（1）写出猪瘟临诊病历和剖检记录，并分析诊断结果。

（2）试述直接荧光抗体试验的基本原理、结果判定方法及该诊断方法的优缺点。

（3）阐述酶联免疫吸附试验检测抗原的原理及操作方法。

七、实验报告

试述猪瘟的临床诊断程序及实验诊断方法。

实验四十六　猪伪狂犬病 PCR 检测

一、实验目的

（1）掌握猪伪狂犬病 PCR 检测的原理。

（2）掌握猪伪狂犬病 PCR 检测的操作方法及注意事项。

二、实验原理

伪狂犬病（pseudorabies，PR）是由伪狂犬病病毒（pseudorabies virus，PRV）引起多种家畜和野生动物感染的一种高度接触性、急性传染病，以发热、奇痒（猪除外）及脑脊髓炎为主要症状。猪是该病原的传播者和自然宿主，主要临床特征为妊娠母猪发生流产，产死胎、木乃伊胎；新生仔猪大量死亡；断奶仔猪表现为腹泻及神经症状，母猪出现返情、屡配不孕；育肥猪表现生长迟缓，饲料报酬降低等症状。

PRV 又名猪疱疹病毒Ⅰ型（*Porcine herpesvirus type* Ⅰ），属于疱疹病毒科

（Herpesviridae）甲亚科（Alphaerpesvirinae）水痘病毒属（Varicello virus），为线状双股DNA病毒，全长约150kb，含77个读码框，平均G+C含量高达73.6%。

聚合酶链反应（polymerase chain reaction，PCR）技术简称PCR技术，是一种利用DNA变性和复性原理在体外进行特定的DNA片断高效扩增的技术，可检出微量靶序列（甚至少到1个拷贝）。在模板DNA、引物和四种脱氧核糖核苷酸存在的条件下依赖于DNA聚合酶的酶促合成反应，仅需极少量模板，在一对引物介导下，在数小时内可扩增至100万～200万份拷贝。PCR反应分三步：变性、退火及延伸。以上三步为一循环，每一循环的产物作为下一个循环的模板，这样经过数小时的循环后，可得到大量复制的特异性DNA片段。反应条件一般为94℃变性30s，55℃退火30s，70～72℃延伸30～60s，共进行30次循环左右，最后再72℃延伸5min，4℃冷却终止反应。近年来采用快速发展的聚合酶链反应诊断技术，对采集的猪伪狂犬病病料进行检测，具有速度快、敏感性高等特点。

三、实验准备

1. 仪器 PCR仪，电泳仪，电泳槽，凝胶成像系统，离心机，水浴箱，冰箱，冰柜，制冰机，生化培养箱，超声波清洗仪，微波炉，电脑，打印机，单道可调移液器（0～2μL、1～10μL、10～100μL）。

2. 病料 采集病（死）猪的鼻腔黏液、肺、脑、脾、肾、淋巴结等组织。

3. 试剂 蛋白酶K、Taq DNA聚合酶、DNA Marker 4500。细胞裂解液：30mmol Tris-HCl，0.1mmol EDTA，0.1mmol NaCl。

4. 引物 P1：5-ATTTGAATTCCCCAGGTTCCCATAC-3；
P2：5-CTTGAAGCTTGGCAGAGGTCGTAC-3。

5. 玻璃器皿 烧杯，吸头（1μL、10μL、200μL），量筒，镊子，医用胶布，记号笔等。

四、实验方法

1. 取材 采集病（死）猪的鼻腔黏液、肺、脑、脾、肾、淋巴结等组织。 ↓ **2. 样本DNA的消化抽提** （1）取100mg病料组织加1mL细胞裂解液，用玻璃匀浆器匀浆。 ↓ （2）匀浆液倒入2mL塑料离心管中，加20μL蛋白酶K，再加SDS至终浓度为1%，上下颠倒混匀。 ↓	1. 采集病料时病变应典型、新鲜。 2. 蛋白酶K最好现配现用。

(3) 混合液置于55℃水浴2~3h。 ↓ (4) 水浴完毕后,向匀浆液中按1:1比例加酚/氯仿/异戊醇混合液(25:24:1),轻轻震荡混匀5min,12 000r/min离心5min。 ↓ (5) 吸取上层水相800μL于一灭菌塑料离心管中,加入等体积酚/氯仿/异戊醇混合液,轻轻震荡混匀5min,12 000r/min离心5min。 ↓ (6) 吸取上层水相500μL于一塑料离心管中,加入两倍体积的无水乙醇,−20℃放置2h或液氮中放置5min。 ↓ (7) 12 000r/min离心5min,沉淀DNA,倾去上清液。 ↓ (8) 于沉淀中加入75%乙醇溶液500μL,轻轻混匀后12 000 r/min离心5min,倾去上清液,室温晾干。 ↓ (9) 向DNA沉淀中加200μL TE缓冲液,−20℃保存备用。 ↓ **3. 引物的设计与合成**　根据GenBank收录的PRV Kaplan株(AJ271966),利用引物分析软件Primer Premier 5.0设计了一对特异性引物。 P1：5-ATTTGAATTCCCCAGGTTCCCATAC-3 P2：5-CTTGAAGCTTGGCAGAGGTCGTAC-3 扩增产物片段大小约为1 579bp,合成引物用灭菌的超纯水或TE缓冲液配成20pmol/L,−20℃保存。 ↓ **4. PCR反应体系**　反应总体积50μL,其中P1、P2引物各1.5μL,10×Buffer 5μL,dNTP 4μL,DMSO 5μL,模板5μL,灭菌超纯水27μL,将上述成分混合均匀,沸水中变性5min,立即冰浴5min,加入Taq DNA聚合酶1μL,进行PCR扩增。	3. 水浴时间太长会降解DNA。 4. 应轻轻震荡,否则DNA容易断裂。 5. 注意不能太干。 6. 引物设计时要注意引物的长度、GC含量及发卡结构等。 7. 反应体系加完后应充分混匀。

5. PCR 反应程序　①95℃预变性 5min；②95℃预变性 50s,58℃退火 1min,72℃延伸 1.5min,进行 30 个循环；③72℃延伸 10min。

6. 制胶
(1) 将洗净、干燥的制胶板的两端封好,水平放置在工作台上。

(2) 调整好梳子的高度。

(3) 称取 0.24g 琼脂糖加入 30mL 0.5×TBE 中,在微波炉中使琼脂糖颗粒完全溶解,冷却至 45~50℃时,加入 0.5g/mL 的溴化乙啶（EB）溶液,混匀后倒入制胶板中。

8. 溴化乙啶（EB）是高诱变剂,可直接插入到 DNA 碱基序列,应注意安全。目前多使用 GoldView 核酸染色剂替代。

(4) 凝胶凝固后,小心拔去梳子。

7. 点样　将电泳样品 6μL 与溴酚蓝 1μL 混合后依次点入加样孔中。

8. 电泳　将制胶板放入电泳槽中,加入电泳液,打开电泳仪,使核酸样品向正极泳动。

9. DNA 带负电,电泳时往正极移动,注意点样孔应朝负极方向。

9. 结果观察　电泳完成后切断电源,取出凝胶,置于紫外透射仪上观察电泳结果,并照相记录。

10. 结果判定　琼脂糖凝胶电泳,结果出现一个条带,与 Marker 对照位于 1 579bp 处,表明与试验设计的扩增片段相吻合,即为阳性。

10. 目的条带应与 Marker 对照。

五、注意事项

(1) 整个操作要戴口罩及一次性手套,并尽可能在低温下操作。

（2）使用一次性吸头时，吸头不要长时间暴露于空气中，避免气溶胶的污染。

（3）PCR 操作过程中加样器应该专用，不能交叉使用。

（4）在提取 DNA 震荡过程中一定要轻柔，以减少长链 DNA 的断裂，离心一定要好，尽量减少提取的 DNA 混有的蛋白含量。

（5）打开反应管时避免反应液飞溅，开盖前稍离心收集液体于管底。若不小心溅到手套或桌面上，应立刻更换手套并用稀酸擦拭桌面。

（6）操作多份样品时，制备反应混合液，先将 dNTP、缓冲液、引物和酶混合好，然后分装，这样既可以减少操作，避免污染，又可以增加反应的精确度。

（7）溴化乙啶（EB）为致癌剂，操作时应戴手套，尽量减少台面污染。

六、思考题

（1）简述 PCR 检测的原理及操作方法。

（2）试述组织样品 DNA 提取的方法及注意事项。

七、实验报告

试述猪伪狂犬病的临床诊断程序及实验诊断方法。

实验四十七　猪蓝耳病 RT-PCR 检测

一、实验目的

（1）掌握猪蓝耳病 RT-PCR 检测的基本原理。

（2）掌握猪蓝耳病 RT-PCR 检测的操作方法及注意事项。

二、实验原理

猪繁殖与呼吸综合征（俗称蓝耳病）是由猪繁殖与呼吸综合征病毒（PRRSV）引起的一种严重危害养猪业的传染病。临床上以妊娠母猪流产、死胎、木乃伊胎、弱仔等繁殖障碍以及仔猪的呼吸道症状和高死亡率为特征。该病毒为单股正链 RNA 病毒，属于套式病毒目、动脉炎病毒科、动脉炎病毒属。电镜观察纯化的病毒粒子呈球形，核衣壳为二十面体对称，直径为 45~83nm，内有一个呈二十面立体对称的具有电子致密性的核衣壳，其直径为 25~35nm，表面上有约 5nm 的突起，外绕一层脂质双层膜。病毒无血凝活性，能在猪原代肺泡巨噬细胞（PAM）和传代细胞系 CL2621 及 Marc145 上增殖，产生细胞病变。不凝集哺乳动物或禽类红细胞，有严格的宿主专一性，对巨噬细胞有专嗜性。

PRRSV 为单链 RNA，全长 15.1kb，包含 7 个开放阅读框（ORF），其中 ORF1 编码 14 个非结构蛋白，ORF2~7 编码 6 个结构蛋白。PRRSV 基因变异最大的两个区域：*ORF5* 基因和 *NSP2* 基因，在一定程度上能代表毒株的变异情况；*ORF5* 基因编码糖膜蛋白 GP5，是病毒的结构蛋白，具有较好的免疫原性，能够诱导产生中和抗体。*NSP2* 基因编码非结构蛋白 NSP2，位于 ORF1 区内，具有种特异性，与 PRRSV 的细胞或组织嗜性有关。国内分离的变异毒株主要是在 *NSP2* 基因存在 1+29 或 1+29+4 个氨基酸的不连续缺失。

逆转录-聚合酶链反应（reverse transcription-polymerase chain reaction，RT-PCR）方法具有

特异、敏感、快速诊断等优点。提取组织或细胞中的总RNA,以其中的mRNA作为模板,采用Oligo(dT)或随机引物利用逆转录酶反转录成cDNA。再以cDNA为模板进行PCR扩增,从而获得目的基因或检测基因表达。RT-PCR使RNA检测的灵敏性提高了几个数量级,使一些极为微量RNA样品分析成为可能。因此,PRRSV适用于RT-PCR方法进行诊断。

三、实验准备

1. 仪器 PCR仪,电泳仪,电泳槽,凝胶成像系统,离心机,水浴箱,冰箱,冰柜,制冰机,生化培养箱,超声波清洗仪,微波炉,电脑,打印机,单道可调移液器(0～2μL、1～10μL、10～100μL)。

2. 病料 PRRSV标准毒株,待检样品〔采集病(死)猪的肺、脾、肾、淋巴结等组织〕,阴性组织样品。

3. 试剂 Trizol LS Reagent RNA提取试剂,氯仿,异丙醇,70%乙醇,0.1%DEPC处理水(吸取1mL DEPC处理水加入1 000mL双蒸水中,放在1 000mL容量瓶中静置4h备用),5×反转录反应缓冲液,Promega反转录酶M-MLV,RNA酶抑制剂(4U/μL),2.5mmol/L dNTPs,10×PCR缓冲液,Taq DNA聚合酶,DNA分子质量标准。

上样缓冲液:0.25%溴酚蓝,40%蔗糖溶液,6×缓冲液,10mg/mL溴化乙啶(EB),琼脂糖。

电泳缓冲液:将242g Tris,57.1mL冰乙酸,100mL 0.5mol/L EDTA(pH 8.0)定容至1 000mL超纯水中,使用时稀释50倍,即为1×TAE。

4. 引物

(1)反转录引物:可用随机引物(Random primers)、dT(18)或用相对PRRSV RNA来说的PCR下游单侧特异性引物。

(2)PCR引物序列:根据文献和PRRSV美洲型代表株VR2332和欧洲型代表株LV设计了一对引物(保守区ORF7,扩增374个片段)。

PRRSV N1:5′-CCAGAATTCCATCATGCTGAGGGTGATGC-3′

PRRSV N2:5′-CGAGGATCCAATATGCCAAATAACAACGG-3′

PRRSV变异株引物设计(NSP2区,扩增796个片段)。

F:5′-CAACACCCAGGCGACTTCAGAAATG-3′

R:5′-CCAAGTCAGCATGTCAACCCTATC-3′

5. 玻璃器皿 烧杯,吸头(1μL、10μL、200μL),EP管(1.5mL、0.2mL、100μL),量筒(50mL、250mL),容量瓶,三角烧瓶,试管架,镊子,医用胶布,记号笔等。

四、实验方法

1. 取材 采集病(死)猪的肺、脾、肾、淋巴结等组织。 ↓ **2. Trizol法抽提总RNA** 组织100mg分装到EP管。	1. 采集病料时病变应典型、新鲜。 2. 细胞用1mL Trizol悬起,移入1.5mL EP管中。

加 1mL Trizol。 组织匀浆。 颠倒混匀 10 下，室温 5min。 加氯仿 1/5 体积（0.2mL）。 颠倒混匀 10 下，室温 5min。 4℃，12 000r/min 离心 15min。 溶液分 3 层，轻轻吸取上层水相于另一 1.5mL EP 管中。 加等体积异丙醇，温和地上下摇晃数次后，置室温 5min。 4℃，12 000r/min 离心 10min。此时可见 EP 管底部有少量沉淀。 弃上清液。 加预冷的 75% 乙醇（用 DEPC 水配）1mL 清洗提取物。 4℃ 7 500r/min 离心 5min，重复操作一次。 弃上清液，空气中干燥 5~10min。	3. 匀浆要彻底。 4. 按总体积的 1/5 加氯仿。 5. 颠倒混匀动作应温和。吸液时要小心，不能吸到中间层液体。 6. 注意不能完全干燥。

溶于 DEPC 水中至 20μL，检测提取物的浓度。

3. 病毒 cDNA 第一链的合成（反转录，RT） 步骤如下。

于微量离心管中加入 RNA 2μg，mol dT（18）/Random primer 混合物 1μL，用 DEPC 水加到 10μL。

70℃，5min

在冰上依次加入：5×buffer 5μL，10m mol dNTP 1.5μL，反转录酶 M-MLV 1μL，RNA 酶抑制剂 1μL，DEPC 水 6.5μL

42℃，1h

72℃，15min，

最后 4℃降温，完成 cDNA 链的合成。取出后可以直接进行 PCR 或放 -20℃保存备用。

4. PCR 反应体系 反应总体积为 50μL，包括以下成分。

灭菌超纯水	36.5μL
模板 cDNA	4μL
2 条 PRRSV 引物（25pmol/μL）	各 1μL
dNTP（2.5mmol/L）	2.0μL
10×Buffer	5μL
Taq 酶（5U/μL）	0.5μL

瞬时离心混匀，将 PCR 反应管置于 PCR 仪内。

5. PCR 反应参数

(1) PRRSV 保守区检测反应.

94℃预变性	3min；
94℃	45s；
57℃	45s，共 35 个循环；
72℃	1min；

7. 将 RNA 溶液置于 65℃温育，然后冷却再加样的目的是破坏 RNA 的二级结构，尤其是 mRNA Poly（A+）尾处的二级结构，使 Poly（A+）尾充分暴露，从而提高 Poly（A+）RNA 的回收率。

8. 注意更换吸头，以防交叉污染。

9. 加样应准确并充分混匀。

72℃延伸　　　　　　　　　　10min。 （2）PRRSV变异株检测反应。 94℃预变性　　　　　　　　　5min； 94℃　　　　　　　　　　　　60s； 53℃　　　　　　　　　　　　60s，共35个循环； 72℃　　　　　　　　　　　　1min； 72℃延伸　　　　　　　　　　10min。 ↓ **6. 电泳检测**　将PCR产物置4℃保存或立即做琼脂糖凝胶电泳，分析PCR产物。 　　1.2%琼脂糖凝胶板的制备：称取1.2g琼脂糖，加入100mL 1×TAE中，加热融化后，冷却至45～50℃时，加入5μL GoldView核酸染色剂，混匀后倒入制胶板中，胶板厚5mm左右。依据样品数选用适宜的梳子。待凝胶冷却凝固后拔出梳子，放入电泳槽中，加1×TAE缓冲液淹没胶面。 　　取6μL PCR扩增产物和1μL 6×加样缓冲液混匀后加入一个加样孔。每次电泳分别设1个阳性对照、1个阴性对照和1个Marker对照。 　　电压100V，电泳30min。 ↓ **7. 结果判定**　琼脂糖凝胶电泳，在阳性对照孔出现相应扩增条带，而阴性对照孔无此扩增条带时判定结果。若样品扩增条带与阳性对照孔扩增条带处于同一位置，则判定为PRRSV阳性，否则为阴性。	10. 溴化乙啶（EB）是高诱变剂，可直接插入到DNA碱基序列，目前多使用GoldView核酸染色剂替代。 11. DNA带负电，电泳往正极移动，注意点样孔应朝负极方向。 12. 目的条带应与Marker对照。

五、注意事项

（1）整个操作要戴口罩及一次性手套，并尽可能在低温下操作。

（2）使用一次性吸头时，吸头不要长时间暴露于空气中，避免气溶胶的污染。

（3）在实验过程中要防止RNA的降解，保持RNA的完整性。在总RNA的提取过程中，注意避免mRNA的断裂。

（4）为了防止非特异性扩增，必须设阴阳性对照。

（5）PCR操作过程中加样器应该专用，不能交叉使用。

（6）打开反应管时避免反应液飞溅，开盖前稍离心收集液体于管底。若不小心溅到手套或桌面上，应立刻更换手套并用稀酸擦拭桌面。

（7）操作多份样品时，制备反应混合液，先将dNTP、缓冲液、引物和酶混合好，然后分装，这样既可以减少操作，避免污染，又可以增加反应的精确度。

六、思考题

(1) 简述 RT-PCR 检测的基本原理及操作方法。
(2) 影响 RT-PCR 实验成功的因素有哪些?

七、实验报告

试述猪蓝耳病的临床诊断程序及实验诊断方法。

实验四十八　猪瘟抗体检（监）测与分析

一、实验目的

掌握猪瘟抗体检（监）测的方法及意义。

二、实验原理

随着规模化、集约化养殖的发展，现在的猪病越来越复杂，仅凭临床经验和病理剖检难以正确诊断。通过猪瘟抗体检（监）测，非常有助于我们获取有效的信息，并依此做出正确的决策以及改进。目前，血清学检测作为规模化猪场免疫效果评估、疫病诊断和净化的一种有效途径正变得越来越重要，并日趋广泛。

三、实验准备

1. 仪器设备　酶联免疫检测仪，洗板机，离心机，超声波清洗仪，电脑，打印机，冰柜，冰箱，水浴箱，单道可调移液器（1~10μL、10~100μL、100~1 000μL），8 道可调移液器（1~50μL、50~300μL）。

2. 试剂盒及血清　猪瘟抗体检测试剂盒，待检血清。

3. 其他　离心管，保定器，采血针，烧杯，盐水瓶，吸头，量筒，注射器等。

四、实验方法

1. 猪场采血 方法 1：前腔静脉采血，是血清学检测中最常用的采血方法。该方法采血速度较快，血液的质量高且不易溶血，适合从仔猪到种猪的采血。 方法 2：耳缘静脉采血，除小猪外，可用耳缘静脉采血。该方法由于血管细、血量少且血流速度非常慢，采血速度较慢，操作不熟练容易导致溶血。 ↓	1. 采血针头：后备猪及种公（母）猪宜选用 12 号 38mm 长的针头；30kg 以上的猪，宜选用 9 号 34mm 针头；10~30kg 小猪，可选用 9 号 30~32mm 针头（一次性注射器常配的针头）；10kg 以下乳猪，应选择 7~9 号 28~30mm 针头（一

2. 待检血清的制备 将采血针的栓轻轻后拉一些，使针管内留有一些空间，置室温 30min，使血液完全凝固，经离心，上层淡黄色的为血清。

3. 猪瘟抗体的检测（以 IDEXX 猪瘟抗体 ELISA 检测试剂盒为例） 具体操作方法参考实验二十三。

4. 案例分析

（1）猪场背景：

①疫苗免疫情况：妊娠母猪接种。小猪 25 日龄首免，65 日龄二免。

②临床情况：母猪有流产、死胎表现；产房小猪症状不普遍，有部分腹泻、发烧症状。

③现场采血：分别对后备母猪、经产母猪、产房母猪、哺乳仔猪、保育猪和公猪进行采样，IDEXX 猪瘟 ELISA 抗体检测，产房母猪生下对应的哺乳仔猪。

次性注射器所配的针头）。

2. 采血量：每头猪检测 4～5 个项目，一般采 3～5mL 血液即可。

（2）试验数据（表 48-1）：

表 48-1 试验数据

序号	血清样品	CSF-Ab 阻断率	结果
1	后备母猪-1	23	Neg
2	后备母猪-2	52	Pos!
3	后备母猪-3	46	Pos!
4	后备母猪-4	36	Pos!
5	后备母猪-5	30	Neg
6	经产母猪-1	26	Neg
7	经产母猪-2	27	Neg
8	经产母猪-3	84	Pos!
9	经产母猪-4	65	Pos!
10	经产母猪-5	58	Pos!
11	产房母猪-1	28	Neg
12	哺乳 18d-1	73	Neg
13	产房母猪-2	82	Pos!
14	哺乳 18d-2	60	Sus*
15	产房母猪-3	55	Pos!

（续）

序号	血清样品	CSF-Ab 阻断率	结果
16	哺乳 18d-3	42	Neg
17	产房母猪-4	63	Pos!
18	哺乳 18d-4	46	Neg
19	产房母猪-5	32	Pos!
20	哺乳 18d-5	68	Neg
21	保育 55d-1	36	Neg
22	保育 55d-2	42	Neg
23	保育 55d-3	31	Pos!
24	保育 55d-4	21	Neg
25	保育 55d-5	46	Neg
26	中猪 90d-1	60	Neg
27	中猪 90d-2	37	Neg
28	中猪 90d-3	26	Neg
29	中猪 90d-4	45	Pos!
30	中猪 90d-5	48	Neg
31	公猪-1	28	Neg
32	公猪-2	55	Pos!
33	公猪-3	70	Pos!

说明：Pos!表示抗体为阳性；Neg 表示抗体为阴性；Sus*表示抗体为可疑。

判定标准：阻断率≥40%判为阳性；阻断率≤30%判为阴性；40%＞阻断率＞30%判为可疑。

↓

（3）数据分析（图 48-1、图 48-2）：

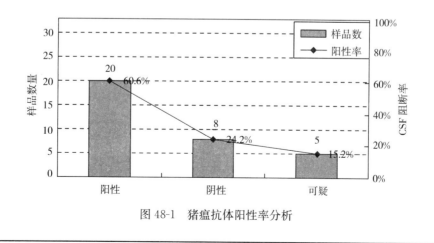

图 48-1 猪瘟抗体阳性率分析

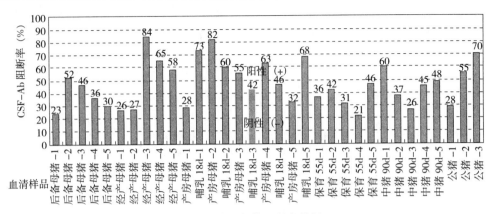

图 48-2 猪瘟抗体阻断率分析

结果分析：
①整体阳性率为 60.6%（偏低）；阻断率平均值为 47%（偏低）；离散度为 38（偏高），整齐度不好。
②后备母猪、经产母猪及产房母猪、公猪猪瘟抗体免疫不到位，存在阴性猪。
③从产房母猪生下对应哺乳仔猪抗体检测分析可以得出，产房母猪-1 抗体阻断率为 28%，而对应的哺乳仔猪-1 为 73%；产房母猪-5 阻断率为 32%，而对应的哺乳仔猪-5 为 68%，从中可以推测哺乳仔猪可能受野毒感染而产生比母猪更高的抗体。

（4）检测建议：
①抗体不合格的及时进行补免疫苗，4～6 周后重新采样重测抗体。
②产房母猪-1 和哺乳仔猪-1，产房母猪-5 和哺乳仔猪-5 建议进一步做猪瘟抗原诊断。
③加大样本检测量。

五、注意事项

（1）采样时间应在猪瘟免疫 4～6 周以后进行，检测才具有意义。
（2）应随机采样，数量尽可能大（大于 30 份），同时采血应注意自身安全。
（3）血清应及时送检，注意保存，反复冻融将会影响检测结果。
（4）数据分析时应结合临床表现，综合分析。

六、思考题

阐述猪瘟抗体检测的现实意义。

七、实验报告

根据猪场临床表现及免疫程序，结合检测数据分析，为该场制定一个较为合理的免疫程序。

实验四十九　猪伪狂犬病 gE 抗体检（监）测与分析

一、实验目的

掌握猪伪狂犬病抗体检（监）测的方法及意义。

二、实验原理

通过系统地检测，实施疾病的控制或清除计划是健康管理的最佳模式。血清学检测用于疾病根除在猪伪狂犬病根除计划中的应用最为成功，美国、荷兰等许多国家都凭借这种能够区分免疫和野毒抗体的检测方法，通过极其类似的根除计划对本国的伪狂犬病进行了净化，而且都取得了很大的成功。

伪狂犬病 gE 基因缺失疫苗是将病毒的非必需糖蛋白基因 gE 进行缺失，这样得到的突变株就不能产生被缺失的 gE 糖蛋白，但又不影响病毒在细胞上的增殖与免疫原性。将这种基因标志疫苗注射动物后，动物不能产生 gE 蛋白的抗体。因此，通过检测 gE 抗体的有无判断是否被野毒感染，可以区分自然免疫和野毒感染猪，通过隔离或淘汰自然感染猪，建立和扩大健康猪群，从而达到净化伪狂犬病的目的。

三、实验准备

1. 仪器设备　酶联免疫检测仪，洗板机，离心机，超声波清洗仪，电脑，打印机，冰柜，冰箱，水浴箱，单道可调移液器（1~10μL、10~100μL、100~1 000μL），8 道可调移液器（1~50μL、50~300μL）。

2. 试剂盒及血清　猪伪狂犬抗体检测试剂盒，待检血清。

3. 其他　离心管，保定器，采血针，烧杯，盐水瓶，吸头，量筒，注射器等。

四、实验方法

1. 猪场采血 方法 1：前腔静脉采血，是血清学检测中最常用的采血方法。该方法采血速度较快，血液的质量高且不易溶血，适合从仔猪到种猪的采血。 方法 2：耳缘静脉采血，除小猪外，可用耳缘静脉采血。该方法由于血管细、血量少且血流速度非常慢，采血速度较慢，操作不熟练容易导致溶血。 ↓ **2. 待检血清的制备**　将采血针的栓轻轻后拉一些，使针管内留有一些空间，置室温 30min，使血液完全凝固，经离心，上层淡黄色的为血清。 ↓	1. 应选择合适的采血针头。 2. 采血量一般为 3~5mL。

3. 猪伪狂犬抗体的检测（以 IDEXX 猪伪狂犬抗体 ELISA 检测试剂盒为例） 具体操作方法参考实验二十三。

4. 案例分析

（1）猪场背景：

①免疫情况：种猪普免，每年免疫 3 次，小猪 35 日龄免疫 1 次。

②临床情况：猪场稳定，生产性能不错。

③现场采血：对每批后备猪进入产房前全部检测猪伪狂犬野毒抗体，同时抽样经产母猪检测。采用 IDEXX 的猪伪狂犬 gE-ELISA 野毒抗体试剂盒检测。

（2）试验数据（表 49-1）：

表 49-1 试验数据

实验编号	血清样品	PRV-gE S/N 值	结果
1	后备猪 1	0.998	Neg
2	后备猪 2	0.978	Neg
3	后备猪 3	0.947	Neg
4	后备猪 4	0.975	Neg
5	后备猪 5	0.943	Neg
6	后备猪 6	0.148	Pos！
7	后备猪 7	1.020	Neg
8	后备猪 8	1.010	Neg
9	后备猪 9	0.992	Neg
10	后备猪 10	0.099	Pos！
11	后备猪 11	0.982	Neg
12	后备猪 12	0.913	Neg
13	后备猪 13	0.960	Neg
14	后备猪 14	1.000	Neg
15	后备猪 15	1.046	Neg
16	经产母猪 1	0.980	Neg
17	经产母猪 2	1.050	Neg
18	经产母猪 3	1.146	Neg
19	经产母猪 4	1.100	Neg
20	经产母猪 5	0.089	Pos！
21	经产母猪 6	1.020	Neg
22	经产母猪 7	0.960	Neg
23	经产母猪 8	1.178	Neg
24	经产母猪 9	1.136	Neg

(续)

实验编号	血清样品	PRV-gE S/N 值	结果
25	经产母猪 10	1.136	Neg
26	经产母猪 11	1.109	Neg
27	经产母猪 12	1.013	Neg
28	经产母猪 13	1.058	Neg
29	经产母猪 14	1.100	Neg
30	经产母猪 15	1.210	Pos!

说明：Pos!表示抗体为阳性；Neg 表示抗体为阴性；Sus 表示抗体为可疑。

判定标准：S/N≤0.6 判为阳性，0.6＜S/N≤0.7 判为可疑，S/N＞0.7 判为阴性。

(3) 数据分析（图 49-1、图 49-2）：

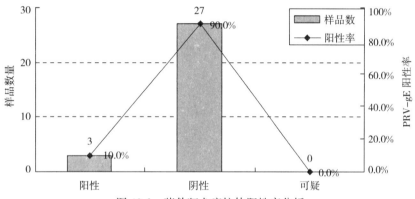

图 49-1　猪伪狂犬病抗体阳性率分析

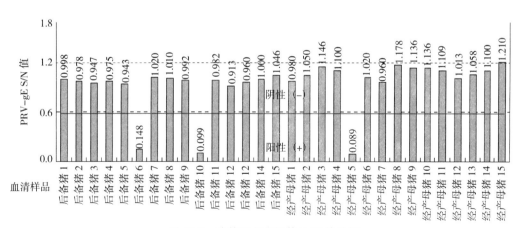

图 49-2　猪伪狂犬病抗体 S/N 值分析

(4) 分析建议：
①阳性率为 10.0%，整体较好。
②检测 3 头抗体阳性猪，淘汰处理。
③坚持野毒抗体检测，发现阳性猪淘汰。

五、注意事项

(1) 采样应在免疫 4~6 周以后进行，检测才具有意义。
(2) 样品数量尽可能大（大于 30 份），同时采血时应注意自身安全。
(3) 血清应注意保存，及时送检，反复冻融会影响检测结果。
(4) 数据分析时应结合临床，综合分析。

六、思考题

阐述猪伪狂犬病抗体检测的现实意义。

七、实验报告

根据猪场临床表现及免疫程序，结合检测数据分析，为该场制订一个较为合理的免疫程序。

实验五十　鸡大肠杆菌油乳佐剂苗的制作

一、实验目的

掌握油乳佐剂灭活苗的制作原理和操作方法。

二、实验原理

选用免疫原性好的细菌、病毒等经人工培养后，用物理或化学方式将其杀死（灭活），使其失去活性，丧失传染性，但仍保留免疫原性，这种苗称为灭活苗。将这种疫苗注入机体后，机体会对病原微生物表面的抗原结构产生两种免疫应答：体液免疫和细胞免疫。在体液免疫中，机体通过 B 淋巴细胞合成分泌针对病原微生物抗原结构的抗体分子，抗体分子将病原微生物包裹，可阻止其感染机体细胞并帮助机体其他免疫分子将其消灭。在细胞免疫中，机体通过细胞毒性 T 淋巴细胞来摧毁寄生于受到感染的机体细胞内部的病原微生物。

三、实验准备

1. 菌株　分离到 A、B、C、D 四株大肠杆菌，经鉴定抗原血清型分别为 O1、O2、O18 和 O78。

2. 培养基　自制改良的普通肉汤培养基。

3. 佐剂　10 号白油，硬脂酸铝，吐温 80，司本 80。

4. 实验动物　SPF 鸡或小鼠。

5. 仪器　组织捣碎机，温箱等。

6. 其他 接种棒，酒精灯，打火机，电磁炉，显微镜，擦镜纸，镜油，吸水纸，玻片，革兰染色试剂，染缸，搁架，洗瓶，甲醛等。

四、实验方法

1. 水相的制备 （1）菌种选择：目前已知鸡的致病性大肠杆菌有 50 个血清型，在同一地区的不同鸡场中，鸡的致病性大肠杆菌血清型是不同的，因此必须选择适合本地区或本鸡场的鸡大肠杆菌血清型的菌株制造菌苗。 ↓ （2）种子培养：将分离所得菌株 A、B、C、D 分别接种于普通肉汤培养基中，置 37℃培养 16～18h。然后划线接种于普通琼脂平板上，经 37℃培养 18～24h。选取光滑圆整菌落，接种于普通琼脂斜面，37℃培养 18～24h，经肉眼与显微镜检查无杂菌污染者即可作为种子培养物。 ↓ （3）大量培养与菌液制备：将每管琼脂斜面上的种子培养物分别用 2～3mL 灭菌生理盐水洗涤，集中于灭菌的烧杯中。混匀后，用灭菌吸管吸取种子液注入大的灭菌平皿（直径 12cm），每只平皿 2～3mL，倾斜平皿，使种子培养物均匀分布于整个培养基的表面。置 37℃温箱中培养 24～48h。检查无杂菌污染者，即以灭菌吸管吸取灭菌生理盐水，每皿加入约 10mL，用接种圈或特制的刮子将菌苔刮下，倾入灭菌的烧杯中。然后用灭菌的纱布和漏斗过滤，除去菌液中掺杂的琼脂块。最后将菌液放入含有玻璃珠的灭菌三角瓶中，振摇 30min，使细菌均匀分散。取 2mL 菌液放入灭菌的小试管中供计数用，其余菌液放入 4℃冰箱中，待稀释后，灭活。 ↓ （4）活菌计数：具体操作方法参考实验六。 ↓ （5）菌液稀释和灭活：从冰箱中取出原菌液，根据每毫升菌液中所含的大肠杆菌数，用灭菌生理盐水将其稀释成 180 亿个/mL，然后按菌种的血清型，以适当比例进行混合，进行灭活。 ↓	1. 制造菌苗的菌种必须具有典型的性状和免疫原性，性状发生变异者一般不适于做菌苗。 2. 注意检查无杂菌污染。 3. 按 0.4% 浓度在菌液中加入甲醛溶液（分析纯，含甲醛 40%），即 1 000mL 菌液中加 4mL 甲醛溶液，置 37℃温箱中作用 24h，在此期间，每 2～3h，充分振摇一次。

（6）无菌检验：杀菌后，取样做无菌检验，用普通琼脂斜面培养基、普通肉汤培养基及疱肉培养基各 2 管，每管接种菌液 0.2mL，另用 50～100mL 普通肉汤一小瓶，接种菌液 0.5～1.0mL，置 37℃温箱中，培养 3～7d，观察结果（涂片染色镜检及培养检查），无菌生长，方可使用。	
2. 水相的制备 将灭活的菌液，按每 100mL 中加入灭菌的吐温 80 4mL，振荡混合后，为制苗的水相。	
3. 油相的制备 按 10 号白油 94mL，司本 80 6mL，硬脂酸铝 2g 的比例相混合。首先将白油和司本 80 在电磁炉上微加温混合至透明，然后取少量混合液加入硬脂酸铝，加热使其完全熔化，再放入全量混合液中，充分混合，高压蒸汽灭菌，116℃灭菌 30min，冷至室温后，备用。	
4. 油乳剂制备 一般制作油佐剂灭活苗应在胶体磨中进行，由于胶体磨价格昂贵，尚需很多附属设备，鸡场不具备此条件。在制作少量菌苗的情况下，可以用组织捣碎机或磁力搅拌器（79HW-1 型）代替胶体磨。 在无菌室（或超净工作台）内，将油相倒入灭菌的烧杯中，放入磁力棒，启动搅拌器，转速先慢后快，同时缓慢滴加等量的水相，充分乳化后即成油佐剂灭活苗。	4. 乳化的转速先慢后快，注意无菌操作。
5. 菌苗检验 （1）物理性状：乳白色、均匀一致，将其滴于冷水中，漂浮于水面上，并有向外扩散的趋势。	
（2）无菌检验：随机抽检菌苗 2～4 瓶，每瓶吸取 1mL 接种于 100mL 肉汤培养基中，另取菌苗 0.1～0.2mL 分别接种于普通琼脂斜面培养基和疱肉培养基各一管中，37℃培养 3d，应无细菌生长。	
（3）安全试验：取 20～28 日龄健康易感鸡 10 只，每只皮下注射菌苗 2.5mL（即 5 倍免疫剂量）观察 10d，应健康存活。	

(4) 效力检验：根据菌苗中所含血清型数量，取 10 日龄雏鸡数十只，每种血清型 10 只，分别皮下注射菌苗 0.5mL，免疫后 15d，分别以相应不同血清型的大肠杆菌肉汤培养物进行攻毒，每只 0.5mL，观察 1 周，免疫各组应健康存活，对照组 10 只鸡攻毒后均发病死亡。

6. 菌苗保存和使用 菌苗应在 2～5℃暗处保存，严重分层时不可使用。雏鸡每只颈部皮下注射 0.25mL，育成鸡和成年鸡每只颈部皮下注射 0.5mL。

五、注意事项

（1）菌种的形态特征典型，菌落属于光滑型，生化特性稳定。
（2）每次制苗前，以大剂量通过鸡体，从心血、肝、脾分离细菌，经纯检合格方可作为制造种子之用。
（3）灭活菌时，注意控制好甲醛的量。
（4）菌苗制好后，安全检验合格后方可使用。
（5）菌苗置 4℃储藏，时间一般为 4 个月。

六、思考题

（1）简述油乳佐剂苗的制备过程及注意事项。
（2）影响油乳佐剂苗制备的因素有哪些？
（3）为什么要进行菌苗检验？

七、实验报告

写出油乳佐剂苗的制备过程、每个步骤的注意事项及不注意将会带来什么影响。

实验五十一　鸡霍乱的诊断及组织灭活苗的制作

一、实验目的

（1）掌握鸡霍乱的临床诊断技术。
（2）掌握组织灭活苗的制备方法及应用价值。

二、实验原理

采集的病料制作的自家组织灭活苗，是一种针对性极强的包含有病毒、细菌等多种病原体的多价苗，能迅速控制和预防本场主要流行病。其优点是安全，不存在散毒和造成新疫源的危险，毒力不可能返强，便于储存和运输，不需要低温保存等特殊的运输条件。缺点是在灭活过程中抗原成分会受到一定程度的损坏，不产生局部免疫，引起细胞介导免疫的能力较弱，用量较大，有的苗在注射部位反应较重，通常在2～3周后才能获得良好的免疫力，不适用于紧急接种。

三、实验准备

1. 仪器 组织捣碎机，恒温培养箱，冰箱，超净工作台等。

2. 其他 TSB肉汤，血琼脂平板，小鼠，漏斗，平皿，剪子和镊子各数把，酒精棉，灭菌纱布，灭菌生理盐水，吸管，甲醛，接种棒，酒精灯，打火机，显微镜，玻片，革兰染色液，瑞氏染色液等。

四、实验方法

（一）临床剖检

急性患病鸡剖检时，可见心外膜有小出血点，皮下组织和腹部脂肪、肠系膜、浆膜等处常有小出血点。肺质脆，呈棕色或黄棕色。慢性患病鸡剖检可见关节、腱鞘、卵巢等发炎和肿胀。

↓

（二）实验室诊断

1. 抹片镜检 取病死鸡的肝、心血抹片镜检，均见到两端稍圆，单个存在的小杆菌，多数菌体呈典型的两极着色。

↓

2. 分离培养 取病死鸡的肝、脾制成匀浆，接种于血琼脂平皿上，37℃培养24h后，长出的菌落较小，圆形光滑，呈淡灰色，黏稠状，如露珠样，不溶血。涂片染色镜检时呈革兰阴性，两端钝圆，中央微凸的短杆菌，无芽胞，无运动性。

↓

3. 小鼠接种试验 将病料用生理盐水做10倍稀释，皮下接种2组小鼠（每组2只）。第一组每只注射0.2mL，第二组每只注射0.1mL，对照组每只皮下注射无菌肉汤0.2mL。结果试验组的小鼠分别于注射后14～20h、16～24h死亡，对照组则健活。死亡小鼠取样镜检，均有上述形状的小杆菌存在。

↓

4. 鸡只接种试验 将病料用生理盐水做10倍稀释，静置20h沉淀后，将上清液皮下注射健康鸡4只，每只0.2mL。鸡只注射后1～3d内全部发病死亡。其临床症状与上述鸡群表现相同。剖检后分离培养得到与原病料相同的小杆菌。

↓

(三) 组织灭活苗的制备

1. 病料选择　根据制苗的数量选取发病死亡或濒死鸡若干只,用适宜的消毒液浸泡消毒皮肤和被毛。剪开皮肤后,用点燃的酒精棉消毒表面,另换灭菌的剪刀和镊子,剪开腹壁,去掉胸骨和肋骨,摘出肝。

肝肿大、质脆、有大量针尖大灰白色坏死点,心冠脂肪有出血点,十二指肠黏膜出血,肝触片经瑞氏染色镜检发现大量两极浓染小杆菌者可确诊为鸡巴氏杆菌病。

当生产急需菌苗,自然死亡于典型病变的鸡数量很少时,可进行人工接种健康鸡,待其发病死亡后取肝制菌苗。

↓

2. 匀浆　用剪刀将肝剪成小块,放入灭菌的组织捣碎杯内,加入生理盐水,组织与生理盐水的质量体积比为1∶5,即1g组织加入5mL生理盐水。加好盖,开动组织捣碎机将组织捣碎。

↓

3. 过滤　将组织悬液倒入有4～6层纱布的漏斗内过滤,滤液放于生理盐水瓶中,吸取少量滤液(约3mL)准备做活菌计数。

↓

4. 活菌计数　取未经甲醛处理的滤液0.5mL,加到4.5mL肉汤培养基中,混匀后,做成1∶10的稀释液。用1mL灭菌吸管,吸取1∶10的稀释液1mL放入9mL灭菌肉汤试管中,混匀后,作成1∶100的稀释液,依次递增稀释为10^{-1}、10^{-2}……10^{-7}。一般由10^{-5}～10^{-7}稀释管中各取0.1mL,放在鲜血琼脂平板培养基表面,涂匀,置37℃温箱中培养24h,观察并计数多杀性巴氏杆菌菌落数。

↓

5. 灭活　在上述滤液中按0.5%的量加入甲醛溶液,即1 000mL滤液中加入甲醛溶液5mL,加入后马上振荡10min,放入37℃温箱中24h,在此期间,每隔2～3h充分振荡一次,灭活完成后,滤液为淡粉色或咖啡色,置4℃保存。

↓

6. 无菌检查　将菌苗1mL,加到TSB肉汤4mL中,混合均匀。从中取出0.5mL接种到鲜血琼脂斜面培养基上,再取0.5mL

1. 注意病变应典型,镜检含菌数多而纯。凡病变不典型、触片细菌数太少、有其他疾病、腐败、操作严重污染的肝不可用于生产菌苗。

2. 组织病料应尽可能捣碎。

3. 过滤后可用9号针头吸取。

4. 一般自然死亡的鸡的肝中,每克组织含活菌30亿～40亿个,若经活菌计数多杀性巴氏杆菌少于以上数字,应酌情减少菌苗使用时的稀释倍数,以保证免疫效果。

接种到厌氧肉汤培养基中,均置37℃温箱中培养2d,观察结果(涂片染色镜检及培养检查),应无菌生长。另将2mL菌苗,接种到100mL TSB肉汤培养基中,置37℃温箱中培养2d,观察结果,应无菌生长。

7. 安全试验 将菌苗用生理盐水做1:5稀释后,给5只小鼠接种,每只皮下注射0.5mL,观察1周,应全部健活。或者将菌苗用生理盐水做10倍稀释后,给5~10只成年鸡肌内注射,每只4mL,观察5d,应全部健活。

五、注意事项

(1) 菌苗经无菌检查和安全试验合格后方可使用。
(2) 使用前将菌苗充分摇匀,每只健康鸡肌内注射1mL。
(3) 每次用注射器吸取菌苗时,必须摇匀,然后再吸取。
(4) 菌苗在4℃保存,保存期半年。
(5) 接种菌苗后,一般8~14d产生免疫力。
(6) 当在发病场应用本菌苗时,为减少鸡的死亡,可在接种菌苗后,使用抗生素饮水或拌料,不影响免疫力的产生。

六、思考题

(1) 试述鸡霍乱的实验室诊断方法。
(2) 简述组织灭活苗取材及制备过程中应注意些什么。
(3) 简述组织灭活苗与油乳佐剂苗的主要区别。

七、实验报告

写出鸡霍乱的病理剖检及组织灭活苗制备的过程及注意事项。

实验五十二 病(死)猪的剖检及实验室检查

一、实验目的

(1) 掌握病(死)猪尸体剖检的方法。
(2) 掌握常见病原菌的分离培养及鉴定技术。

二、实验原理

猪病的确诊一般需经过流行病学、临床症状、病理剖检及实验室诊断等过程,其中病理剖检是确诊疾病的重要依据之一。其目的是通过对病猪或因病死亡猪的尸体解剖,观察体内各组织脏器的病理变化,根据其病理变化,为确诊提供依据。有许多疾病在临床上往往不显示任何典型症状,而剖检时却有一定的特征性病变,对猪传染病的诊断更是不可缺少的重要诊断方法。实验室诊断条件要求较高，但最具有科学诊断意义。

三、实验准备

1. 仪器设备 PCR仪，电泳仪，凝胶成像系统，冷冻离心机，移液器，恒温培养箱，二氧化碳培养箱，倒置显微镜等。

2. 其他 病（死）猪，解剖器械（刀、剪、镊子、手锯、斧子等），消毒用具，细胞系，胎牛血清，培养皿，培养基，PCR及电泳试剂，接种棒，酒精灯，打火机，显微镜，擦镜纸，镜油，吸水纸，玻片，革兰染色试剂，染缸，搁架，洗瓶等。

四、实验方法

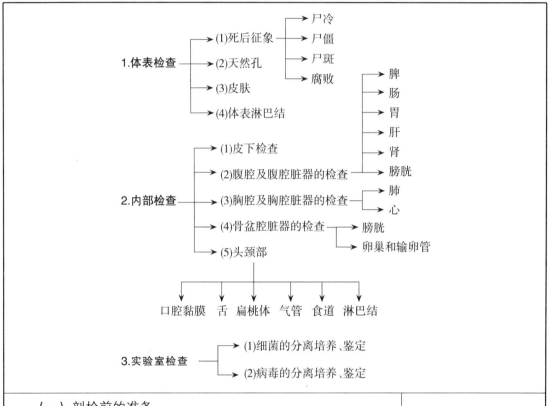

（一）剖检前的准备
（1）剖检场地
（2）剖检的器械及药品
（3）剖检注意事项

（二）剖检顺序及检查内容
1. 体表检查 在进行尸体解剖前，先仔细了解待解剖猪的生前情况，尤其是比较明显的临床症状，以缩小对所患疾病的考虑范围，使剖检有一定导向性。体表检查首先注意动物品种、性别、

1. 检查四肢、眼结膜的颜色、皮肤等有无异常，下颌淋巴结是否有肿胀现象等。

年龄、毛色、体重及营养状况，然后再进行死后征象、天然孔、皮肤和体表淋巴结的检查。	
2. 内部检查 猪的剖检一般采用背位姿势。为了使尸体保持背位，需切断四肢内侧的所有肌肉和髋关节的圆韧带，使四肢平摊在解剖盘上，借以抵住躯体，保持不倒。然后再从颈、胸、腹的正中切开皮肤，腹侧剥皮。如果是大猪，又不是传染病死亡，皮肤可以加工利用时，建议仍按常规方法剥皮，然后再切断四肢内侧肌肉，使尸体保持背位。检查顺序如下。 （1）皮下检查； （2）腹腔及腹腔脏器的检查（脾、肠、胃、肝、胆、肾、膀胱）； （3）胸腔及胸腔脏器的检查（心、肺等）； （4）骨盆腔脏器的检查； （5）头颈部检查。	2. 采用尸体背卧位，将四肢向外侧摊开，以保持尸体仰卧位置。 3. 剖开腹腔时，应结合进行皮下检查。
（三）实验室检查 **1. 细菌学检查** （1）血细胞的涂片染色镜检：瑞氏染色；	
（2）组织抹片制备、染色及镜检：革兰染色或瑞氏染色；	
（3）细菌的分离培养、移植：①分离培养：平板划线分离；②培养特性观察。 菌落的形态、大小、色泽、透明度、致密度和边缘等特征。 肉汤的生长表现。	4. 根据细菌培养要求选择合适的培养基分离细菌。
（4）细菌的鉴定：①形态观察（涂片染色镜检）；②生化试验；③分子生物学鉴定。	5. 16S rRNA 具有高度的保守性和特异性，通常用于鉴定细菌。
（5）致病性试验（动物接种）。	

2. 病毒学检查 （1）病毒的分离培养（细胞培养、鸡胚接种等）。 ↓ （2）病毒的鉴定：①电镜观察（负染、超薄切片）；②免疫荧光试验；③PCR试验及凝胶电泳；④测序及序列分析。	6. 病毒学检查时应注意无菌操作，避免因污染而影响结果。

五、注意事项

（1）选择临床症状比较典型的病（死）猪进行剖检。

（2）剖检应在病猪死后尽早进行，死后时间过长的尸体，因发生自溶和腐败而难判断原有病变，失去剖检意义。

（3）剖检人员，特别是剖检患人兽共患传染病的猪尸体时，应穿工作服、戴胶皮手套和线手套、工作帽，必要时还要戴上口罩或眼镜，以防感染。

（4）剖检前应在尸体体表喷洒消毒液，如怀疑患炭疽时，取颌下淋巴结涂片染色检查，确诊患炭疽的尸体禁止剖检。

（5）注意综合分析诊断，有些疾病特征性病变明显，通过剖检可以确诊，但大多数疾病缺乏特征病变。

（6）剖检结束后，解剖器械、场地等必须严格消毒处理；及时做好剖检记录，写出实验报告。

六、思考题

（1）病（死）猪剖检的术式及剖检过程中应注意什么？
（2）常用于细菌或病毒鉴定的实验室方法有哪些？各有何优缺点？

七、实验报告

正确描述剖检过程中观察到的病理变化及实验室的诊断结果。

实验五十三　寄生性蜱、螨、昆虫标本的采集

一、实验目的

掌握寄生性蜱、螨、昆虫标本的一般采集方法。

二、实验准备

（1）帆布背包（盛放采集工具用）。
（2）大昆虫网（捕捉能飞的昆虫用）。
（3）捞水网（捕水中幼虫等用）。
（4）采集勺（采水中幼虫等用）。
（5）大口玻瓶（盛水中幼虫等用）。

(6) 吸蚊管（吸捕白蛉、蚊或小虫用）。
(7) 捕虫网（捕获飞翔的昆虫用）。
(8) 大口吸管（吸取水中幼虫等用）。
(9) 采集小木箱（采集时盛标本用）。
(10) 大罗筛。
(11) 标本瓶（盛标本用）。
(12) 试管（采集或盛标本用）。
(13) 毒品（杀死昆虫用）。
(14) 手持放大镜。
(15) 手电筒。
(16) 固定液。
(17) 小平头镊子（镊取标本用）。
(18) 剪刀。
(19) 滤纸或草纸。
(20) 纱布与棉花。
(21) 橡皮圈和小线绳。
(22) 蜡笔。
(23) 毛笔（粘取标本用）。
(24) 记录本。
(25) 碘酒（为预防工作时受伤用）。
(26) 绷带。
(27) 生活用品（含特殊器材：照相机、望远镜、温湿度计、地面指南针及防卫用具）。
(28) 毒瓶。

三、实验方法

(一) 毒瓶准备

1. 氯仿毒瓶

取一长约10cm、宽约3cm的平底标本管

↓

在管底放些碎橡皮块，约占整个标本管体积的1/5

↓

注入氯仿，其高度与碎橡皮平齐

↓

用软木塞将管塞紧过夜

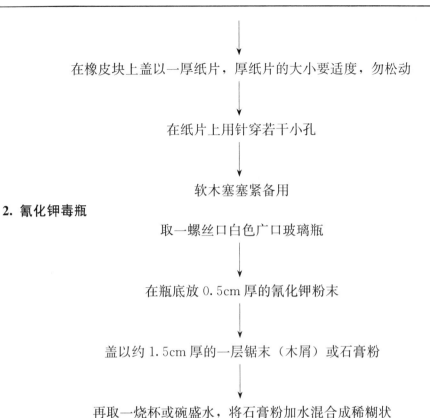

2. 氰化钾毒瓶

（二）标本的采集

1. 毛虱、羽虱等采集 对吸血虱、虱蝇、毛虱和羽虱等，采集时可用手或小镊子采集，或将羽毛剪下，用小镊子镊取，也可用湿毛笔粘取。

2. 有翅的吸血昆虫和非吸血昆虫的采集 对采集小型有翅吸血昆虫如蚊、库蠓、蚋等，可用试管扣捕或用吸蚊管吸捕。对采集体型较大的吸血昆虫如厩螫蝇、牛虻和舔舐动物体分泌物的舍蝇等，可用手来捕捉或用试管扣捕。

3. 硬蜱类的采集 采集时可用手捉着硬蜱的体部或用镊子夹着硬蜱的假头，使硬蜱的假头部与动物皮肤呈垂直时往外拔，以免将硬蜱的假头部拔断，陷入动物体内，引起局部炎症。

4. 疥螨和痒螨的采集 采集痒螨，可用湿毛笔粘取，或用小刀刮取皮屑。采集疥螨，可将小刀经火焰消毒冷却后蘸些甘油，在病健交界处垂直于皮肤刮取皮屑，直至出血为止，然后将带血的皮屑加以固定和保存。

5. 蝇类幼虫的采集 蝇类幼虫寄生在动物的活体组织器官内。

（1）如牛皮蝇的成熟幼虫，寄生在牛的背部皮下，用手摸为一隆起。在隆起上具有一小孔，采集时可用双手挤压隆起部外周，成熟幼虫即可从孔中蹦出。为了获得大量牛皮蝇标本，可在屠宰场，检查刚被剥下的牛皮，如有结节，可用剪刀剪开结节，取出幼虫。

（2）羊狂蝇幼虫寄生在羊的鼻腔内，生前采集比较困难，可以死后剖检，在鼻腔、鼻窦、额窦找出幼虫。

（3）马胃蝇幼虫寄生在马类的消化道内，某些马胃蝇成熟幼虫在被排出宿主体之前，往往在患马的直肠黏膜上附着几天，每当患马排粪时，可用手或镊子采集。在解剖死马时，可从胃、十二指肠或咽等处采到马胃蝇幼虫。

6. 畜禽舍和窝巢中昆虫的采集 在畜禽舍内阴暗潮湿和空气不流通的僻静场所，白天常栖息着许多蚊，采集时用手电筒照明，用试管扣捕或吸蚊管吸捕。用试管捕获一只后，用棉花球加以隔离，一个试管可装数只蚊。用吸蚊管吸捕至相当数量时，可在昆虫笼内将吸蚊管后端橡皮塞打开，蚊即飞入笼内。

天气晴朗炎热的白天，在畜禽舍周围的栏栅上或附近的灌木或树上，栖息着许多蚋，采集时可用试管扣捕或吸蚊管吸捕，也可用昆虫网捕获。

温暖季节的清晨和黄昏，在田野、山谷、溪边等处，常有成群库蠓飞舞，并易被黑色物体所吸引，并有追随人畜的习性，采集时参照蚊、蚋等采集方法。在野外，库蠓常在一堆牛粪或黑泥土上成群飞舞交配，可用昆虫网捕获大量雌雄库蠓。

在牛舍和运动场的松湿表土上，常可找到牛皮蝇成熟幼虫和蛹。在马厩的墙边潮松土内及其粪堆中，能找到马胃蝇成熟幼虫或蛹。在羊舍松土中能找到羊狂蝇成熟幼虫或蛹。若将这些成熟幼虫或蛹，放置于潮湿沙土瓶内培养，使其羽化，可获得其成蝇。

在牛舍的墙边或缝隙中可采集硬蜱类（吸饱血），在鸡的窝巢内可采到软蜱类。

7. 粪便、垃圾和动物尸体内昆虫的采集 滋生在粪便、垃圾和动物尸体内的昆虫，多为蝇类幼虫。在较干的粪便、垃圾中的幼虫，可用镊子采集。滋生在液体中的可用水捞网捞取。

8. 滋生在水中昆虫的采集 蚊和库蠓的幼虫和蛹，一般均滋生在较静止的水中，如稻田、池塘、渠沟、稀粪池及其他有腐败有机物的水中，采集时可用小纱网捞取。

蝇的幼虫及蛹是滋生在急流的溪水、沟渠的水草叶片或石块上，采集时将水草叶片或石块自水中取出，用镊子将其幼虫和蛹轻轻取下。

虻类幼虫滋生在大片水中和稻田、苇塘等处的水边泥内，采集时将水边的泥置于大罗筛内，用流水冲洗可得其幼虫，也可采集到蛹。

(三) 毒杀

采集的目的是为了制作标本或观察形态，在有翅昆虫采集后，需放入毒瓶内杀死，每次放入瓶内的昆虫不宜过多。昆虫放入毒瓶内，很快即昏迷而失去运动能力，此时尚未死亡，不宜取出，需经5～7min后再取出。在毒瓶内放置时间也不宜过长，因为昆虫体内水分蒸发，在瓶壁内溢结成水，能黏附虫体而使之损伤。无翅昆虫和蝇类幼虫，可采用60℃左右热水烫杀。

烟熏法：此种方法是在一时无毒瓶的情况下使用。其效果对小的昆虫（如蚊）也有相当的效力，对体格较大的昆虫（如舍蝇）效果不佳。

将盛有昆虫的试管自管口处喷入香烟一口（烟吸入口即喷出），试管用棉球或木塞堵塞，数分钟后昆虫即被麻醉毒死。如瓶或管内烟消失而虫尚未死亡，可再喷入一口。此法的缺点是由于烟熏可使昆虫变黄，对浅色昆虫不适宜。

(四) 记录及标签

一般采集工作或调查研究工作，所采集的标本应写详细的标签。记录采集地点（省、市、县、镇等），采自何种动物，寄生部位，并记录采集的年、月、日，采集者的姓名。在记录本上除记录上述信息外，应更加详细地记录采集及滋生处所的环境等，以作为研究工作的参考。

四、注意事项

(1) 无书写标签及记录的标本，失去其研究价值，采集工作时应加注意。

(2) 扣捕时的动作要稳、慢。动作太快，造成空气的流动，会使蚊感有压力而飞走。

(3) 网捕时不可用大昆虫网在家畜体表挥舞采集，以免家畜受惊而跑开。

(4) 在氯仿蒸发完后（毒性失效后），将厚纸片取出再度注入氯仿，处理方法同前，可重复使用。

(5) 氰化钾为剧烈毒药，用此毒瓶杀死的昆虫，往往其翅自行展开，被毒杀的昆虫也不易复活。但使用和保管方面要十分小心，以免危险。该毒瓶可用一年或更久。毒瓶失效后瓶内的物体要小心取出，如不慎将毒瓶打破，应深埋处理，不可乱弃，以免造成中毒事故。

五、思考题

总结寄生性蜱、螨、昆虫标本的采集方法及注意事项。

实验五十四　寄生性蜱、螨、昆虫标本的制作和保存

一、实验目的

掌握寄生性蜱、螨、昆虫的标本制作及保存方法。

二、实验准备

(1) 昆虫盒（保存有翅昆虫标本用）。
(2) 软木块（插制有翅昆虫标本用）。
(3) 各类昆虫针（插制有翅昆虫标本用）。
(4) 厚卡片纸（插制有翅昆虫标本用）。
(5) 标本瓶（或利用废盘尼西林药瓶，保存标本用）。
(6) 软棉纸。
(7) 滤纸。
(8) 脱脂棉。
(9) 昆虫镊子。
(10) 软木板。
(11) 干燥器（有翅昆虫标本干燥用）。
(12) 双碟（玻皿）（有翅昆虫标本干燥用）。
(13) 石蜡（封固标本瓶用）。
(14) 10%滴滴涕油剂。
(15) 石炭酸（保存有翅昆虫标本的防霉剂）。
(16) 松胶。
(17) 樟脑或樟脑混合剂。
(18) 布勒氏（Bless）固定液。
(19) 70%乙醇和5%~10%福尔马林。

三、实验方法

(一) 樟脑混合剂配制方法
樟脑粉……………6份
氯仿………………1份
木馏油……………1份
石油………………4份

先将樟脑3/2份与氯仿1份混合，加樟脑3/2份及木馏油1份，用玻棒搅匀，最后加樟脑3份及石油4份。用时再用玻棒搅匀倒出即可，此试剂易着火，需加注意。此剂应置于严密而透气的瓶中储存。

(二) 布勒氏固定液（Bless fluid）配制方法
福尔马林……………7mL
冰醋酸………………3mL
70%乙醇……………90mL

此固定液以不加冰醋酸为佳，临用前再加，因配好的固定液中的福尔马林和冰醋酸时间久了可起化学作用，对固定标本产生影响。

(三) 标本的保存与制作
标本保存一般分为干燥标本保存和浸渍标本保存两类。

1. 干燥标本保存　主要是保存有翅昆虫，如蚊、蝇、虻、蚋、蠓等的成虫。干燥标本保存又分为针插标本保存法和瓶装标本保存法两种。

（1）针插标本保存法：此方法是保存干燥有翅昆虫最理想的方法。用这种方法保存有翅昆虫的标本，其体表的毛、刚毛、刺和鳞片等，均不易被损伤而脱落，而且色泽也不易失去，因此在教学和科研工作上是最适宜的。

①对大型有翅昆虫（如虻、蝇等）的插制：将毒杀的有翅昆虫放置在三级台上或放在由三个指头（拇指、食指和中指）构成的架子上。根据虫体，选用2号或3号昆虫针，从虫体背面中胸的右侧垂直插下，昆虫针从虫体腹面伸出，使昆虫停留在昆虫针的上部约2/3处。注意保存中胸左侧的完整，以便鉴定。

②对小型有翅昆虫（如蚊、蠓等）的插制：可采用二重式插制法。先将00号昆虫针（又称二重针），插在一个小硬纸片上，或小软木条上，小硬纸片或小软木条长约15mm，宽5mm，使其针尖向上。再用3号昆虫针，从硬纸片或小软木条的另一端插过，针尖向下（与00号昆虫针相反）。将昆虫放在整姿台上，用硬纸片或软木条上的00号昆虫针，从昆虫胸部腹面第二对足基节的中间插入，注意不要穿透胸部的背面。

在00号昆虫针缺少的情况下，也可采用三角硬纸胶粘法代替。硬纸为两腰长8mm，底边长4mm的等腰三角形。从近底边的一端插入一根3号昆虫针，在三角形硬纸的尖角粘少许加拿大树胶，粘住昆虫胸部的侧面，使昆虫的腹部朝向昆虫针所在的方向，背部朝外。

（2）瓶装标本的保存法：当大量某种昆虫，不需要个别保存，不用针插保存时，可用瓶装保存标本。先将毒死昆虫放在大盘中，置于干燥箱内，待全部昆虫彻底干燥后，再放入适宜的容器内保存，容器外粘贴标签。

在容器底部先放一层樟脑粉
↓
其上用一层棉花压紧，再在棉花上铺一层滤纸
↓
逐个地慢慢放入标本（以免损坏虫体）
↓
用软纸在瓶内隔开昆虫（以免相互压挤）
↓
在容器上抹上木馏油或滴滴涕制剂
↓
塞紧瓶塞，用蜡封口

干燥昆虫标本的回软：回软操作在制作标本方面为重要的步骤。无论是针插好的标本还是瓶装保存标本，为了需要再进行针插或取针插好的标本某部分构造做鉴定时，首先做回软操作，然后再用针将回软好的标本插起，否则标本因干脆易破碎。昆虫标本的回软时间长短，因标本大小而异。较大的标本如虻、蝇等成虫。一般在室温下为4～8h，较小的标本如蚋、蚊等成虫，一般在室温下为2～4h。回软时的室温不宜过高，否则因水分蒸发快，湿度也大，标本易受潮而损坏。回软操作方法如下。

①大批瓶装干燥标本的回软：

取一个干燥器
↓
在干燥器底部放入水
↓
加入石炭酸少许
↓
将要回软的标本按来源不同，分别放置在玻碟内
↓
放入干燥器内回软

②少量瓶装干燥标本的回软：

取一玻皿
↓
在皿盖内面上贴附潮湿的滤纸一张（滤纸大小与皿盖直径相等）
↓
在潮湿滤纸上滴 1～2 滴纯石炭酸溶液
↓
在皿底放一张与皿直径相等的干滤纸
↓
将干燥标本放置于干滤纸上
↓
再将有湿滤纸的皿盖盖上进行回软

③针插标本的回软：目的是采取针插标本的某一部分做鉴定，而其他部分仍需保持完整。

取一个大标本管
↓
管底放入潮湿滤纸
↓
将针插标本插在管的软木塞底面上（必须要插牢固）
↓
将此软木塞塞于有潮湿滤纸的标本管上回软
↓
取所需的部分构造
↓
其余待干燥后保存

2. 浸渍标本保存　一般用于保存有翅昆虫的卵、幼虫及蛹，无翅昆虫的各期幼虫，蛛形纲的蜱、螨等。这些昆虫如果采用干燥保存，虫体将萎缩、干瘪，失去原形。用液体固定，可使这些标本保存原来形态，有利于教学和科研。浸渍标本保存，可分为冷固法和热固法两种。

（1）冷固法：一般的标本固定均采用此法。将标本体表的污物洗净，直接放入固定液中即可。对螨类可不必清洗，直接固定即可。但对吸饱血的虱和蜱等，需要待其体内血

液消化完毕后再固定，否则血液凝结于消化道内，不易溶解，制片后不透明。固定结束后用铅笔写好标签放入瓶口，瓶口用石蜡封固。

（2）热固法：用冷固定有翅昆虫的幼虫，其身体常是弯曲部变直或收缩，为了克服这种现象，可采取热固法。

将水加热至60℃左右
↓
将标本放入热水中，使其身体伸直死亡
↓
放入固定液保存
↓
填写标签放入瓶内，用蜡封严瓶口

上述的固定方法所用的固定液，常用布勒氏（Bless）固定液，也可用70%乙醇或5%~10%福尔马林。浸渍标本多放在标本管或标本瓶内，每管或瓶内的昆虫不宜过多。管或瓶内的固定液加至管或瓶的2/3处，标本约占管或瓶的1/3。存放的标本管或标本瓶应有严密的塞或盖。

浸渍标本管或瓶内要放入水浸泡不腐的纸，用铅笔注明标本名称、采集地点、时间、采集人以及保存所用的药液等。在浸渍标本管或瓶外贴同样的标签。

四、注意事项

（1）附加标签是制作标本的步骤之一。标签是用质地较好、较硬的白纸制成，纸长15mm，宽10mm。用绘图墨水写上标本名称（学名及俗名）、采集地点、日期及采集人等信息。标签插在虫体的下方。

（2）将插了标签的新鲜昆虫标本，用小镊子或昆虫针将昆虫标本的足或翅的位置加以整理，整理后的标本应放入纱橱中或20~35℃保温箱中使之干燥。

（3）将彻底干燥的插制标本，按目、科、属、种及地区分布分开插入昆虫盒中。插在昆虫盒内的标本要注意高低一致，前后成列，左右成行。

（4）昆虫盒内应放樟脑，防虫蛀食，并沿盒口涂擦滴滴涕制剂。樟脑很硬，要将昆虫针烧热才可插过樟脑块。待针冷却后，再插在昆虫盒内四角上。

（5）保存期间应注意几点事项：
①在阴雨潮湿季节，尽量不要打开标本盒及标本柜。
②昆虫标本应放置在日光照射不到的地方，以免标本褪色。

五、思考题

总结寄生性蜱、螨、昆虫的标本制作、保存方法及注意事项。

实验五十五　硬蜱科虫体属的鉴别

一、实验目的

在肉眼和镜检观察硬蜱科虫体形态的基础上，学会利用检索表对硬蜱科虫体进行属的鉴定。

二、实验准备

1. **标本** 硬蜱科虫体浸渍标本，制片标本。
2. **器材** 显微镜，培养皿，镊子，载玻片，盖玻片，生物放大镜等。

三、实验方法

取出虫体置于培养皿中，观察其形态结构。低倍镜下观察较小的虫体（或部分结构）染色封片，放大镜或显微镜下观察虫体，比照检索表进行虫体属的鉴定。

1. 硬蜱科虫体观察 硬蜱科虫体种类较多，已知有700多种，分属于12个属，其中对兽医学有重要意义的有7个属。

（1）硬蜱属：具肛前沟，盾板上无花斑，无眼，无缘垛。气门板呈圆形或卵圆形。须肢和假头基的形状不一。雄蜱腹面有生殖前板1块，中央板1块，肛板1块，侧板2块。

（2）血蜱属（盲蜱属）：具肛后沟，盾板上无花斑，无眼，具缘垛。须肢短，第二节外展，超出假头基之外。假头基呈矩形。第一转节背面具刺。气门板在雄蜱呈圆形或逗点形，雌性圆形或卵圆形。雄蜱腹面无几丁质板。

（3）革蜱属（矩头蜱属）：具肛后沟，盾板上具银灰色花斑，具眼及缘垛。须肢粗壮，假头基呈方形。各足基节依次增大，第四基节最大，第一基节雌雄都分叉。气门板呈卵圆形或逗点形。雄蜱腹面无几丁质板。

（4）璃眼蜱属：具肛后沟，盾板上有眼，有或无花斑，如时只限于足上。有或无缘垛。须肢长。假头基近三角形。气门板呈逗点形。雄蜱腹面有肛侧板，有或无副肛侧板。体后端有1对或2对肛下板或无。虫体大。

（5）扇头蜱属：具肛后沟，盾板大半无花斑，具眼及缘垛。须肢短。假头基呈六角形。第一基节分叉。气门板呈长逗点状。雄蜱腹面有肛侧板，也常有副肛侧板。

（6）牛蜱属（方头蜱属）：无肛沟，盾板无花斑，具眼，无缘垛。须肢粗短。假头基呈六角形。第一基节分叉。气门板呈圆形或卵圆形。雄蜱腹面有肛侧板和副肛侧板，体后端或具尾突。未吸血的成虫虫体小。

（7）花蜱属：具肛后沟，盾板上具眼且大而突出，盾板上具缘垛及明显的珐琅色斑，雄蜱呈三角形。假头基呈矩形，须肢长前端稍宽，第二节长约为第三节的2倍。

2. 硬蜱类各属简明鉴别（表55-1）

表55-1 硬蜱类各属简明鉴别

属名	口器	假头基	盾板	眼	缘垛	腿	肛门板	肛沟
硬蜱属	长	不一	有，无花饰	无	无		有	肛前沟
璃眼蜱属	长	近梯形	有，无花饰	有	有或无		有	肛后沟
血蜱属	较短	矩形	有，无花饰	无	有		无	肛后沟
革蜱属	短	长方形	有银白色花饰	有	有	雄虫第四对腿基节特别大	无	肛后沟
牛蜱属	很短	六角形	有，无花饰	有	无		有	不明显

(续)

属名	口器	假头基	盾板	眼	缘垛	腿	肛门板	肛沟
扇头蜱属	短	六角形	有，大半无花饰	有	有		有	不明显
花蜱属	长	不一	珐琅色斑	有	有		有	不明显

3. 硬蜱各属检索表

```
        ┌肛前沟……………………………………………………………硬蜱属
        │       ┌肛后沟不明显…………………………………………牛蜱属
肛后沟 ─┤       │       ┌无眼………………………………………血蜱属
        └肛后沟明显─┤     │       ┌盾板上有花斑┌银白色花斑…………革蜱属
                   │     │                    └淡黄色花斑…………花蜱属
                   └有眼─┤
                         └盾板上无花斑┌口器长，头基为三角形……璃眼蜱属
                                     └口器短，头基为六角形……扇头蜱属
```

四、注意事项

（1）虫体轻取轻放，避免损坏。
（2）每次鉴定标本时，按硬蜱科各属检索表顺序观察鉴定。

五、思考题

根据标本编号，完成鉴定结果报告。

实验五十六　鸡粪便中球虫卵囊的收集与纯化

一、实验目的

（1）熟练掌握鸡球虫卵囊的收集和纯化方法。
（2）能够对鸡球虫的卵囊进行识别。

二、实验原理

球虫感染鸡后，在宿主体内经裂殖生殖、配子生殖后形成带有卵囊壁的未孢子化的卵囊，随粪便排出体外。粪便中的卵囊由于密度小于饱和食盐水，因而可以被后者漂浮起来；而卵囊的密度又大于稀释的食盐水溶液，故而可以从稀释的食盐水中沉淀下来。根据此原理，利用饱和食盐水漂浮粪便中的卵囊，然后将含卵囊的饱和食盐水用水稀释后离心沉淀，即可将卵囊从粪便中分离和纯化出来。

三、实验准备

1. 仪器　秤，电子天平，吹气设备，离心机，摇床，烤箱。
2. 试剂　饱和食盐水（自来水加入过量食盐煮沸，冷却后分装至塑料桶或500mL瓶中，注意防冬天温度过低造成食盐水不饱和），2.5%重铬酸钾溶液。
3. 其他　塑料盆，80目和160目金属筛，搅拌用塑胶软铲，不锈钢铲子，塑料烧杯

(100mL、500mL、1L)，离心管，报纸，尖头吸管，玻璃棒（粗）或药品勺（不锈钢制），吹气软管。

四、实验方法

（1）用塑料盆收集接种球虫疫苗后 6～8d 的鸡粪便，搅拌均匀（若鸡数目少，应在第 6 天时在粪便收集盘中洒一些重铬酸钾溶液以保持粪便湿润），称重。 ↓ （2）称取 2g 粪便至塑料小烧杯中，加入 60mL 饱和食盐水，搅拌均匀，充入改良麦克马氏板记数室，静置 3min 后在显微镜下计数，计算粪便的 OPG（计数所的读数×200），估算粪便中卵囊总数。 ↓ （3）向粪便中加入 5～10 倍体积的自来水，搅拌均匀，然后用 80 目筛子进行过滤，此过程中需用塑胶软铲不停地搅动，使大部分的水溶液滤过筛网，收集至一塑料盆，滤后的粪渣置于另一塑料盆。 ↓ （4）粪渣再加入自来水，如步骤 3 过滤。此过程重复 2 次（针对粪便量少者，可以增加一次以提高卵囊收集率），最后弃去粪渣。 ↓ （5）将所有的滤过液用 160 目的筛子进行二次过滤，滤液收集至塑料盆中。 ↓ （6）滤液静置 3h，然后快速倾去大部分上清（动作既快又稳，小心不得将沉淀倒掉）。 ↓ （7）将所得到的混悬液离心（3 000r/min，8～10min 或 3 600r/min，5min；以下离心均采用此设置），收集所有沉淀。 ↓ （8）用玻棒搅匀沉淀，加入少许饱和食盐水（一般加入的饱和食盐水的体积为粪便沉淀的 5 倍，采用步骤（9）②时可以加至离心罐容积上限），搅匀，再次添加并搅拌，至形成均匀的混悬液。	1. 本实验选取是针对柔嫩艾美耳球虫的，其他虫种请查阅文献，确定收集时间。 2. 静置时间不宜太长，长时间浸泡对卵囊活力有影响。需过夜再继续操作者，应在滤液中添加重铬酸钾，至浓度在 1%～2.5%。

（9）离心漂浮卵囊。后续的操作步骤有两种：①粪便沉淀量少时，将所得的含卵囊上清倒入一个大烧杯中，重复步骤（8），离心后同样将上清收集至烧杯，并再重复一次，合并3次所得上清，将上清均匀分配至离心管中，加入至少3倍体积的自来水，然后离心沉淀卵囊。②粪便沉淀量大时，用尖头吸管吸取上清表层漂浮的卵囊，所吸液体收集于一个烧杯中，至表层大部分卵囊漂浮物被吸走后，将剩余上清转移至另一大烧杯中，沉淀搅匀后，倒回转移的饱和食盐水，少量多次并搅拌，同步骤（8），可补加食盐水以弥补上清吸取转移走的食盐水。如此再重复2次，合并3次所吸取的表层卵囊溶液，加入至少3倍体积的自来水，然后离心沉淀卵囊。	
（10）所得卵囊沉淀因含有大量粪便等杂质，需再次用饱和食盐水离心漂浮一次（若卵囊数量少于1 000万，此步骤推荐用50mL离心管进行操作，以免丢失过多），随后离心沉淀。	
（11）两次漂浮沉淀后得到的卵囊沉淀用重铬酸钾溶液重悬，转移至小锥形瓶或盐水瓶中（重铬酸钾的体积根据卵囊的数量决定，每毫升所含卵囊不得超过100万个，但可以多加）。	
（12）接好吹气装置，置于28℃温箱或自制孵化箱中通气孢子化，时间为48h（注意24h时添加水，补偿吹气孵化所蒸发的水），孢子化完毕，将卵囊做好标记保存于4℃。	3. 也可放在摇床上进行摇荡，温度28℃，转速150r/min，不宜太快，太快易摇出，太慢摇荡不匀。
（13）取孢子化之后的卵囊悬液2mL于小烧杯中，加入饱和食盐水58mL，用玻璃棒充分搅拌均匀。用吸管吸取少量液体于麦克马斯特计数板的两个计数室内，静置2min。低倍镜下镜检计数两个计数室内的虫卵。两个计数室内的虫卵数乘以100即为每毫升溶液中的虫卵数。再乘以溶液总数，即是收集到的卵囊总量。	

五、注意事项

（1）利用饱和食盐水漂浮法时，漂浮时间约为10min，时间过短（小于10min）漂浮不完全；时间过长（大于30min）易造成虫卵变形、破裂，难以识别。

（2）漂浮液必须饱和，且保存在不低于13℃的条件下，才能保证较高的相对密度，否则效果难以保证。

（3）镜检时，所看的视野要有一定顺序地移动，以免漏检视野，造成诊断失误。

（4）做好善后事宜，如操作台和离心机的清洁、所用物品的清洁与归位、鸡的剖杀与笼具的清洗等。

（5）由于鸡球虫对外界抵抗力较强，为了不造成污染，实验结束后，需要对操作环境进行清洁、消毒。房间可用氨水熏蒸以杀灭卵囊。

六、思考题

（1）简述鸡球虫的生活史。
（2）简述鸡球虫的种类及其卵囊的形态特征。
（3）简述鸡球虫卵囊收集的方法和步骤。

七、实验报告

写出鸡球虫卵囊收集和纯化的基本原理及步骤，描绘卵囊的形态，并对收集到的卵囊进行计数。

实验五十七　鸡球虫病 PCR 检测

一、实验目的

（1）掌握鸡球虫病 PCR 检测的原理。
（2）掌握鸡球虫病 PCR 检测的操作方法及注意事项。

二、实验原理

聚合酶链式反应（Polymerase Chain Reaction，PCR）技术是一种既敏感又特异的 DNA 体外扩增技术，它可将一小段目的 DNA 扩增上百万倍，其扩增效率使得该方法可检测到单个虫体或仅部分虫体的微量 DNA。PCR 技术对于寄生虫系统发育学、流行病学、免疫学、宿主-寄生虫相互作用、重组 DNA 疫苗研制、通过 DNA 直接测序、表达序列标签（ESTs）、通过迅速发展的功能蛋白组学进行全基因组分析等均具有重要影响。通过设计种、株特异的引物，可扩增出种、株特异的 PCR 产物，具有很高的特异性。同时 PCR 技术的操作也相对简便快捷，无须对病原进行分离纯化；同时可以克服抗原和抗体持续存在的干扰，直接检测到病原体的 DNA，既可用于虫种、株的鉴别和动物寄生虫病的临床诊断，又可用于动物寄生虫病的分子流行病学调查。随着 PCR 技术的不断完善与发展，它已广泛应用于分子生物学、生物技术、临床医学等各个领域，具有广泛的应用前景。

三、实验准备

1. 仪器　PCR 仪，电泳仪，电泳槽，凝胶成像系统，离心机，水浴箱，冰箱，冰柜，制冰机，生化培养箱，超声波清洗仪，微波炉，电脑，打印机，单道可调移液器（2μL、10μL、100μL）。

2. 材料 收集鸡场的球虫卵囊。

3. 试剂

(1) 乙二胺四乙酸（Ethylene diaminetetra acetic acid，EDTA）,十二烷基磺酸钠（Sodiumdodecyl sulfate，SDS）,三（羟甲基）氨基甲烷-盐酸（Tri（Hydroxymethyl）Aminomethane-HCl，Tris-HCl）,氯化钠,蛋白酶 K（25μg/μL）,异丙醇（80%）,双蒸水,灭菌超纯水等。

(2) DNA 裂解液：500mmol/L NaCl 70μL，100mmol/L Tris-HCl（pH 8.0）30μL，50mmol/L EDTA（pH 8.0）150μL，10%SDS 30μL。

(3) Taq mix，琼脂糖，EB（10mg/mL），Tris 碱，硼酸（Boric acid），去离子水，EDTA（0.5mol/L，pH 8.0），10×载样缓冲液。

(4) 0.5×TBE 缓冲液：准确称取 Tris 碱 5.4g、硼酸 2.75g，充分溶解于 800mL 去离子水中，加 10mL 0.5mol/L EDTA（pH 8.0），用去离子水定容至 1 000mL。

4. 引物 P1：5-AAGTTGCGTAAATAGAGCCCTC-3
　　　　　P2：5-CAAGACATCCATTGCTGAAAGT-3

5. 玻璃器皿 烧杯，吸头（1μL，10μL，200μL），量筒，镊子，医用胶布，记号笔等。

四、实验方法

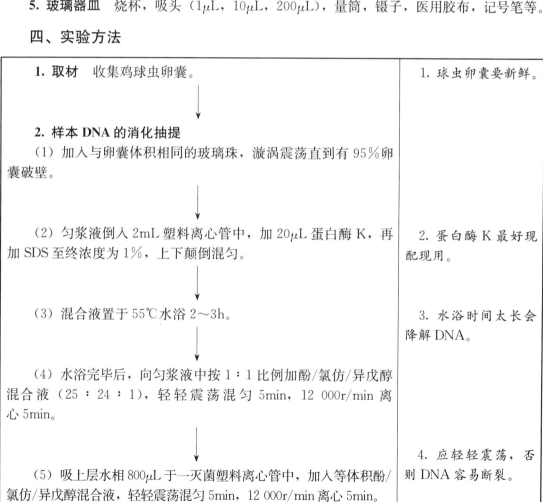

(6) 吸上层水相 500μL 于一塑料离心管中，加入两倍体积的无水乙醇，－20℃放置 2h 或液氮中放置 5min。	
(7) 12 000r/min 离心 5min，沉淀 DNA，倾去上清液。	
(8) 于沉淀中加入 75%乙醇溶液 500μL，轻轻混匀后 12 000r/min 离心 5min，倾去上清液，室温干燥。	5. 注意不能太干。
(9) 向 DNA 沉淀中加 200μL TE 缓冲液，－20℃保存备用。	
3. 引物的设计与合成 根据 GenBank 收录的球虫 *ITS1* 基因序列，利用引物分析软件 Primer Premier 5.0 设计了一对通用引物。 扩增产物片段大小为 300～700bp（根据球虫种的不同而不同）。引物由公司合成，合成引物用灭菌的超纯水或 TE 缓冲液配成 20pmol/L，－20℃保存。	6. 引物设计时要注意引物的长度、GC 含量及发卡结构等。
4. PCR 反应体系 反应总体积 50μL，其中 P1、P2 引物各 1μL，模板 2μL，灭菌超纯水 21μL，Taqmix 25μL 将上述成分混合均匀进行 PCR 扩增。	7. 反应体系加完后应充分混匀。
5. PCR 反应程序 ①95℃预变性 5min；②95℃预变性 50s，58℃退火 1min，72℃延伸 1.5min，进行 30 个循环；③72℃延伸 10min。	
6. 制胶 (1) 将洗净、干燥的制胶板两端封好，水平放置在工作台上。	

(2) 调整好梳子的高度。	
(3) 称取 0.24g 琼脂糖于 30mL 0.5×TBE 中，在微波炉中使琼脂糖颗粒完全溶解，冷却至 45～50℃ 时，加入 0.5μg/mL 的溴化乙锭（EB）溶液混匀后倒入制胶板中。	8. 溴化乙锭（EB）是高诱变剂，可直接插入到 DNA 碱基序列，应注意安全。
(4) 凝胶凝固后，小心拔去梳子。	
7. 点样 将电泳样品 6μL 与溴酚蓝 1μL 混合后将样品依次点入加样孔中。	
8. 电泳 将制胶板放入电泳槽中，加入电泳液，打开电泳仪，使核酸样品向正极泳动。	9. DNA 带负电，电泳往正极移动，注意点样孔应朝负极方向。
9. 结果观察 电泳完成后切断电源，取出凝胶，置于紫外透射仪上观察电泳结果，并照相记录。	
10. 结果判定 琼脂糖凝胶电泳，结果出现一个或多个条带（300～700bp），表明与试验设计的扩增片段相吻合，即为阳性。	10. 目的条带应与 Marker 对照。

五、注意事项

（1）在 PCR 扩增操作过程中，一定要注意每加完一种试剂后，要换一次枪头，以免试剂被污染，且加试剂时一定要注意不要加错、重加或漏加，最后加模板 DNA 时要用记号笔在管上做好标记，以免结果混淆。

（2）用微波炉煮胶时，胶液的量不要超过三角瓶容量的 1/3，否则易溢出。

（3）煮好的胶应冷却至 50℃ 左右时再倒入胶模中，以免胶模变形，并减少漏胶的机会。

（4）倒胶注意厚度（4～6mm），充分凝固后再拔出梳子，以保持齿孔形状完好。也可待胶稍凝固后，放入 4℃ 冰箱 10 多分钟，以加速胶的凝固。

（5）加样前需赶走点样孔中的气泡，点样时吸管头垂直，切勿碰坏凝胶孔壁，以免使带型不整齐。

（6）凝胶中含有 EB（有潜在的致癌性），不要直接用手接触凝胶，操作时要戴上手套。废弃胶应集中处理，切勿乱丢。

（7）加热溶解琼脂糖时应不断地摇动容器，使附于壁上的颗粒也完全溶解。

(8) 紫外光对眼睛有害，观察结果应戴上眼镜或防护面罩。

六、思考题

(1) 简述 PCR 检测的原理及操作方法。
(2) 试述组织样品 DNA 提取的方法及注意事项。

七、实验报告

试述鸡球虫病的 PCR 诊断方法。

实验五十八　鸡球虫抗原的 Western blotting 检测

一、实验目的

(1) 熟悉鸡球虫抗原 Western blotting 检测的原理。
(2) 掌握鸡球虫抗原 Western blotting 检测的操作方法及注意事项。

二、实验原理

Western blotting 是检测蛋白质表达的最常用的技术，是利用抗原抗体反应的原理检测目的蛋白的存在与否。采用的是聚丙烯酰胺凝胶电泳，经过 SDS-PAGE 分离蛋白质样品，转移到固相载体（例如硝酸纤维素薄膜）上，固相载体以非共价键形式吸附蛋白质，且能保持电泳分离的多肽类型及其生物学活性不变。以固相载体上的蛋白质或多肽作为抗原，与对应的抗体起免疫反应，再与酶标记的二抗起反应，经过底物显色以检测电泳分离的特异性的蛋白成分。

三、实验准备

1. 仪器　电泳、转膜相关设备，各种大小容器（根据实验情况具体选择），摇床，镊子，剪刀，计时器，保鲜膜，垫板，暗盒，胶片等。

2. 材料　原核表达球虫抗原或球虫自身抗原。

3. 试剂

(1) 2×上样缓冲液：100mmol/L Tris（pH 6.8），4% SDS，2mmol/L EDTA，2%甘油，6mol/L 尿素（使用时取上述溶液 900μL，加入 50μL 2mol/L DTT 和 50μL 5%的溴酚蓝）。

(2) 电泳缓冲液：100mL 10×电泳缓冲液，加水至 1L（电泳缓冲液：144g Glycine，30g Tris-Base，10g SDS）。

(3) 转膜缓冲液：500mL 5×转膜缓冲液，500mL 甲醇，加水至 2.5L（5×转膜缓冲液：242g Tris-Base，144g Glycine，加水至 1L）。

(4) PBST：50mL 20×PBS，30mL 10% Tween-20，920mL H_2O（20×PBS：260g NaCl，4g KCl，28.8g Na_2HPO_4，4.8g KH_2PO_4，加水至 1L，高压灭菌，室温保存）。

(5) 其他：脱脂奶粉；抗体（根据实验需要选择），抗体切忌反复冻融，故新买的抗体，稍离心甩下液体，小量分装后，置−20℃保存，每次取出 1 管，用完后置 4℃保存，也可按照说明书指示保存，ECL 发光液，4℃保存；显影液、定影液，避光保存。

四、实验方法

1. 制样 （1）可溶性蛋白质、蛋白 Marker 制样： ①先将蛋白溶液和 Loading buffer 按照下表在 EP 管中配好，置冰上； ②煮沸 5min，迅速冰浴； ③稍离心（转速上到 6 000～7 000r/min 后，立即停止即可），将液体全部甩到管底，留待上样。 （2）菌体、子孢子蛋白质制样： ①12 000r/inm 离心 1min，收集菌体； ②加 70μL 1×Loading buffer，Vortex 使菌体分散； ③沸水煮 10min，迅速冰浴； ④12 000r/min 离心 2min，留待上样。 （3）卵囊蛋白质制样： ①3 600r/min 离心 5min 收集卵囊； ②加等体积玻璃珠（直径 400～600μm，Sigma）和 2×Loading buffer； ③Vortex 5min、煮沸 5min 后迅速冰浴，重复 3 次； ④12 000r/min 离心 2min，留待上样（加样时只吸取上层溶液，枪头不可碰触底层沉淀）。 ↓ **2. SDS-PAGE 电泳分离** （1）按照蛋白的分子质量大小，选择合适浓度的胶。 （2）200V 恒压电泳，直至溴酚蓝前沿跑到底部，停止电泳。 ↓ **3. 转膜** （1）根据胶的大小裁取合适大小的 PVDF 膜（一般胶的宽度为 8.5mm，长度根据实验具体情况而定）。 （2）用铅笔在膜的顶端标记日期、名称等（此面为正）。 （3）用甲醇将膜浸湿（几秒钟即可），然后泡入 transfer buffer 中（时间允许的话可以摇 20min）。 （4）取一个扁平容器，倒入 transfer buffer，并将夹板、海绵、滤纸泡入其中。 （注：以上（1）至（4）步一定要在胶跑完前准备好。） （5）矮板向上放置，启开胶板，用蒸馏水冲去电泳缓冲液，并切去浓缩胶、根据 Marker 位置切下含有蛋白的胶。	1. 样品短期保存直接置 4℃即可，若需长时间保存至-20℃。 2. 加样时只吸取上层溶液，枪头不可碰触底层沉淀。 3. 有时可根据实验需要，待前沿跑出去片刻后再停止电泳，但是要密切关注 Marker 的位置以判断蛋白的位置。 4. 此膜用保鲜膜包好，可长期保存。 5. 某些效价极高的抗体，可根据实际情况调节孵育的时间，20～60min 不等。

(6) 按如下顺序组装转膜夹板（自下而上）：黑板（负极板)-海绵-滤纸-胶（不可翻转）-PVDF 膜（正面向下）-滤纸-海绵-白板（正极）。

(7) 将转膜夹板夹紧后插入转膜槽，加满转膜缓冲液。

(8) 120～160mA 恒流转膜 6h 以上或过夜（若 Marker 的条带已全部转到膜上，则说明转膜已完成）。

(9) 转膜完成后，将膜卸下，用甲醇泡一下（3min），取出，室温晾干。

↓

4. 抗体孵育

(1) 用 PBST 配制 5%（W/V）的牛奶，并用磁力搅拌器搅拌 20～30min。

(2) 将膜用甲醇浸泡片刻（数秒即可）后，泡入 PBST 中，除去表面附着的甲醇（甲醇浸泡可使膜在水相中快速润湿）。

(3) 一抗孵育：用 5% 的牛奶将抗体稀释到合适的浓度（牛奶体积按照膜的大小而定，抗体的稀释度根据产品说明并结合实验具体检测情况而定），将膜泡入（正面朝上），室温摇床低速摇 1h。

(4) 洗膜：将膜移至另一较大容器中，加 PBST 没过膜（正面朝上），摇床中速摇 15min 一次、5min 两次，中间更换 PBST。

(5) 二抗孵育：用 5% 的牛奶将抗体稀释到合适的浓度，将膜泡入（正面朝上），室温摇床低速摇 1h。

(6) 洗膜：将膜移至另一较大容器中，加 PBST 没过膜（正面朝上），摇床中速摇 15min 一次、5min4 次，中间更换 PBST。

↓

5. 显影

(1) 将 ECL 发光液的 A 液和 B 液按 1∶1 混合均匀（用量根据膜的大小而定），点至方形盘的一角。

(2) 用镊子夹起膜（适当控一下水），以一角先接触发光液、再将膜整张贴下（正面朝下），孵育 1min。

(3) 将膜夹起，贴在垫板上（正面朝上），轻轻覆上保鲜膜，用揉皱的纸抚平，迅速包好，将板子放到暗盒中。

(4) 在暗室中，将胶片加入暗盒，盖紧，并将暗盒反扣放置，曝光 3min。

(5) 取出胶片，折下左上角，迅速投入显影液中，轻轻摇晃，待显影清晰后，在蒸馏水中略微漂洗，迅速投入定影液中，轻轻摇晃，直至背景呈透明蓝色，取出，用蒸馏水漂洗。

(6) 将胶片悬挂或支起，自然晾干。

6. 显影液和定影液最好现用现配。

6. 标记和保存 （1）待胶片干透后，放入暗盒，比对膜上的 Marker，标记上 Marker 条带的位置。 （2）标记日期、名称、各道样品名称、抗体、稀释度等相关信息。 （3）标记完方可将膜从透明板上取下，自然晾干，用保鲜膜包好，与胶片一起保存。	

五、注意事项

（1）稀释度较低的抗体，建议先用牛奶对膜进行封闭，再摇抗体。孵育时膜的正面朝上，不要将几块膜同时放到同一个容器中摇，一抗和二抗之间孵育间隔的时间不可太长，全程不可让膜干掉。

（2）牛奶要当天配当天用，不用时，要先放 4℃保存，如无特殊情况，不建议使用隔夜牛奶。

（3）胶片未完全干燥前，不可碰触其他物品，否则会刮花表面。根据第一张胶片的曝光情况，调整下一张片子的曝光时间、显影时间，以获得最佳显影效果。ECL 发光液作用时间约 30min，故压片、显影时动作要迅速。若一次显影后，未得到满意的片子，可再加 ECL 显影一次。

六、思考题

（1）简述 Western blotting 检测的原理及操作方法。
（2）试述组织样品蛋白质提取的方法及注意事项。

七、实验报告

试述鸡球虫抗原的 Western blotting 检测方法。

实验五十九　鸡球虫子孢子的免疫荧光检测

一、实验目的

（1）熟练掌握免疫荧光检测的原理和操作方法。
（2）能够进行实验结果的判定与分析。

二、实验原理

免疫荧光技术（immuno fluorescent assay，IFA）是借抗原抗体反应进行特异荧光染色的诊断技术。免疫荧光技术以荧光素作为标记物，与已知的抗体或抗原结合，但不影响其免疫学特性，然后将荧光素标记的抗体作为标准试剂，用于检测和鉴定未知的抗原。在荧光显微镜下,可以直接观察呈现特异性荧光的抗原抗体复合物及其存在的部位。在实际工作中,由于荧光素标记抗体检查抗原的方法较为常用,所以一般通称为荧光抗体技术。最常用的荧光素为异硫氰基荧光素(fluorescein isothiocynate,FITC)。该技术具有较高的敏感性、特异性和重现性,是国内外广泛应用于寄生虫病的血清学诊断方法及血清流行病学调查和监测疫情的方法,如主要用于诊断疟疾、丝虫病及血吸虫病,也用于肺吸虫病、华支睾吸虫病、包虫病及弓形虫病的血清学诊断。常用于检测寄生虫感染的荧光抗体染色方法有直接法与间接法。

1. 直接法 将荧光标记的特异性抗体(抗原)直接加在抗原(抗体)上,经一定的温度和时间染色,经水洗、干燥、封片、镜检。操作简便、特异性高、非特异性染色少,敏感性低。用于检测抗原,其缺点是每查一种抗原必须制备与其相应的荧光标记的抗体。

2. 间接法 将抗原与未标记的特异性抗体结合,然后使之与荧光标记的抗免疫球蛋白抗体(抗抗体)结合,三者的复合物可发出荧光。本法的优点是制备一种荧光标记的抗体,可以用于多种抗原、抗体系统的检查,既可用以测定抗原,也可用来测定抗体。IFA的抗原可用虫体或含虫体的组织切片或涂片,经充分干燥后低温长期保存备用。

三、实验准备

1. 仪器 荧光显微镜,冰柜,冰箱,离心机,单道可调移液器(1~100μL)。

2. 玻璃器皿 载玻片,蓝盖瓶,离心管,盖玻片,烧杯,吸头(300μL),量筒,洗缸。

3. 试剂

(1) 10% FCS RPMI1640,DPBS,洗涤液,固定液。

(2) 缓冲甘油:优质纯甘油9份和碳酸盐缓冲液1份混合而成。

4. 其他 特异性单克隆抗体,荧光标记的兔抗鼠第二抗体,灭活正常兔血清,鸡柔嫩艾美耳球虫的子孢子。

四、实验方法

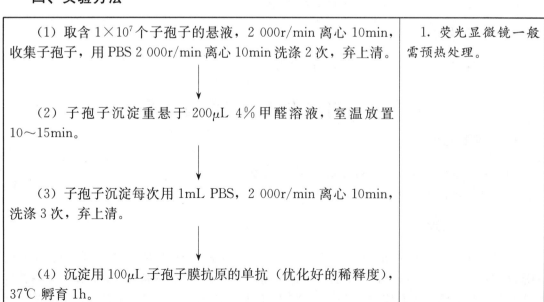

(1) 取含 1×10^7 个子孢子的悬液,2 000r/min 离心 10min,收集子孢子,用 PBS 2 000r/min 离心 10min 洗涤 2 次,弃上清。	1. 荧光显微镜一般需预热处理。
↓	
(2) 子孢子沉淀重悬于 200μL 4% 甲醛溶液,室温放置 10~15min。	
↓	
(3) 子孢子沉淀每次用 1mL PBS,2 000r/min 离心 10min,洗涤 3 次,弃上清。	
↓	
(4) 沉淀用 100μL 子孢子膜抗原的单抗(优化好的稀释度),37℃ 孵育 1h。	

（5）取 1mL PBS，2 000r/min 离心 10min，洗涤 3 次，弃上清。 （6）沉淀用 100μL 荧光素标记二抗（优化好的稀释度），37℃ 孵育 1h。 （7）取 1mL PBS，2 000r/min 离心 10min，洗涤 3 次，弃上清。 （8）将子孢子悬液用 PBS 定容至 20～50μL。 （9）取 5～10μL 涂片，用缓冲甘油封片，镜检应及时进行以免荧光衰变。可使用荧光光源或轻便荧光光源，配以适合的激发滤片和吸收滤片，在低倍镜或高倍镜下检查。以见有符合被检物形态结构的黄绿色清晰荧光发适合的激发滤片和吸收滤片，在低倍镜或高倍镜下检查。以见有符合被检物形态结构的黄绿色清晰荧光发光体、而阴性对照不可见者为阳性反应。根据荧光亮度及被检物形态轮廓的清晰度把反应强度按 5 级区别（＋＋＋，＋＋，＋，±，－）。＋以上的荧光强度为阳性。	2. 注意区别非特异性荧光。避免假阳性或假阴性。

五、注意事项

（1）洗涤要充分，以避免游离抗体封闭二抗与细胞膜上一抗相结合，出现假阴性。

（2）加适量正常兔血清可封闭某些细胞表面免疫球蛋白 Fc 受体，降低和防止非特异性染色。

（3）子孢子活性要好，否则易发生非特异性荧光染色。

（4）观察标本片前荧光显微镜一般需预热 15min，在暗室内进行观察。荧光显微镜安装调试后，最好固定在一个地方加盖防护，不再移动。

（5）标本染色后应立即观察，放置时间过久荧光会逐渐减弱，如不能及时观察可将标本放在聚乙烯塑料袋中于 4℃ 保存，可延长荧光保持时间。

（6）不能长时间在同一个视野下观察，一般标本在高压汞灯下照射超过 3min 即有荧光减弱现象。

六、思考题

（1）简述荧光抗体染色的基本原理及实验结果的判定方法。

（2）在实验过程中如何减少非特异性荧光的发生？
（3）请举例说明该技术在动物疫病诊断中的作用。

七、实验报告

写出荧光抗体试验的基本原理及注意事项，描绘在荧光显微镜下观察到的结果并分析讨论。

第三章
设计性实验

实验六十　猪伪狂犬病毒人工感染动物实验

一、实验目的

(1) 以猪伪狂犬病毒为例,掌握人工感染动物的操作要点及注意事项。
(2) 观察记录动物感染病毒过程中的发病情况及临床表现。
(3) 掌握病毒的分离培养及鉴定技术。

二、实验背景

伪狂犬病是由伪狂犬病毒引起的多种家畜和野生动物的一种急性传染病。除猪以外的其他动物发病后通常具有发热、奇痒及脑脊髓炎等典型症状,均为致死性感染,但呈散发形式。猪是伪狂犬病毒的自然宿主和储存宿主,仔猪和其他易感动物一旦感染该病,死亡率高达100%,成年母猪和公猪多表现为繁殖障碍以及呼吸道症状。

伪狂犬病毒感染动物的种类多、致病性强,除各种年龄的猪、牛都易感外,在自然条件下使羊、犬、猫、兔、鼠、水貂、狐等动物感染发病。实验动物中家兔、豚鼠、小鼠都易感。其中以家兔最敏感,人工接种伪狂犬病毒后,通常在48h后在接种部位出现剧痒,兔啃咬接种部位皮肤,致使皮肤脱毛、破裂和出血,继之四肢麻痹、体温下降、卧地不起,最后角弓反张,抽搐死亡。兔体接种试验在临床上可观察到奇痒的典型症状,为伪狂犬病的诊断提供重要依据。

三、实验提示

(1) 病毒分离的方法通常有:①组织细胞培养法;②鸡胚接种;③动物接种实验。
(2) 病毒增殖及扩大培养时,应选择敏感、特异的细胞系。
(3) 动物对病毒的敏感性不同,选择合适的动物十分重要。小鼠、乳鼠、家兔、豚鼠、猴等常用于分离病毒。一般原则是特异、敏感、快速和简便。
(4) 人工感染成兔时应选择大腿肌肉丰满的部位进行接种,剂量应准确,同时做好标记。
(5) 实验过程需注意自我防护和做好安全隔离措施。
(6) 实验过程要按时喂料,观察发病情况并做好实验记录。
(7) 实验结束后应做好实验场地、饲养笼具等的消毒工作。

实验六十一　规模化猪场猪瘟免疫程序及其免疫效果比较分析

一、实验目的

（1）掌握猪瘟病毒 ELISA 抗体的检测方法。
（2）掌握猪瘟母源抗体消长的规律。
（3）设计猪瘟不同的免疫程序试验，并分析免疫效果。

二、实验背景

猪瘟是猪的最重要、最常见的传染病，给养猪业造成了巨大的经济损失，长期以来许多国家将猪瘟列为疫病防控的主要对象。一些欧洲国家在防控猪瘟时严禁使用疫苗，一旦发现猪瘟病猪即实施扑杀，我国则主要依靠接种疫苗来预防猪瘟。为了制订科学合理的猪瘟免疫程序，采用猪瘟兔化弱毒疫苗于不同日龄、不同剂量对母猪、生长育肥猪进行注射免疫，然后定期采集试验猪血清检测猪瘟抗体水平，根据检测的结果来制订本场猪瘟免疫程序，从而达到最佳的免疫效果。

三、实验提示

（1）母猪免疫程序是影响仔猪体内猪瘟母源抗体水平高低的重要因素。
（2）仔猪体内猪瘟母源抗体水平随日龄增长而逐渐下降。因此，为了尽量避免母源抗体的干扰，不同规模化猪场最好先测定猪瘟母源抗体的消长规律，以确定最佳的猪瘟首免时间。
（3）实施超前免疫的目的是为了克服母源抗体的干扰。同时，又能预防仔猪早期感染猪瘟，特别是在猪瘟流的行的猪场。
（4）除了免疫时间以外，免疫剂量也是影响免疫效果的一个重要因素。
（5）仔猪发生猪瘟除了首免时间不当和母源抗体对猪瘟疫苗的干扰作用造成的免疫失败之外，猪瘟疫苗的质量也是很重要的一个因素。

实验六十二　商品肉鸡新城疫不同免疫程序及其免疫效果比较分析

一、实验目的

（1）熟练掌握鸡新城疫抗体的检测方法。
（2）掌握鸡母源抗体消长的规律，统计分析半衰期。
（3）分析鸡新城疫不同免疫程序的免疫效果。

二、实验背景

鸡新城疫（ND）又叫亚洲鸡瘟，是一种由新城疫病毒（NDV）引起的高度接触性和高度毁灭性的急性、败血性传染病，其主要的特征为呼吸困难、腹泻、神经紊乱、黏膜和浆膜出血，严重的产蛋下降。当前，我国饲养大环境中 NDV 普遍存在，典型、非典型 ND 时有发生，而由于 ND 疫苗的广泛应用，典型新城疫已较少见，但非典型新城疫却呈现上升趋势，从而给养殖业造成较大的经济损失。为保证每次免疫接种获得良好的效果，避免免疫工作的盲目性，必须通过免疫监测的方法检查鸡群中抗体水平，根据机体的抗体水平特别是母源抗体的水平确定最佳免疫接种时机，制订最佳的免疫程序。

三、实验提示

（1）母源抗体的高低直接决定着首免的时间，采用血凝抑制试验对肉用雏鸡母源抗体进行监测，探究母源抗体的衰减规律性，通过统计分析计算其半衰期。

（2）当前用于预防 NDV 的疫苗有多种，各种疫苗对鸡群的免疫时间不尽相同，如选择不当，则直接影响鸡群的免疫状态。

（3）鸡新城疫的免疫程序有多种，但尚无一个通用的程序，必须结合鸡群的情况，经过对母源抗体的监测，方能制订出一个合乎本场实际的免疫程序。

（4）弱毒苗可使抗体很快上升和下降，必须及时进行加强免疫。灭活苗产生的抗体高且维持时间长，但早免疫不能产生有效抗体，晚免疫则使抗体产生延迟。

（5）雏鸡 30 日龄以前体液免疫和细胞免疫机能不健全，对侵入机体的病毒清除能力差，对注射灭活苗产生的免疫应答低，早期抵抗 NDV 感染的机制主要依靠的是黏膜的局部免疫作用。

（6）机体接受抗原刺激以后，在产生体液免疫的同时也产生免疫记忆细胞，在 1~2 周的间隔时间内，再次接受相同抗原刺激时，免疫记忆细胞会在短时间内产生大量的抗体。

实验六十三　鸡大肠杆菌的致病性及血清型鉴定

一、实验目的

（1）掌握一般细菌的分离培养方法。
（2）掌握细菌的血清型鉴定方法。
（3）掌握细菌的药敏试验原理及方法。

二、实验背景

鸡大肠杆菌病是由大肠埃希菌的某些特定血清型所引起的一类疾病的总称，是养鸡业中最常见的细菌病。该病临床症状和病理变化多样，可引起鸡胚胎死亡，雏鸡脐炎、肠炎、输卵管炎、纤维素性心包炎、肝周炎和气囊炎等一系列病症，给养鸡业造成严重的经济损失。鸡源大肠杆菌血清型复杂，又常与多种细菌或病毒混合感染，所以导致临床上多种抗菌药物被滥用，不仅造成药物的残留和鸡肉品质下降，而且导致大肠杆菌耐药菌株不断增加，给防控工作带来了巨大困难。因此，鸡大肠杆菌病的病原分离、血清型的鉴定及耐药性分析，对该病的有效防控有很重要的作用。

三、实验提示

（1）待分离的病鸡应新鲜，无菌采取最典型的病变部位，如心血、气囊、肝、脾、卵黄囊、输卵管内容物，用接种环划线接种于麦康凯琼脂平板上。

（2）药敏试验一般采用纸片扩散法。

（3）血清型鉴定用标准 O 抗原单因子血清做玻板凝集反应和试管凝集反应。

（4）致病性试验选取经血清型鉴定的不同 O 血清型代表菌株，接种于普通营养肉汤，37℃培养 24h，制成细菌悬液。空白对照使用无菌等剂量的生理盐水。

实验六十四　猪链球菌 PCR 检测方法的建立及应用

一、实验目的

（1）掌握猪链球菌的分离培养方法。

（2）掌握引物设计的原理及方法。

（3）掌握 PCR 扩增的原理及方法。

二、实验背景

猪链球菌病是一种人兽共患的急性、热性传染病，是由 C、D、E 及 L 群链球菌引起的猪的多种疾病的总称，属于国家规定的二类动物疫病。表现为急性出血性败血症、心内膜炎、脑膜炎、关节炎、哺乳仔猪腹泻和妊娠母猪流产等，给养猪业造成了巨大损失。

链球菌属的细菌种类繁多，在自然界中分布广泛，可引起人、猪、牛、马、羊和禽等多种动物感染。猪链球菌病主要表现为猪的败血性和局灶性淋巴结化脓性病症。猪链球菌的自然感染部位是猪的上呼吸道（特别是扁桃体和鼻腔）、生殖道和消化道。猪在各种动物中易感性较高。各种年龄的猪均可发病，但败血症型和脑膜脑炎型多见于仔猪，化脓性淋巴结炎型多见于中猪。由于链球菌的营养要求高，分离鉴定烦琐费时，给临床上链球菌病的快速诊断带来了诸多困难。因此，要根据猪链球菌属特异性基因片段，设计引物，建立快速检测猪链球菌的 PCR 检测方法。

三、实验提示

（1）猪链球菌的培养及其 DNA 制备。将试验用菌株接种于鲜血培养基，37℃恒温培养。按照 SDS-蛋白酶 K 法提取细菌 DNA，－20℃保存备用。

（2）根据 GenBank 序列数据库，针对猪链球菌序列设计特异的引物。

（3）PCR 扩增条件的优化。

（4）特异性和敏感性试验。

（5）利用 PCR 检测方法与传统生化鉴定方法对比，统计符合率。

实验六十五　猪伪狂犬病病毒的分离鉴定及 gD 基因的序列分析

一、实验目的

（1）掌握猪伪狂犬病病毒的分离培养方法。

（2）掌握 PCR 的原理及基因克隆的方法。

二、实验背景

伪狂犬病是由伪狂犬病病毒引起猪、牛、羊等多种家畜、家禽及野生动物的一种以发热、奇痒（猪除外）、呼吸和神经系统疾病为特征的急性传染病，又称 Aujeszky 病。猪是本病毒的天然宿主、储存者和传染源。猪感染本病后其症状因日龄不同而异，仔猪感染后死亡率很高，可达100%；妊娠母猪感染后引起流产，产木乃伊胎和死胎；成年猪一般为隐性感染，不表现临床症状，但病毒可在动物体内保存很长时间。本病的流行在全球范围内呈持续上升趋势，给养猪业带来了严重的危害。

伪狂犬病病毒又名猪疱疹病毒 I 型，属于疱疹病毒科、甲亚科、水痘病毒属，为线状双股 DNA 病毒，全长约150kb，含77个读码框，平均 G+C 含量高达73.6%。由独特的长区段（unique long region，UL）、短区段（unique short region，US）、位于 US 两侧的末端重复序列（TR）与内部重复序列（IR）所组成，即形成了 UL-IR-US-IR 结构。到目前为止，在 PRV 中共发现 gB、gC、gD、gE、gG、gH、gJ、gK、gL、gM 和 gN 11 种糖蛋白，其中 gD 位于成熟的病毒粒子囊膜表面，开放阅读框（ORF）的核苷酸长度在1 197～1 215 nt，编码399～405个氨基酸的蛋白质，具有糖蛋白固有的特征（包括信号肽，跨膜区以及与细胞膜受体结合部位），与病毒的吸附和穿透有关，是病毒识别靶细胞受体所必需的糖蛋白，在病毒粒子与宿主细胞间发生的不可逆吸附过程中发挥重要的作用。当 *gD* 基因缺失以后，由于病毒粒子表面缺少糖蛋白 gD，就不能与细胞膜表面受体发生不可逆吸附，从而丧失了感染力。但该类缺失突变病毒仍可以完成从细胞到细胞的传递过程，这可能与细胞与细胞间的胞膜融合过程有关。gD 也是病毒的主要中和抗原，刺激机体产生中和抗体的主要免疫原性蛋白之一。

三、实验提示

1. 病毒分离　具有典型病变的病料，处理后接种 Vero 细胞，初次分离应至少盲传3代。伪狂犬病病毒的细胞病变为细胞变圆、肿胀，折光度加强，聚集成簇，中间致密，呈灶化状，继而萎缩、脱落，并可见到合胞体。

2. 家兔接种试验　将病料悬液的离心上清液接种于家兔的后肢，肌内注射，典型病变为奇痒、抓咬接种部位，最后死亡。

3. 透射电镜观察　制作细胞组织超薄切片，可见到典型的病毒粒子，直径在110～180nm，呈不规则圆形，有衣壳及囊膜，未成熟的病毒粒子多呈中空状。

4. 荧光抗体试验　在荧光显微镜下观察，伪狂犬病病毒感染细胞后可见细胞质内呈现散在的翠绿色荧光。

5. 鸡胚接种试验　可见尿囊膜水肿、充血、出血，表面有数量不等、大小不一的白色痘斑样病灶，胚体萎缩，头盖部突起，全身弥漫性出血。

6. PCR 鉴定　将 PCR 扩增的产物进行琼脂糖凝胶电泳，可见清晰明亮的特异性条带。

7. 重组质粒酶切鉴定　取重组质粒进行 PCR、酶切鉴定，均为阳性结果。

8. *gD* 基因序列分析　对重组质粒进行序列测定，同源性比较，同时根据蛋白质在线软件进行生物信息学分析。

实验六十六　动物园动物寄生虫感染种类及强度调查

一、实验目的

(1) 掌握动物粪便样品采集的方法。
(2) 掌握粪便中寄生虫虫卵收集的方法。
(3) 掌握寄生虫种类鉴别和数量计算的方法。

二、实验背景

动物园内饲养动物的生活环境与野外动物的生活环境截然不同。圈养动物感染寄生虫病的情况备受关注。寄生虫病直接影响圈养动物繁殖、发育和健康，严重的甚至造成死亡。本实验旨在了解动物园圈养的哺乳动物消化道寄生虫感染情况，调查寄生虫感染的种类和程度，为建立科学的防控方法和驱虫程序提供科学依据。

三、实验提示

(1) 动物园圈养哺乳动物涵盖了草食动物、肉食动物、杂食动物和灵长类动物。因此应采集各种动物的粪便样品。
(2) 由于寄生虫的种类很多，不同虫卵收集方法不同，对于每个样品，都要用沉淀法和漂浮法检查虫卵。
(3) 采用显微镜对虫卵进行观察、拍摄。根据寄生虫图谱或网上资料或请教专家学者对虫种进行鉴定。
(4) 根据检查结果提出相应的驱虫和管理方案。
(5) 应进行驱虫前、驱虫中以及驱虫后检查，确定驱虫效果。

实验六十七　动物弓形虫感染情况血清学调查

一、实验目的

(1) 掌握采集动物血清的方法。
(2) 掌握 ELISA 检测弓形虫抗体的方法。

二、实验背景

弓形虫（Toxoplasma gondii）是感染包括人类、鸟类及海洋动物等在内的几乎所有温血动物的机会致病原虫。人或动物误食被弓形虫卵囊污染的食物或者水，以及含有弓形虫包囊、速殖子等虫体的肉类或器官组织均有可能感染弓形虫，可导致孕期流产、产死胎和先天性畸形胎儿等症状，也是造成免疫力低下者（如 AIDS 病人等）的主要死亡原因之一。由于弓形虫病缺乏明显的临床症状，给患病动物的诊断带来极大的挑战，因此弓形虫感染的调查显得尤其重要。

三、实验提示

（1）不同动物血液采集方法不同，血清制备后要分装保存在－20℃备用，避免反复冻融。
（2）动物种类不同，用到的二抗不同。
（3）要按照正确的 ELISA 操作规程进行操作。
（4）根据检测结果提出动物弓形虫病的治疗方案。
（5）根据检测结果提出人类怎么预防弓形虫病从动物传染人。

实验六十八　鸡球虫人工感染鸡实验

一、实验目的

（1）以鸡球虫为例，学习掌握人工感染动物的操作要点及注意事项。
（2）观察记录动物感染球虫过程中的发病情况及临床表现。
（3）掌握球虫的分离纯化及鉴定技术。

二、实验背景

鸡球虫病是由艾美耳科、艾美耳属（*Eimeria*）球虫寄生于鸡的肠上皮细胞内所引起的一种原虫病。该病在我国普遍发生，特别是从国外引进的品种鸡。10～40 日龄的雏鸡最容易感染，受害严重，死亡率可达 80% 以上。病愈的雏鸡，生长发育受阻，长期不易复原。成年鸡多为带虫者，但增重和产蛋能力降低。球虫在鸡肠上皮细胞内寄生，引起细胞崩解，肠黏膜损伤，消化机能受到破坏，肠壁的炎性变化和血管的破裂，引起肠管出血，导致病鸡消瘦、贫血和下痢。崩解的上皮细胞变成有毒物质而引起机体中毒，出现委顿、昏迷和轻瘫，并易引起细菌的继发性感染而使病势加重。急性发病多见于 2 周龄以上的鸡，病状较轻，生长缓慢，产蛋鸡产蛋量减少。

三、实验提示

（1）鸡球虫接种剂量要适宜，接种过多易导致鸡死亡。
（2）不同种类球虫寄生的部位不同，导致的病变不同，要细心观察。
（3）要会根据肠道病变的不同进行病变分析。
（4）实验过程要按时喂料，观察发病情况并做好实验记录。
（5）实验结束后应做好实验场地、饲养笼具等消毒工作。

附录 I
预防兽医学实验基础

第一节 常用仪器的使用

预防兽医学实验室常用的主要仪器有普通光学显微镜、荧光显微镜、恒温培养箱、干燥箱、普通冰箱、低温冰箱、离心机、水浴锅、生物安全柜、高压灭菌器、冻干机、PCR 仪、电泳仪、移液器、超净工作台等。

一、普通光学显微镜

(一) 使用方法

1. 观察前的准备

(1) 显微镜从显微镜柜或镜箱内拿出时,要用右手紧握镜臂,左手托住镜座,平稳地将显微镜搬运到实验桌上。

(2) 将显微镜放在自己身体的左前方,离桌子边缘 10cm 左右,右侧可放记录本或绘图纸。

(3) 调节光照:不带光源的显微镜,可利用灯光或自然光通过反光镜来调节光照,光线较强的天然光源宜用平面镜;光线较弱的天然光源或人工光源宜用凹面镜,但不能用直射阳光,直射阳光会影响物像的清晰并刺激眼睛。将 10 倍物镜转入光孔,将聚光器上的虹彩光圈打开到最大位置,用左眼观察目镜中视野的亮度,转动反光镜,使视野的光照达到最明亮、最均匀为止。自带光源的显微镜,可通过调节电流旋钮来调节光照强弱。检查染色标本时,光线应强;检查未染色标本时,光线不宜太强。可通过扩大或缩小光圈、升降聚光器、旋转反光镜来调节光线。

2. 低倍镜观察 镜检任何标本都要养成必须先用低倍镜观察的习惯。因为低倍镜视野较大,易于发现目标和确定检查的位置。

将标本片放置在载物台上,用标本夹夹住,移动推动器,使被观察的标本处在物镜正下方,转动粗调节旋钮,使物镜调至接近标本处,用目镜观察并同时用粗调节旋钮慢慢下调载物台,直至物像出现,再用细调节旋钮使物像清晰。用推动器移动标本片,找到合适的目的像并将它移到视野中央进行观察。

3. 高倍镜观察 在低倍物镜观察的基础上转换高倍物镜。较好的显微镜,低倍镜头、高倍镜头是同焦的,在转换物镜时要从侧面观察,避免镜头与玻片相撞。然后从目镜观察,调节光照,使亮度适中,缓慢调节粗调节旋钮,慢慢下降载物台直至物像出现,再用细调节旋钮调至物像清晰，找到需观察的部位，并移至视野中央进行观察。

4. 油镜观察

（1）先用粗调节旋钮将镜筒提升（或将载物台下降）约2cm，并将高倍镜转出。

（2）在玻片标本的镜检部位滴上一滴香柏油。

（3）从侧面观，用粗调节器将镜筒小心地降下，使油镜浸在香柏油中，其镜头几乎与标本相接，应特别注意不能压在标本上，更不可用力过猛，否则不仅压碎玻片，也会损坏镜头。

（4）从目镜内观察，进一步调节光线，使光线明亮。再用粗调节器将镜筒徐徐上调，当出现物像一闪后改用细调节旋钮调至最清晰为止。如油镜已离开油面而仍未见物像，必须再从侧面观察，将油镜降下，重复操作至物像看清为止。

5. 观察完后复原　下调载物台，将油镜头转出，先用擦镜纸擦去镜头上的油，再用擦镜纸蘸少许乙醚乙醇混合液（乙醚2份，乙醇3份）或二甲苯，擦去镜头上残留的油迹，最后再用擦镜纸擦拭2～3下即可，注意向同一个方向擦拭。

将各部分还原，转动物镜转换器，使物镜头不与载物台通光孔相对，而是成"八"字形位置，再将载物台下调至最低，下调聚光器，使反光镜与聚光器垂直，最后用柔软纱布清洁载物台等机械部分，然后将显微镜放回柜内或镜箱中。

（二）注意事项

（1）使用显微镜时应填写使用登记表。每人固定一个镜号，便于管理及使用。

（2）持镜时必须是右手握臂、左手托座的姿势，不可单手提取，以免零件脱落或碰撞到其他地方。

（3）不准擅自拆卸显微镜的任何部件，以免损坏。

（4）放置玻片标本时要对准通光孔中央，且不能反放玻片，防止压坏玻片或碰坏物镜。

（5）用显微镜观察物体时，应双眼同时睁开，左眼往目镜内注视。

（6）使用低倍镜后换用高倍镜时，操作者应手握转换器的下层转动板转换物镜，这样不容易使物镜的光轴发生偏斜。

（7）观察标本时，要用低倍镜对光，当光线较强时用小光圈、平面镜，而光线较弱时则用大光圈、凹面镜，反光镜要用双手转动，当看到均匀光亮的圆形视野为止。光对好后不要再随便移动显微镜，以免光线不能准确地通过反光镜进入通光孔。

（8）在使用油镜时，使用粗调节器不可用力过猛，否则不仅压碎玻片，也会损坏镜头。使用结束后要用擦镜纸擦拭油镜头。

二、荧光显微镜

（一）使用方法

（1）打开开关。

（2）指示灯亮后，按下启动按钮2～3s后点燃卤灯。

注意：一般灯亮2～3min后，即能进行显微镜观察工作，但卤灯光源从启动至完全稳定约需15min。

（3）将标本放到载物台上，并将10倍物镜放入观察位置，调整焦距。

（4）调整目镜眼幅间距。

(5) 将需要的物镜转入位置再一次对标本调焦。

(6) 调节视场光阑。视场光阑用于决定对显微镜视场标本的照明面积，用视场光阑调节杆来调节。一般调节主照明面积的圆周与视场边缘内切或外切，这样可保护标本免受过多光照而褪色。在照相时，光阑调至明面的直径略大于照相底片幅度的对角线。略微缩小视场光阑，有助于标本对焦。

注意：把左右两个激发方式转换钮都拉出，可进行常规观察。

用洁净的载玻片和盖玻片。

盖玻片厚度为0.17mm。

浸油、香柏油不直接用，最好用纯檀香油，另外液体石蜡和纯甘油（加10%磷酸盐缓冲液）是比较好的代用品。

根据不同标本，参照附表-1选用不同的滤色块。

附表-1 滤色块的选择

激发方法	主波长	染色类型	滤色块		
			代号	激发滤色片	分色镜	目镜端吸收激发滤色镜
Llv（紫外）	365nm	自发荧光 HECHIST法免疫荧光（FITC）	UU	LLV300～380	DM400	420
V（紫）	405nm	一元胺类（儿茶酚胺，5-HT）	V	IF395～425	DM455	470K
BV（蓝紫）	436nm	阿的平芥	BV	IF400～450	DM455	480
B. B2（蓝）	495nm	免疫荧光（FITC） 金胺	B B2	IF420～485 IF460～485	DM510	520
G（绿）	546nm	免疫荧光（TRITC，RB200）FEULGEN反应	G	IF535～550	DM580	580W

（二）注意事项

(1) 严格按照荧光显微镜出厂说明书要求进行操作，不要随意改变程序。

(2) 应在暗室中进行检查。进入暗室后，接上电源，点燃超高压汞灯5～15min，待光源发出稳定强光后，眼睛完全适应暗室，再开始观察标本。

(3) 防止紫外线对眼睛的损害，在调整光源时应戴上防护眼镜。

(4) 检查时间每次以1～2h为宜，超过90min，超高压汞灯发光强度逐渐下降，荧光减弱；标本受紫外线照射3～5min后，荧光也明显减弱；所以，最多不得超过3h。

(5) 荧光显微镜光源寿命有限，标本应集中检查，以节省时间，保护光源。天热时，应加电扇散热降温，新换灯泡应从开始就记录使用时间。灯熄灭后欲再用时，需待灯泡充分冷却后才能再点亮。一天中应避免数次点亮光源。

(6) 标本染色后立即观察，因时间久了荧光会逐渐减弱。若将标本放在聚乙烯塑料袋中4℃保存，可延缓荧光减弱时间，防止封裱剂蒸发。

(7) 荧光亮度的判断标准：一般分为四级。

"一" 无或可见微弱荧光。

"＋" 仅能见明确可见的荧光。

"＋＋" 可见有明亮的荧光。

"＋＋＋" 可见有耀眼的荧光。

三、培养箱

培养箱是培养微生物的主要设备，可用于细菌、细胞的培养繁殖。其原理是应用人工的方法在培养箱内造成微生物和细胞生长繁殖的人工环境，如控制一定的温度、湿度、气体等。目前使用的培养箱主要分为三种：直接电热式培养箱、生化培养箱和二氧化碳培养箱。

（一）电热式和隔水式培养箱

电热式和隔水式培养箱的外壳通常用石棉板或铁皮喷漆制成，隔水式培养箱内层为紫铜皮制的储水夹层，电热式培养箱的夹层是用石棉或玻璃棉等绝热材料制成，以增强保温效果。培养箱顶部设有温度计，用温度控制器自动控制，使箱内温度恒定。隔水式培养箱采用电热管加热水的方式加温，电热式培养箱采用的是用电热丝直接加热，利用空气对流，使箱内温度均匀。

在培养箱内的正面、侧面，有指示灯和温度调节旋钮，当电源接通后，红色指示灯亮，按照所需要温度转动旋钮至所需刻度，待温度达到后，红色指示灯熄灭，表示箱内已达到所需温度，此后箱内温度可靠温度控制器自动控制。

培养箱使用与维修保养：

（1）箱内的培养物不宜放置过挤，以便于热空气对流，无论放入或取出物品应随手关门，以免温度波动。

（2）电热式培养箱应在箱内放一个盛水的容器，以保持一定的湿度。

（3）隔水式培养箱应注意先加水再通电，同时应经常检查水位，及时添加水。

（4）电热式培养箱在使用时应将风顶适当旋开，以利于调节箱内的温度。

（二）生化培养箱

这种培养箱同时装有电热丝加热和压缩机制冷，因此可适应范围很大，一年四季均可保持在恒定温度，因而逐渐普及。

该培养箱使用与维修保养类似电热式培养箱。由于安装有压缩机，因此也要遵守冰箱保养的注意事项，如保持电压稳定，不要过度倾斜，及时清扫散热器上的灰尘等。

（三）二氧化碳培养箱

二氧化碳培养箱是在普通培养箱的基础上加以改进，主要是能加入 CO_2，以满足培养微生物所需的环境。主要用于组织培养和一些特殊微生物的培养。

1. CO_2 培养箱的安装与调试 CO_2 培养箱的正面有操作盘，盘上设有电源开关、温度调节器（手动式和液晶显示盘）、CO_2 注入开关、CO_2 调节旋钮、湿度调节旋钮、温度显示盘、CO_2 显示盘和湿度显示盘、CO_2 样品孔（用于抽取箱内的样品，以检测箱内的 CO_2 是否达到显示盘上所显示的含量）和报警装置（超温报警灯）。

（1）培养箱应放置于位置比较平稳，并远离热源的地方，以防止温度波动和微生物的污染。

（2）在接通电源前，应按照使用说明书，在培养箱内加入一定的蒸馏水（所加入的水最好加入一定量的消毒剂，详见说明书），以免烧坏机器。

（3）当水加到一定量后，报警灯亮，即停止加水，打开电源开关，开始加温，将温度控制器调到所需温度。

（4）当温度达到所需温度时，则自动停止加热，超过所需温度时，超温报警灯亮，并发出报警声。

(5) 培养箱所用的 CO_2 可以用液态 CO_2 或气体。无论用哪种 CO_2，供给的管子不能太弯曲，以保证气体的畅通。一般选用 CO_2 钢瓶，接上压力控制表即可。

(6) CO_2 含量的调零。待箱内温度和湿度稳定后（一般需 3d），旋动 CO_2 调节旋钮，使显示盘的数字调到 0.00，过 5min 后如需要再重复调整，直到显示盘上的读数稳定为止。打开 CO_2 注入开关（注入灯亮），将 CO_2 设定值调到所需浓度，使浓度达到设定值后（注入灯熄灭），并至少维持 10min。此后则由 CO_2 控制器自动调节箱内的 CO_2 含量。

(7) CO_2 培养箱湿度的调整。先将湿度调节旋钮按下，再将湿度调节旋钮转动至所需培养湿度，此后由湿度调节器自动调整湿度。

2. 培养箱使用注意事项

(1) 培养箱应由专人负责管理，操作盘上的任何开关和调节旋钮一旦固定后，不要随意扭动，以免影响箱内温度、CO_2 含量、湿度的稳定，同时降低机器的灵敏度。

(2) 所加入的水必须是蒸馏水或去离子水，防止矿物质储积在水箱内产生腐蚀作用。每年必须换一次水。经常检查箱内水是否够。

(3) 箱内应定期用消毒液擦洗消毒，搁板可取出清洗消毒，防止其被微生物污染，导致实验失败。

(4) 定期检查超温安全装置，以防超温。方法为按进监测报警按钮，转动固定螺丝，直到超温报警装置响，然后关闭超温安全灯。

(5) 如长期不使用 CO_2 时，应将 CO_2 开关关闭，防止 CO_2 调节器失灵。

(6) 所使用的 CO_2 必须是纯净的，否则会降低 CO_2 传感器的灵敏度和污染 CO_2 过滤装置。

(7) 在无湿度控制的培养箱内，为保持箱内 CO_2 的稳定，要在箱内底层放入一个盛水的容器。

四、干燥箱

干燥箱也称干热灭菌器，其原理与培养箱相似，只是所用的温度较高。主要用途是消毒玻璃器皿。

要消毒的玻璃器皿必须清洁、干燥，并包装好，放入干燥箱内，将门关紧。然后，按开电源，打开开关加热，使温度慢慢上升，当温度升至 60~80℃ 时，开动鼓风机，使灭菌器内的温度均匀一致，到所要的温度（通常为 160~180℃）后维持一定的时间，通常为 1.5~2h，然后关闭加热开关，待干燥箱内温度降到室温时方可将门打开（干燥箱内温度高于 67℃ 时，不能将门打开取放皿），取出灭菌物品。灭菌后玻璃器皿上的棉塞和包扎纸张应略呈淡黄色，而不应烤焦。

五、普通冰箱

冰箱是根据液体挥发成气体时需要吸热，而将其周围的温度降低这一原理设计而成的。可用的冷却液有氨、二氧化碳和二氯二氟甲烷（或称弗里昂）等，这些物质液态时都容易气化，气化时吸收大量的热，稍加压力又易被液化。

使用电冰箱时应注意的事项如下。

(1) 购入冰箱时应注意冰箱所需要的电压是否与所供应的相符，如不符，则需用变压器。并注意供电线路上的负荷及保险丝的种类是否符合冰箱的需要。

（2）冰箱应置于通风明亮的房舍内，并注意离墙壁要有一定距离。

（3）使用时应将温度调节到所需要的温度，通常微生物实验室所用的冰箱，其下部应为4~10℃，而上部冷却室中应结冰。冷却室内的铝盘不可将水盛满，以免膨胀后水溢出盘外。

（4）冰箱开启时应尽量短暂，温度过高的物品不能放入冰箱中，以免过多的热气进入冰箱中而消耗电能，并增加其机件的工作时间，缩短使用寿命。

（5）冰箱内应保持清洁干燥，如有霉菌生长，应先清理，然后用福尔马林熏蒸消毒。无论是冰箱内有霉菌生长还是冷却室内结冰太多需要清理，都应先将电路关闭，将冰融化后再行清理。

六、低温冰箱

其原理和普通冰箱一样。

各厂家生产的型号不同，一般低温冰箱使用的注意事项如下。

（1）购入冰箱时应注意低温冰箱所需要的电压是否与所供应的一致，应根据低温冰箱的要求调整电压，并注意供电线路上的负荷及保险丝的种类是否符合低温冰箱的要求。

（2）低温冰箱宜放置在室内，四周至少离墙壁50cm，并尽量远离发热体，保持房间内的空气流通，不受日光照射，环境温度宜低于35℃。

（3）新购入低温冰箱试机时或因停电温度回升过高时，为了避免机器一次工作时间过长，应控制温度调节器，使其逐渐下降。

（4）冷凝结冰间易受空气尘埃堵塞，影响冷凝效果，应注意经常清理。

（5）整个制冷系统都是气密的，使用时不可随意移动连接管子上的接头及压缩机上的螺钉。如怀疑有漏气的情况，可以用浓肥皂水检查，如确有漏气，接头处应拧紧。

（6）在环境温度与低温冰箱内温度差距大时，尽量缩短开门时间。一般使用情况下，每年要进行一次维修。

七、离心机

离心机是根据物体转动时发生离心力这一原理，对物质中的不同密度、不同分子质量的组分进行分离的仪器设备。应用离心沉降进行物质的分析和分离的技术称为离心技术。低速离心机和低速冷冻离心机的转速为4 000~7 000r/min；高速离心机和高速冷冻离心机的转速为10 000~20 000r/min；转速在40 000r/min以上的称为超速离心机。

（一）普通离心机

（1）将盛有材料的离心管置于离心机金属管套内，必要时可在管底垫一层棉花，天平上平衡，使相对两管连同其管套的重量相符，如仅有材料一管，则可盛清水于相对一管中以平衡。

（2）将离心管及其套管按对称位置放入离心机转动盘中，将盖盖好。

（3）打开电源，慢慢转动速度调节器的指针至所要求的速度刻度上，维持一定时间。有的离心机在转动盘上装有玻璃管一根，从盖中央的小孔中突出于离心机外，管中盛乙醇，当离心机转动时，离心作用使乙醇形成一个旋涡，从旋涡的深度即可显示转动速率。

(4) 到达一定时间后，将速度调节器的指针慢慢转回至零点，然后关闭电源。

(5) 等转动盘自行停止转动后，将离心机盖打开，取出离心管。取出离心管时应小心，勿使已经沉淀的物质又因震动而上升。

(6) 使用离心机时，如发现离心机震动，且有杂音，则显示内部重量不平衡；若发现有金属音，则往往表示内部试管破裂，均应立即停止离心，进行检查。

(二) 低温台式高速离心机

(1) 把离心机放置于平面桌或平面台上，目测使之平衡，用手轻摇一下离心机，检查离心机是否放置平衡。

(2) 打开门盖，将离心管放入转子内，离心管必须成偶数对称放入，且要事先平衡，完毕后用手轻轻旋转一下转子体，使离心管架运转灵活。

(3) 关上门盖，注意一定要使门盖锁紧，用手检查门盖是否关紧。

(4) 插上电源插座，按下电源开关（电源开关在离心机背面，电源座上方）。

(5) 设置转子号、转速、时间。在停止状态下时，用户可以设置转子号、转速、时间，此时离心机处于设置状态，停止灯亮、运行灯闪烁，按下启动离心开始。

注意：对应的转子一定要设置在相应的转速范围内，不可超速使用，否则对试管或转子有损坏。

(6) 离心机时间倒计时到"0"时，离心机将自动停止，当转子停转后，打开门盖取出离心管，关上电源开关。

(三) 超速离心机

超速离心机比一般离心机转速高，可达 50 000r/min 以上，微生物实验室用作病毒的提纯、浓缩，测定沉降速率及病毒颗粒的大小和浮密度等。常用的有下列几种类型。

1. 斜角离心机 离心转头大约与中轴成 28°角。这种离心机效能较高，可用于沉降多种病毒。离心速率一般都以每分钟转速来表示，现在则以相对离心力 "g" 来表示。

$$g = 1.18 \times 10^{-5} \times R \times N$$

式中，R 为离心机的半径（cm），指从离心机中轴中心至离心机管顶端的距离；N 为离心机转速（r/min）。

按 Stock 方程式计算证明，在测定沉降速度时，有重大作用的是离心机速度平方值。虽然增大离心机的半径能提高沉降速度，但是如果加快离心机转速，则效果更显著，而且操作简便。可是最重要的是应该计算最高相对离心力（g），必须同时考虑离心机转头半径的作用。

2. 涡轮型离心机 是涡轮上载有翼片，受压缩空气的冲击而转动涡轮，最高速度达 50 000～60 000r/min，但仅可分离少量材料。

超速离心机机型不同，各厂的产品也不完全一样，现以英国 "MSE" 为例，说明一般超速离心机的使用方法。

(1) 根据仪器使用说明和要求，安装时特别注意使机体稳固，保持离心机在水平位置上转动。使用前应全面检查各项安装使用要求，若无问题方可启用。

(2) 一个离心机有几个转头，根据需要和用途，选择合适的转头安装在转轴上。

(3) 取出离心管和管套，装入所要离心的材料，在千分之一的天平上准确称量，再对应地放入转头中，盖好离心池上的盖。

（4）调节离心池的温度控制器到所要求的温度，再接通电源，打开总开关，启动压缩机，当离心池温度到达要求的温度后，抽气机自动工作。这时把时间控制旋钮按逆时针方向转动到"0"，速度控制旋钮转到启动和增速位置，再把控制离心机转动的旋钮转到自控或手控位置。

（5）当离心池抽成真空时，抽气机自停而转头自动启动，当离心速度达到所需速度时，速度控制旋钮再转到维持速度，这时再把时间控制旋钮转到所需要的时间位置。

（6）达到离心时间后，离心机自动减速停下来，离心池也进气后方可打开离心池盖，小心地取出离心管。

（7）工作完成后，全面检查，切断电源。

八、电热恒温水浴锅

主要用于溶解化学药品、融化培养基、灭能血清等。

使用时必须先在锅内加水，可按需要的温度加入热水，以缩短加热时间。接通电源，绿灯亮。锅内加温，红灯亮。观察温度计是否已升到所需要的温度。如锅内温度不够，而红灯已灭，应旋转调节器旋钮来进行调节。顺时针方向旋转，红灯亮，即接通锅内电热管使之加温；逆时针方向转动，红灯灭，即断电降温。如锅内温度和所需要的温度相差有限，要微微转动达到恒温。如果需要锅内水温达100℃作沸水蒸馏用时，可将调节旋钮调至终点。但不可加水过多，以免沸腾时水溢出锅外，并应注意锅内水量不能少于最低水位（即不能使锅内电热管露出水面），以免烧坏电热管。还要注意在锅内的铜管内装有玻璃棒，用于调节恒温，切勿碰撞和剧烈振动，以免碰断内部的玻璃棒，使调节失灵。

九、高压灭菌器

（一）手提式高压蒸汽灭菌锅

是根据沸点与压力成正比的原理而设计的，其灭菌效果较流通蒸汽灭菌器好。通常在121.3℃下灭菌15～20min，可将一般细菌和芽胞完全杀死。其用法及其注意事项如下。

（1）在灭菌器内加入适量的水，近金属隔板处。

（2）将灭菌物品包扎好，小心放于隔板上。

（3）将盖盖好，扭紧螺旋，关闭气门。

（4）在灭菌器下加热，但勿使温度上升过快，以免玻璃器皿破裂。

（5）压力器指针上升至2～3 lbf/in^2（5 lbf/in^{2}以内）时徐徐打开气门，排出器内所存留的空气，直至排出的气体内不夹杂空气为止，然后关紧气门。

（6）压力上升至15 lbf/in^2（或其他规定的压力）时开始计时，并将热源调节至恰能维持所需要的压力为度，经过规定时间后撤去热源。

（7）待灭菌器中压力自行降至零，方可将气门慢慢打开、放气。排气完毕后，开盖取出灭菌物品，气未排完前切不可开盖。

（8）将器内的水放出，并做必要的清洁。

压力与沸点的关系见附表-2。

附表-2 压力与沸点的关系

压力（lbf/in²）	沸点（℃）	压力（lbf/in²）	沸点（℃）	压力（lbf/in²）	沸点（℃）
1	102.3	9	114.3	17	123.30
2	104.2	10	115.6	18	124.30
3	105.7	11	116.8	19	126.20
4	107.3	12	118.0	20	128.10
5	108.8	13	119.1	21	129.3
6	110.3	14	120.2	22	131.5
7	111.7	15	121.3	23	133.1
8	113.0	16	122.4	24	134.6

（二）全自动蒸汽灭菌锅

（1）转动手轮，使锅盖离开密封圈，添加蒸馏水至刚没到板上。

（2）将控制面板上的电源开关按至 ON 处，若水位低（LOW）红灯会亮。

（3）需包扎的灭菌物品，体积以不超过 200mm×100mm×100mm 为宜，各包装之间要留有间隙，堆放在金属框内，这样有利于蒸汽的穿透，提高灭菌效果。121℃灭菌 20min。如为液体，则需装在可耐高温的玻璃器皿中，且不可装满，2/3 即可，121℃灭菌 18～20min。

（4）将横梁推入立柱内，旋转手轮，使锅盖下压，充分压紧。

（5）设定时间和温度，开始灭菌。

（6）灭菌结束，将所有东西放入干燥箱内干燥，以排尽水汽。

十、冻干机

冻干机是供冻干菌种、毒种、补体、疫苗、药物等物品的机器，主要由真空干燥机、真空泵、压力计、真空度检验枪等组成。冷冻真空干燥，即将保存的物质放在玻璃容器内，在低温中迅速冷冻，然后用抽气机抽去容器内的空气，使冰冻物质中的水分直接升华而干燥。这样，微生物在冻干状态下可以长期保存而不致失去活力。冷冻真空干燥机的使用方法如下。

（1）首先检查冻干系统各部件连接是否严密，将干燥剂（氯化钙、硫酸钙、五氧化二磷等）盛放于干燥盘上。

（2）将要冻干的物质，定量分装于无菌的安瓿内，每安瓿 0.1～0.5mL，放于 -20℃以下的低温冰箱中迅速冷冻 10～30min。

（3）将冻好的安瓿放在干燥剂上，关闭冻干机盖，打开抽气机连续抽气 6～8h，当压力降至 26.66Pa 以下时，干燥即完毕，关闭抽气机。

（4）取出干燥剂上的安瓿，存放于干燥器内，待封口。将干燥后的安瓿取出 8 支安装在冻干机上的 8 个橡皮管上，打开抽气机 10～30min，安瓿内气压很快降至 26.66Pa 以下，以细火焰在安瓿颈中央部封口。如此连续进行干燥和封口。

（5）封口的安瓿，再用真空度检查枪在其玻璃面附近检查，呈现蓝紫色荧光者，表示合格。

（6）工作结束后，将冻干机内的干燥剂取出，重新干燥备用。

十一、PCR 扩增仪

目前各公司提供的 PCR 仪操作方法各有不同，按其操作说明进行操作。

(1) 开机。打开开关后，机器会自动执行自检程序，时间大约 1min。

(2) 开盖。打开样品盖，放入 PCR 样品，关紧盖子，如果机器是用旋钮调节松紧度的，不应旋得太紧，否则样品管容易变形。

(3) 运行。①如果运行已经输入的程序，用箭头键选择已储存的程序，按确认键后，开始执行程序。②如果要输入新的程序，则在菜单上用箭头键选择相应程序步骤，每步进行设置后确认，最后输入一个新的命字进行命名，并存储。返回到菜单，选择新命名的程序，开始运行。

(4) 其他。①在程序运行过程中，可用屏幕切换键查看运行过程及时间。②按暂停键和终止键则分别起暂停和停止运行程序的作用。③电压不稳则需外加电源保护装置，保证机器安全及实验结果的稳定。

十二、电泳仪

1. 琼脂糖凝胶电泳仪的一般使用方法

(1) 接线。首先用两条导线将电泳槽的正极、负极与电泳仪的输出端连接，注意极性不要接反。

(2) 加电泳液。在电泳槽中加入适量的电泳液，不能太满，以刚好没过胶为准。

(3) 上样。放入制好的琼脂糖凝胶，注意加样孔应靠近负极端（DNA 带负电，向正极移动），加样速度尽可能快，以防样品漂移影响实验结果。

(4) 开机。打开电源，听到"嘀嘀"声音后，设定所需电压及电泳时间（如 120 V，30 min），按运行按钮后，开始进行电泳。加电运行后即可以看到在电泳槽的负极端液面开始冒出大量的气泡。

(5) 运行结束后，关闭电源，并拔出电泳插头。

2. 使用注意事项

(1) 电泳仪通电后，禁止接触电极、电泳物及其他可能带电部分，如需要应先断电，以免触电。

(2) 总电流不超过仪器额定电流时，可以多槽关联使用，但不能超载。

(3) 使用过程中如发现噪音较大、放电等异常现象，需立即切断电源，进行检修合格后再运行，以免发生意外。

(4) 长期不用时，需倒掉电泳槽中的电泳液，保持其干燥。

十三、移液器

(1) 要看准枪的最大量程，切勿拧过头，否则易导致调节轮失灵，甚至报废，造成不必要的经济损失。

(2) 将微量移液器装上吸头（不同规格的移液器用不同的吸头）。

(3) 将微量移液器按钮轻轻压至第一停点。

(4) 垂直握持微量移液器，使吸嘴浸入液面下几毫米，千万不要将吸嘴直接插到液体底部。

(5) 缓慢、平稳地松开控制按钮,吸上样液。否则液体进入吸嘴太快,导致液体倒吸入移液器内部污染移液器,或吸入减少。

(6) 等1s后将吸嘴提离液面,并将吸嘴在管壁上轻轻靠一下,弃去管壁多余的液体。

(7) 平稳地把按钮压到第一停点,再把按钮压至第二停点以排出剩余液体。

(8) 提起微量移液器,然后按吸嘴弹射器除去吸嘴。

十四、超净工作台

(1) 使用工作台时,先用清洁液浸泡的纱布擦拭台面,然后用消毒剂擦拭消毒。

(2) 接通电源,提前30min打开紫外灯照射消毒,处理净化工作区内工作台表面积累的微生物,15min后,关闭紫外灯,开启送风机。

(3) 工作台面上,不要存放不必要的物品,以保持工作区内的洁净气流不受干扰。

(4) 操作结束后,清理工作台面,收集废弃物,关闭风机及照明开关,用清洁剂及消毒剂擦拭消毒。

(5) 最后开启工作台紫外灯,照射消毒30min后,关闭紫外灯,切断电源。

第二节 常用器械的清洗、包扎和灭菌

一、清洗

(一)玻片的清洗

用于细菌染色的玻片,必须清洁无油,清洗方法如下。

(1) 新购置的载玻片,先用2%盐酸浸泡数小时,冲去盐酸。再放入浓洗液中浸泡过夜,用自来水冲净洗液,浸泡在蒸馏水中或擦干装盒备用。

(2) 用过的载玻片,先用纸擦去石蜡油,再放入洗衣粉液中煮沸,稍冷后取出。逐个用清水洗净,放入浓洗液中浸泡24h,控去洗液,用自来水冲洗,蒸馏水浸泡。

(3) 用于鞭毛染色的玻片,经以上步骤清洗后,应选择表面光滑无伤痕者,浸泡在95%乙醇中暂时存放,用时取出,用干净纱布擦去乙醇,并经过火焰微热,使残余的乙醇挥发,再用水滴检查,如水滴均匀散开,方可使用。

(4) 洗净的玻片,最好及时使用,以免被空气中飘浮的油污沾染,长期保存的干净玻片,使用前应再次洗涤。

(5) 盖玻片使用前,可用洗衣粉或洗液浸泡,洗净后再用95%乙醇浸泡,擦干备用,用过的盖玻片也应及时洗净擦干保存。

(二)其他玻璃器皿的清洗

清洁的玻璃器皿是得到正确实验结果的重要条件之一。由于实验目的的不同,对各种器皿清洁程度的要求也不同。

(1) 一般玻璃器皿(如锥形瓶、培养皿、试管等)可用毛刷及去污粉或肥皂洗去灰尘、油垢、无机盐类等物质,然后用自来水冲洗干净。少数实验要求高的器皿,可先在洗液中浸泡数十分钟,再用自来水冲洗,最后用蒸馏水洗2～3次。以水在内壁能均匀分布成一薄层而不出现水珠作为油垢除尽的标准。洗刷干净的玻璃仪器烘干备用。

(2) 用过的器皿应立即洗刷，放置太久会增加洗刷的困难。染菌的玻璃器皿，应先经121℃高压蒸汽灭菌20～30min后取出。趁热倒出容器内的培养物，再用热肥皂液洗刷干净，用水冲洗。带菌的移液管和毛细吸管，应立即放入5%的石炭酸溶液中浸泡数小时，先灭菌，然后再用水冲洗。有些实验，还需要用蒸馏水进一步冲洗。

(3) 新购置的玻璃器皿含有游离碱，一般先用2%盐酸或洗液浸泡数小时后，再用水冲洗干净。新的载玻片和盖玻片先浸入肥皂水（或2%盐酸）内1h，再用水洗净，以软布擦干后浸入滴有少量盐酸的95%乙醇中，保存备用。已用过的带有活菌的载玻片或盖玻片可先浸在5%石炭酸溶液中消毒，再用水冲洗干净，擦干后，浸入95%乙醇中保存备用。

(三) 塑料器皿的清洗

自来水充分浸泡→冲洗→2%NaOH浸泡过夜→自来水冲洗→2%～5%盐酸浸泡30min→自来水冲洗→蒸馏水漂洗3次→晾干→紫外线照射30min（或先用75%乙醇浸泡、擦拭，再用紫外线照射30min）。凡能耐热的塑料器皿，最好经101.3kPa（121.3℃）高压灭菌。

(四) 胶塞等橡胶类器械清洗

新购置者先经自来水冲洗→2%NaOH煮沸15min→自来水冲洗→2%～5%盐酸煮沸15min→自来水冲洗5次以上→蒸馏水冲洗5次以上→蒸馏水煮沸10min，倒掉沸水让余热烘干瓶塞等，或蒸馏水冲洗晾干，整齐摆放于小型金属盒内经101.3kPa高压灭菌。

(五) 金属器械的清洗

新购进的金属器械常涂有防锈油，先用沾有汽油的纱布擦去油脂，再用水洗净，最后用酒精棉球擦拭，晾干。用过的金属器械应先以清水煮沸消毒，再擦拭干净。使用前以蒸馏水煮沸10min，或包装好以101.3kPa高压灭菌15min。

(六) 除菌滤器的清洗

用过的滤器将滤膜除去，用三蒸水充分洗净残余液体，置干燥箱中烘干备用。

(七) 器械清洗的注意事项和方法

(1) 不能使用有腐蚀作用的化学试剂，也不能使用比玻璃硬度大的物品来擦拭玻璃器皿。新的玻璃器皿应用2%的盐酸浸泡数小时，用水充分洗干净。

(2) 用过的器皿应立即洗涤。

(3) 强酸、强碱、琼脂等能腐蚀、阻塞管道的物质不能直接倒在洗涤槽内，必须倒在废物桶内。

(4) 含有琼脂培养基的器皿，可先将培养基刮去，或用水蒸煮，待琼脂融化后趁热倒出，然后用清水洗涤。凡遇有传染性材料的器皿，应经高压蒸汽灭菌再进行清洗。

(5) 一般的器皿都可用去污粉、肥皂或配成5%的热肥皂水来清洗。油脂很重的器皿应先将油脂擦去。若表面粘有煤膏、焦油及树脂一类物质，可用浓硫酸、40%氢氧化钠或洗涤液浸泡；若表面粘有蜡或油漆，可加热使之融熔后揩去，或用有机溶剂（苯、二甲苯、汽油、丙酮、松节油等）揩去。

(6) 载玻片或盖玻片，先擦去油垢，再放入5%肥皂水中煮数分钟，立即用清水冲洗，然后放在稀的洗液中浸泡2h，再用清水冲洗干净，最后用蒸馏水冲洗，干后浸于95%乙醇中保存备用。

(7) 洗涤后的器皿应达到玻璃壁能被水均匀湿润而无条纹和水珠的标准。

二、包扎

要使灭菌后的器皿仍能保持无菌状态，需在灭菌前进行包扎。

1. 培养皿 洗净的培养皿烘干后每10套（或根据需要而定）叠在一起，用牢固的纸卷成一筒，或装入特制的铁筒中，然后进行灭菌。

2. 吸管 洗净、烘干后的吸管，在吸口的一头塞入少许脱脂棉花，以防在使用时造成污染。塞入的棉花量要适宜，多余的棉花可用酒精灯火焰烧掉。每支吸管用一条宽4~5cm的纸条，以30°~45°的角度螺旋形卷起来，吸管的尖端在头部，另一端用剩余的纸条打成一结，以防散开，标上容量，若干支吸管包扎成一束进行灭菌。使用时，从吸管间拧断纸条，抽出吸管。

3. 试管和三角瓶 试管和三角瓶都需要做合适的棉塞，棉塞可起过滤作用，避免空气中的微生物进入容器。制作棉塞时，要求棉花紧贴玻璃壁，没有皱纹和缝隙，松紧适宜。过紧易挤破管口和不易塞入，过松易掉落和污染。棉塞的长度需不小于管口直径的2倍，约2/3塞进管口。

目前，国内已开始采用塑料试管塞，可根据所用试管的规格和实验要求来选择和采用合适的塑料试管塞。

若干支试管用绳扎在一起，在棉花塞外包裹油纸或牛皮纸，再用绳扎紧。三角瓶加棉塞后单个用油纸包扎。

三、灭菌

严格的消毒灭菌对保证细胞培养的成功是极为重要的，其方法分为物理法和化学法两类。前者包括干热、湿热、滤过、紫外线及射线等，后者主要指使用化学消毒剂等。

1. 热灭菌 玻璃器皿，160~170℃经90~120min或180℃经45~60min。

2. 蒸汽灭菌 用于玻璃器皿、滤器、橡胶塞、解剖用具、耐热塑料器具、受热不变性的溶液等的灭菌，不同物品其有效灭菌压力和时间不同，如培养液、橡胶制品、塑料器皿等用68kPa（115℃）高压灭菌10min；布类、玻璃制品、金属器械等用103kPa（121.3℃）高压灭菌15~20min。

3. 滤过除菌 适用于含有不耐热成分的培养基和试剂的除菌。用孔径为0.22μm的微孔滤膜可除去细菌和霉菌等，用此滤膜过滤两次，可使支原体达到某种程度地去除，但不能除去病毒。

4. 紫外线灭菌 紫外线的波长为200~300nm，最强杀菌波长为254nm。每6~15m^{2}最少用一只紫外灯，高度要在2.5m以下，湿度45%~60%，对杆菌效果好，球菌次之，霉菌、酵母菌最差，实验前应不低于30min的照射时间。

5. 熏蒸消毒 当遇有细胞培养出现多次污染需消毒，或实验室两个月一次的常规消毒，均可用高锰酸钾5~7.5g，加甲醛（40%）10~15mL，混合放入一开放容器内，立即可见白色甲醛烟雾，消毒房间需封闭24h（至少4h以上）。

6. 煮沸消毒 紧急情况下使用，金属器械和胶塞在水中煮20~30min，趁热倾去水分即可使用。

7. 化学消毒 化学药品消毒灭菌法是应用能杀死微生物的化学制剂进行消毒灭菌的方

法。实验室桌面、用具及洗手用的溶液均常用化学药品进行消毒杀菌。常用的有2%煤酚皂溶液（来苏儿）、0.25%新洁尔灭、1%升汞、3%～5%甲醛溶液、75%乙醇等。

第三节　常用染色液的配制及特殊染色法

一、染色液的配制

(一) 革兰 (Gram) 染色液

1. 第一液　草酸铵结晶紫染液。

A液：结晶紫 (crystal violet) 2g，95%乙醇 20mL。

B液：草酸铵 (ammonium oxalate) 0.8g，蒸馏水 80mL。

混合A、B两液，静置48h后使用。

2. 第二液　革兰碘液。

碘片 1.0g，碘化钾 2.0g，蒸馏水 300mL。

先将碘化钾溶于少量蒸馏水中，然后加入碘使之完全溶解，再加蒸馏水至 300mL 即成。配成后储于棕色瓶内备用，如变为浅黄色即不能使用。

3. 第三液　95%乙醇。

4. 第四液　选用以下 (1) 或 (2) 中的一种即可。

(1) 稀释石炭酸复红溶液：碱性复红乙醇饱和液（碱性复红 1g，95%乙醇 10mL，5%石炭酸 90mL，混合溶解即成）10mL 加蒸馏水 90mL 即成。

(2) 番红溶液：番红O (safranine，又称沙黄O) 2.5g，95%乙醇 100mL，溶解后可储存于密闭的棕色瓶中，用时取 20mL 与 80mL 蒸馏水混匀即可。

以上染液配合使用，可区分出革兰染色阳性（G^+）或阴性（G^-）细菌。G^-被染成蓝紫色，G^+被染成淡红色。

(二) 吕氏 (Loeffler) 碱性美蓝染色液

A液：美蓝 (methylene blue) 0.6g，95%乙醇 30mL。

B液：KOH 0.01g，蒸馏水 100mL。

分别配制A液和B液，配好后混合即可。

染色方法：于已固定好的涂片标本上，滴加染液 1～2滴，染色 1～3min 水洗，待干燥或吸水纸吸干后镜检。菌体呈蓝色。

(三) 瑞氏染色液

取瑞氏染料 0.1g 置研钵中，徐徐加入甲醇，研磨以促其溶解。将溶液倾入有色中性玻瓶中，并数次以甲醇洗涤研钵，也倾入瓶内，最后使全量为 60mL。将此瓶置暗处过夜，次日滤过即成。此染色液必须置于暗处，其保存期为数月。

(四) 姬姆萨染色液

取姬姆萨染料 0.6g 加于甘油 50mL 中，置 55～60℃ 水浴中 1.5～2h 后，加入甲醇 50mL，静置 1d 以上，滤过即成姬姆萨染色液原液。

临染色前，于每毫升蒸馏水中加入上述原液 1 滴，即成姬姆萨染色液。应当注意，所用蒸馏水必须为中性或微碱性，若蒸馏水偏酸，可于每 10mL 左右蒸馏水加入 1%碳酸钾溶液 1 滴，使其变成微碱性。

二、特殊染色法

(一) 荚膜染色法

1. 美蓝染色法 带负电荷的菌体与带正电荷的碱性染料结合成蓝色，而荚膜因不易着色而染成淡红色。抹片自然干燥，甲醇固定，以久储的多色性美蓝染液做简单染色，荚膜呈淡红色，菌体呈蓝色。多色性美蓝即碱性美蓝，也称骆氏美蓝。

2. 瑞氏染色法或姬姆萨染色法 抹片自然干燥，甲醇固定，以瑞氏染色液或姬姆萨染色液染色，荚膜呈淡紫色，菌体呈蓝色。

3. 节氏（Jasmin）荚膜染色法 取9mL含有0.5%石炭酸的生理盐水，加入1mL无菌血清（各种动物的血清均可）混合后成为涂片稀释液。取此液一接种环置于载玻片上，再以接种环取细菌少许，均匀混悬其中，涂成薄层，任其自然干燥，在火焰上微微加热固定，然后置甲醇中处理，并立即取出，在火焰上烧去甲醇。以革兰染色液中的草酸铵结晶紫染色液染色30s，干燥后镜检。背景淡紫色，菌体深紫色，荚膜无色。

(二) 鞭毛染色法

1. 莱氏（Leifson）鞭毛荚膜染色法 鞭毛一般宽 $0.01 \sim 0.05 \mu m$，在普通光学显微镜下看不见，在染料中加入明矾和鞣酸作为媒染剂，让染料沉着于鞭毛上，使鞭毛增粗而容易观察，染色时间越长，鞭毛越粗。

染色液：

钾明矾或明矾饱和水溶液	20mL
20%鞣酸水溶液	10mL
蒸馏水	10mL
95%乙醇	15mL
碱性复红饱和乙醇溶液	3mL

依上列次序将各液混合，置于紧塞玻瓶中，其保存期为1周。

碱性复红饱和乙醇溶液配制方法：称取碱性复红3.2g于研钵中，先加入少量95%乙醇，徐徐研磨，使染料充分溶解，最后使全量100mL储存于棕色瓶中即可。

染色剂：

含染料90%的美蓝	0.1g
硼砂（Borax）	1.0g
蒸馏水	100mL

染色法：滴染色液于自然干燥的抹片上，在温暖处染色10min，若不做荚膜染色，即可水洗，自然干燥后镜检。鞭毛呈红色。若做荚膜染色，可再滴加复染剂于抹片上，再染色5~10min，水洗，任其干燥后镜检。荚膜呈红色，菌体呈蓝色。

2. 刘荣标鞭毛染色法

染色液：

溶液一：

5%石炭酸溶液	10mL
鞣酸粉末	2g
饱和钾明矾水溶液	10mL

溶液二：饱和结晶紫或龙胆紫乙醇溶液。

用时取溶液一 10 份和溶液二 1 份混合，此混合液能在冰箱中保存 7 个月以上。

染色法：取幼龄培养物制成抹片，干燥及固定后以溶液一和溶液二的混合液在室温中染色 2～3min，水洗，干燥后镜检。菌体和鞭毛均呈紫色。

3. 卡-吉二氏（Casares-Cill）鞭毛染色法

媒染剂：

鞣酸	10g
氯化铅（$PbCl_2$）	18g
氯化锌（$ZnCl_2$）	10g
盐酸玫瑰色素或碱性复红	1.5g
60％乙醇	40mL

先加 60％乙醇 10mL 于研钵中，再以上列次序将各物置研钵中研磨以加速其溶解，然后徐徐加入剩余的乙醇。此溶液可在室温中保存数年。此法染假单胞菌更好。

染色法：制片自然干燥后，将上述媒染剂做 1：4 稀释，滤纸过滤后滴于片上染 2min。水洗后加石炭酸复红染 5min，水洗，自然干燥后镜检。菌体与鞭毛均呈红色。

（三）芽胞染色法

1. 复红美蓝染色法 细菌的芽胞外面有较厚的芽胞膜，能防止一般染料的渗入，如用碱性复红、美蓝等做简单染色，芽胞不易着色。采用对芽胞膜有强力作用的化学媒染剂如石炭酸复红进行加温染色，芽胞着色牢固，一旦芽胞着色后，置酸性溶液中处理也难使之脱色，因此再用碱性美蓝溶液复染，只能使菌体着色。

抹片经火焰固定后，滴加石炭酸复红液于片上，加热至产生蒸汽，经 2～3min，水洗。以 5％醋酸脱色，至淡红色为止，水洗。以骆氏美蓝液复染 30s，水洗。吸干或烘干后镜检。菌体呈蓝色，芽胞呈红色。

2. 孔雀绿-沙黄染色法 抹片经火焰固定后滴加 5％孔雀绿水溶液于其上，加热 30～60s，使之产生蒸汽 3～4 次。水洗 30s，以 0.5％沙黄水溶液复染 30s。水洗，吸干后镜检。菌体呈红色，芽胞呈绿色（所用玻片最好先以酸液处理，可防绿色褪色）。

（四）异染颗粒染色法

异染颗粒的主要成分是核糖核酸和多偏磷酸盐，嗜碱性强，故用特殊染色法可染成与细菌其他部分不同的颜色。

1. 美蓝染色法 抹片在火焰中固定后，以多色性美蓝染色 30s，水洗，吸干后镜检。菌体呈深蓝色，异染颗粒呈淡红色。

2. 亚氏（Albert）染色法 抹片在火焰中固定后，以亚氏染色液染色 5min，水洗后再以碘溶液染色 1min，水洗，吸干后镜检。菌体呈绿色，异染颗粒呈黑色。亚氏染色液和碘溶液的成分如下。

染色液：

甲苯胺蓝（Toludine blue）	0.15g
孔雀绿	0.20g
冰醋酸	1mL
95％乙醇	2mL

| 蒸馏水 | 100mL |

碘溶液：

碘片	2g
碘化钾	3g
蒸馏水	300mL

将碘片和碘化钾在研钵中研磨，先加 40～50mL 水，使其充分溶解，然后再加足量蒸馏水。

第四节　常用试剂及缓冲液

1. Hank's 液

原液甲：

$NaCl$	80g
KCl	4g
$MgSO_4 \cdot 7H_2O$	2g
$CaCl_2$	1.4g（单独溶于 50mL 双蒸水中）

加入双蒸水至 500mL，完全溶解后，保存于 4℃冰箱。

原液乙：

$Na_2HPO_4 \cdot 12H_2O$	1.52g
KH_2PO_4	0.6g
$NaHCO_3$	3.5g
葡萄糖	10g
0.4%酚红液	50mL

加入双蒸水至 500mL，保存于 4℃冰箱。

使用前按下列比例配成：原液甲 1 份，原液乙 1 份，双蒸水 18 份。116℃高压灭菌 15min，此溶液保存于 4℃冰箱，可使用 1 个月。

2. 0.5%水解乳蛋白液

Hank's 液	1 000mL
水解乳蛋白	5g
116℃高压灭菌	15min

3. 营养液　0.5%水解乳蛋白液，使用前加入 10%无菌小牛血清和适量青霉素、链霉素，并用 $NaHCO_3$ 调 pH 至 7.4。

4. 维持液　与营养液相似，除小牛血清量为 1%外，其他不变。

5. 0.25%胰蛋白酶溶液

| 胰蛋白酶 | 1.25g |
| Hank's 液 | 500mL |

溶解后滤过除菌，分装保存于 −20℃低温冰箱中备用。

6. RPMI 1640 培养液的配制　配制 1 倍液体培养基（使用液）。

(1) 将一小包 10g 粉剂，室温下加入 800mL 蒸馏水中。

(2) 刷出包内所有粉末,搅拌后加 2g NaHCO₃。

(3) 用蒸馏水稀释到 1L,搅拌使溶解,用 1mol/L NaOH 或 1mol/L HCl 调节培养基的 pH 至 7.2～7.4。

(4) 用灭菌的滤器过滤(用 0.22μm 滤膜)。

(5) 用灭菌的瓶分装,100mL/瓶,4℃冰箱保存备用。

蒸馏水必须是新鲜的三蒸水或超纯水。

7. 磷酸盐缓冲液(PBS)(附表-3)

附表-3　PBS 的配制

pH	7.6	7.4	7.2	7.0
H_2O (mL)	1 000	1 000	1 000	100
NaCl (g)	8.5	8.5	8.5	8.5
Na_2HPO_4 (g)	2.2	2.2	2.2	2.2
NaH_2PO_4 (g)	0.1	0.2	0.3	0.4

8. 10 000 IU/mL 硫酸链霉素、青霉素 G 钾盐

硫酸链霉素　　　　　　　　　　1g
青霉素 G 钾盐　　　　　　　　　100 万 IU

将上述两种药品溶于 100mL 生理盐水中,然后灭菌(过 0.22μm 滤膜),分装于青霉素瓶中−20℃保存。

9. 洗液　先将重铬酸钾完全溶解于水中,如不溶可加热帮助溶解,然后缓慢加入浓硫酸。加浓硫酸时将产生大量热量,因此配制的容器宜用陶瓷,加入浓硫酸时要缓慢而不能过急,以免热量产生太多,导致容器破裂,发生危险。配制好的溶液呈红色,并有均匀的红色小结晶。

次强液:　　　　　　　　　　　强液:
　重铬酸钾　　120g　　　　　　重铬酸钾　　63g
　浓硫酸　　　200mL　　　　　 浓硫酸　　　1 000mL
　蒸馏水　　　1 000mL　　　　 蒸馏水　　　200mL

铬酸洗液是一种强氧化剂,去污能力很强,常用它来洗去玻璃和瓷质器皿的有机物质,切不可用于洗涤金属器皿。铬酸洗液加热后,去污作用更强,一般加热到 45～50℃。稀铬酸洗液可煮沸,洗液可反复使用,直到溶液呈青褐色为止。

10. 抗凝血剂

柠檬酸三钠　　　3.8g
蒸馏水　　　　　100mL

溶解后 116℃高压灭菌 15min,此溶液保存于 4℃冰箱备用。

11. 75%的乙醇　75mL 的 95%的乙醇加水定容至 95mL。

12. 1mol/L 盐酸　取 8.25mL 的浓盐酸,加蒸馏水定容至 100mL。

13. 1mol/L NaOH　称 8g NaOH,用蒸馏水定容至 200mL。

14. 2%磷钨酸钠水溶液　2%磷钨酸钠,用双蒸水配制,使用前用 1mol/L NaOH 调节 pH 至 6.7～7.2。

第五节 常用培养基的制备

(一) 普通肉汤培养基

1. 成分 牛肉膏5g,蛋白胨10g,氯化钠5g。

2. 制法

(1) 于1 000mL水中,加入上述成分,混合加热溶解。

(2) 常用1mol/L氢氧化钠调节pH至7.2～7.6,煮沸3～5min。用滤纸滤过,补足蒸发的水分。

(3) 分装于烧瓶或试管中,瓶口或管口塞好棉塞包装后,121℃高压蒸气灭菌20min。

(4) 灭菌后放于阴凉处,或放冷后存于冰箱中备用。

(二) 普通琼脂 (固体) 培养基

1. 成分 pH 7.6的普通肉汤100mL,琼脂2～2.5g。

2. 制法 将琼脂剪碎后加入100mL肉汤中,加热溶化,补足失去的水分。用双层或多层医用纱布过滤,除去杂质,分装于烧瓶或试管中,塞好棉塞,121℃高压灭菌20min。

(1) 分装于试管中的培养基灭菌后,趁热将试管斜置,冷却后即成斜面培养基。

(2) 分装于烧瓶中的培养基灭菌后,冷却至50～60℃时,无菌操作将琼脂倾入无菌平皿中平放,冷却后成琼脂平板培养基。

(三) 血液琼脂培养基

1. 成分 脱纤维羊血(或兔血)5～10mL,普通琼脂培养基100mL。

2. 制法

(1) 取制好的普通琼脂培养基一瓶(100mL),高压灭菌,待温度降至45～50℃时(以手可以握住为宜),无菌操作加入适量的无菌脱纤维羊血或兔血(临用前应置37℃水浴中保持恒温)。

(2) 轻轻摇匀(勿产生气泡),倾注于无菌平皿内(直径9cm)约15mL,制成平板;或分装于试管,放成斜面。

(3) 待凝固后,置37℃温箱中孵育18～24h,若无细菌生长,保存于冰箱内备用。

(四) 半固体琼脂培养基

1. 成分 pH 7.6的普通肉汤100mL,琼脂0.5～1g。

2. 制法

(1) 将琼脂加入100mL普通肉汤中。

(2) 加热溶化,补足失去的水分。

(3) 用医用纱布过滤,除去杂质,分装于试管中,塞好棉塞,121℃高压灭菌20min,备用。

(五) S.S琼脂

S.S琼脂是一种强选择性培养基,用于粪便中沙门菌属及志贺菌属的分离。对大肠杆菌有较强的抑制作用,故增加粪便的接种量,以提高病原菌的检出率,目前公认它是一种比较满意的肠道杆菌选择性培养基,已有国产现成的S.S琼脂粉,使用比较方便,效果较好。

1. 配制法 一般取70g S.S琼脂粉,加入1 000mL水中,混合后加热溶解,冷却至

50~60℃时，倾入平皿中，冷却后即成S.S平板培养基，置37℃温箱中，待培养基表面干燥后即可使用。

2. 培养结果 肠道病菌呈无色或微黄色透明菌落，大肠杆菌呈红色菌落。

3. 成分及变色原理 S.S琼脂成分较多，大体可分为：①营养物（牛肉膏、蛋白胨）；②抑制物（煌绿、胆盐、硫代硫酸钠、枸橼酸钠等抑制非病原菌生长）；③促进细菌生长物质（胆盐促进沙门菌生长）。硫代硫酸钠有缓和胆盐对痢疾志贺菌与沙门菌的有害作用，并能中和煌绿和中性红染料的毒性。

（六）麦康凯琼脂（MAC）

1. 成分

蛋白胨	20.0g	氯化钠	5.0g
胆盐	5.0g	中性红	0.3g
琼脂	15.0g	结晶紫	0.001g
乳糖	10.0g	蒸馏水	1 000mL

2. 制法 将各成分（中性红与结晶紫除外）加热溶解于1 000mL水中，调pH至7.1。然后加入0.1%结晶紫水溶液1mL和1%中性红水溶液3mL，混合均匀，于121℃高压蒸汽灭菌15min。

（1）胆盐能抑制部分革兰阳性菌及部分非病原菌的生长，但能促进某些革兰阴性病原菌的生长。

（2）因为含有乳糖及中性红指示剂，故分解乳糖的细菌（如大肠杆菌）菌落呈红色；不分解乳糖的细菌菌落不呈红色。

（七）MRS培养基

1. 成分

胰蛋白胨	10g	磷酸氢二钾	2g
葡萄糖	20g	无水醋酸钠	3g
牛肉浸膏	10g	柠檬酸三铵	2g
酵母浸膏	5g	七水硫酸镁	0.2g
X-Gal	0.06g	吐温-80	1mL
L-半胱氨酸	0.5g	蒸馏水	1 000mL
琼脂	20g		

2. 制法 将各成分加热溶解于1 000mL水中，调pH至6.2。然后加入琼脂完全溶解，混合均匀，于121℃高压蒸汽灭菌15min。

第六节 常用动物的采血技术

在实验中，经常要采集实验动物的血液进行常规检测及分析，因此必须掌握常用动物的采血技术，并根据实验动物的种类、实验的要求及所需血量，选择合适的采血方法。

一、小鼠的采血方法

1. 剪尾采血 需血量很少时，如作红细胞计数、白细胞计数、血红蛋白测定、制作血液涂片等可用此法。动物麻醉后，将尾尖剪去约5mm，从尾部向尾尖部按摩，血液即从断端流出。也可用刀割破尾动脉或尾静脉，让血液自行流出。如不麻醉，采血量较小。采血结束后，消毒、止血。用此法每只鼠可采血 10 余次。小鼠可每次采血约 0.1mL，大鼠约 0.4mL。

2. 眼眶后静脉丛采血　穿刺采用一根特制的长 7～10cm 的硬玻璃采血管，其一端内径为 1～1.5mm，另一端逐渐扩大，细端长约 1cm 即可，将采血管浸入 1% 肝素溶液中，干燥后使用。采血时，左手拇指及食指抓住鼠两耳之间的皮肤使鼠固定，并轻轻压迫颈部两侧，阻碍静脉回流，使眼球充分外突，提示眼眶后静脉丛充血。右手持采血管，将其尖端插入内眼角与眼球之间，轻轻向眼底方向刺入，当感到有阻力时即停止刺入，旋转采血管以切开静脉丛，血液即流入采血管中。采血结束后，拔出采血管，放松左手，出血即停止。用本法在短期内可重复采血。小鼠一次可采血 0.2～0.3mL，大鼠一次可采血 0.5～1.0mL。

3. 颈（股）静脉或颈（股）动脉采血　将鼠麻醉，剪去一侧颈部外侧被毛，作颈静脉或颈动脉分离手术，用注射器即可抽出所需血量。大鼠多采用股静脉或股动脉。方法如下，大鼠经麻醉后，剪开腹股沟处皮肤，即可看到股静脉，把此静脉剪断或用注射器采血即可，股动脉较深需剥离出，再采血。

4. 摘眼球采血　此法常用于鼠类大量采血。采血时，用左手固定动物，压迫眼球，尽量使眼球突出，右手用镊子或止血钳迅速摘除眼球，眼眶内很快流出血液。

5. 断头采血　用剪刀迅速剪掉动物头部，立即将动物颈朝下，提起动物，血液可流入已准备好的容器中。

二、兔的采血方法

1. 耳缘静脉采血　将兔固定，拔去耳缘静脉局部的被毛，消毒，用手指轻弹兔耳，使静脉扩张，用针头刺耳缘静脉末端，或用刀片沿血管方向割破一小切口，血液即流出。本法为兔最常用的采血方法，可多次重复使用。

2. 耳中央动脉采血　在兔耳中央有一条较粗的、颜色较鲜红的中央动脉。用左手固定兔耳，右手持注射器，在中央动脉的末端，沿着与动脉平行的向心方向刺入动脉，即可见血液进入针管。由于兔耳中央动脉容易痉挛，故抽血前必须让兔耳充分充血，采血时动作要迅速。采血所用针头不要太细，一般用 6 号针头，针刺部位从中央动脉末端开始，不要在近耳根部采血。

3. 颈静脉采血　方法同小鼠、大鼠的颈静脉采血。

4. 心脏采血　使家兔仰卧，穿刺部位在第三肋间胸骨左缘 3mm 处，针头刺入心脏后，持针手可感觉到兔心脏有节律地跳动。此时如还抽不到血，可以前后进退调节针头的位置，注意切不可使针头在胸腔内左右摆动，以防弄伤兔的心、肺。

三、鸡的采血方法

1. 剪破鸡冠可采血数滴供作血液涂片用。

2. 静脉采血　将鸡固定，伸展翅膀，在翅膀内侧选一粗大静脉，小心拔去羽毛，用碘酒和酒精棉球消毒，再用左手食指、拇指压迫静脉近心端使该血管怒张，针头由翼根部向翅膀方向沿静脉平行刺入血管。采血完毕，用碘酒或酒精棉球压迫针刺处止血。一般可采血 2～10mL。

3. 心脏采血　将鸡侧位固定，右侧在下，头向左侧固定。找出从胸骨走向肩胛部的皮下大静脉，心脏约在该静脉分支下侧；或由肱骨头、股骨头、胸骨前端三点所形成三角形中心稍偏前方的部位。用酒精棉球消毒后在选定部位垂直进针，如刺入心脏可感到心脏跳动，稍回抽针栓可见回血，否则应将针头稍拔出，再更换一个角度刺入，直至抽出血液。

四、猪的采血方法

1. 前腔静脉采血 是血清学检测中最常用的采血方法，该方法采血速度较快，血液的质量高且不易溶血，适合从仔猪到种猪的采血。

（1）保定方法：成年公母猪和中大猪用保定绳固定嘴的上颌部，拉紧保定绳，使猪的头部抬高，猪的头颈与水平面呈30°以上角度，这样既方便采血人员察看采血部位，又使前腔静脉向外突出，静脉扩张。20kg以下的小猪，由一个饲养员徒手保定即可。

（2）采血针头：成年公母猪宜选用12号38mm长的针头；30kg以上的中大猪，宜选用9号34mm长的针头；10～30kg小猪，可选用9号30～32mm的针头（一次性注射器常配的针头）；10kg以下乳猪，应选择7～9号28～30mm针头（一次性注射器所配的针头）。

（3）采血量：一般采3～5mL血液即可。

2. 耳缘静脉采血 除小猪外，可用耳缘静脉采血，该方法由于血管细、血流量少且血流速度慢，采血速度较慢，操作不熟练容易导致针头堵塞和溶血。采血方法为猪站立保定，助手用力在耳根捏压静脉的近心端，或用止血带绑在耳根部，手指轻弹后，用酒精棉球反复涂擦耳静脉使血管怒张，针头朝着耳尖方向沿着血管刺入，缓慢抽取所需血液量。用干棉球或棉签按压止血。

采血的注意事项：①应选好适合的针头进行采血。②采血前先用75%酒精棉球消毒，采血后用干棉球或棉签按压止血。③前腔静脉采血时，不宜连续多次进针，一般不超过3次进针，以免造成局部过度损伤和血肿。④经猪耳静脉、前腔静脉采集血液3～5mL，采好后将采血针管的活塞柄轻轻后拉一些，使针管内留有一些空间，置室温30min，使血液完全凝固。⑤要求全血的需要加入适当的抗凝剂或专用抗凝血管，盛装血液，然后冷藏（4℃）保存。⑥应记录好样品的基本信息，如单位名称、编号、猪别、采血日龄、猪只体况及临床表现，有无异常临床表现等。

附录 Ⅱ
预防兽医学综合实习安排参考

实习专业：动物医学（3个班，6组/班）
实习时间：共2周
实习地点：家畜传染病实验室

第一部分：病毒学部分（实习1周）
（种毒：鸡新城疫病毒）

第1天：
实验内容：病毒的鸡胚培养（鸡新城疫病毒鸡胚尿囊腔接种）。
实验准备：1. 种毒：鸡新城疫病毒，使用前稀释，接种剂量为每胚0.1～0.2mL。
2. 9～11日龄鸡胚：1个/人，暗室照蛋划出接种部位，碘酊消毒，脱碘，打孔，接毒。
3. 离心机，离心管，酒精灯，打火机，2%碘酊，75%乙醇，打孔器，镊子，蜡烛，蛋架，生化培养箱，超净工作台等。

第2天：
实验内容：1. 鸡胚成纤维细胞培养。
2. 照胚：观察有无死亡，24h内死亡的鸡胚弃之。
实验准备：1. 9～10日龄鸡胚：2个/组。
2. 倒置显微镜，二氧化碳培养箱，细胞培养瓶或培养皿，细胞培养液，小牛血清，生理盐水，碘酊，乙醇，剪刀，镊子，胰酶，纱布，移液器及吸头，离心管，烧杯等。

第3天：
实验内容：1. 病毒的核酸提取。
2. 照胚：观察有无死亡。
3. 观察成纤维细胞的生长状况。
实验准备：1. 病料或感染病毒的细胞悬液。
2. 核酸提取试剂盒，离心机，移液器及吸头，离心管，烧杯等。

第4天：
实验内容：1. 收胚及胚体病变观察。
2. 0.5%鸡红细胞悬浮液制备。
3. 病毒的血凝试验（HA）及血凝抑制试验（HI）。

实验准备：1. 鸡新城疫病毒阴性和阳性血清。
2. 健康鸡：用于采血制备红细胞。
3. 96孔V形反应板：1片/人。
4. 移液枪及配套吸头，离心管，生理盐水，碘酊，乙醇，剪刀，镊子，振荡器等。

第5天：
实验内容：1. 病毒的PCR试验。
2. 琼脂糖凝胶电泳实验。
3. 病毒学实验小结及答疑。
4. 细菌学实验前预讲及准备。

第二部分：细菌学部分（实习1周）
（提供混合细菌感染致死的小鼠，学生自己动手分离及鉴定细菌）

第1天：
实验内容：培养基的制备（以组为单位，分别制备平板、肉汤及试管斜面若干）。
实验准备：1. 仪器设备：恒温培养箱，高压蒸汽灭菌锅等。
2. 称量纸，牛角匙，精密pH试纸，pH比色器，量筒，刻度搪瓷杯，试管及配套的硅胶塞，试管架，三角瓶或蓝盖瓶及配套的塞子，漏斗，移液管，培养皿，玻璃棒，烧杯，铁丝筐，剪刀，酒精灯，棉花，线绳，牛皮纸或报纸，纱布，乳胶管，电磁炉，微波炉，标签纸，记号笔等。
3. 药品试剂：蛋白胨，牛肉膏，NaCl，琼脂，蒸馏水，5%NaOH溶液，5%HCl溶液。
4. 成年兔：用于无菌采血制备血液琼脂平板。

第2天：
实验内容：1. 病死小鼠的剖检、观察。
2. 病料的分离培养：接琼脂平板及试管肉汤。
3. 组织抹片的制备及染色镜检。
实验准备：1. 固体培养基：普通琼脂平板，麦康凯平板，血液琼脂平板等。
2. 液体培养基：营养肉汤。
3. 接种棒，革兰染色试剂，剪刀，镊子，玻片，生理盐水等

第3天：
实验内容：1. 菌落观察与记录。
2. 细菌的纯化培养。
3. 细菌的涂片染色镜检。
4. 动物试验。
实验准备：1. 小鼠。
2. 琼脂平板，肉汤。
3. 显微镜，革兰涂片染色镜检器材一套。

第 4 天：

实验内容：1. 生化试验。

2. 肉汤增菌培养。

3. 细菌的纯化培养。

4. 药敏试验。

5. 菌种的保藏。

6. 涂片染色镜检、菌落观察与记录。

实验准备：1. 微量生化反应管若干。

2. 肉汤，斜面，液体石蜡，革兰涂片染色镜检器材一套等。

3. 药敏试验。

4. 冻干机，超低温冰箱等仪器设备。

第 5 天：

实验内容：1. 药敏试验细胞观察与记录。

2. 生化试验细胞观察与记录。

3. 动物剖检及结果观察。

4. 细菌涂片染色镜检、菌落观察与记录。

5. 细菌的 PCR 试验及凝胶电泳实验。

6. 细菌的测序鉴定及结果分析。

实验准备：1. 仪器设备：PCR 仪，电泳设备、显微镜等。

2. 解剖器械，游标卡尺，平板、肉汤，小鼠，鼠笼。

附录Ⅲ
预防兽医学实验理论考试试卷

×××大学考试试卷　　　　（A）卷

20＿＿—20＿＿学年　第一学期

（考试日期：　年　月　日　　地点：　　　　方式：闭卷）

课程名称：预防兽医学实验（理论）　　考试时间：120分钟　　成绩：＿＿＿＿

＿＿＿＿专业　＿＿＿年级＿＿＿班　学号：＿＿＿＿　　　姓名：＿＿＿＿

题　号	一	二	三	四	五	六	总得分
得　分							
评卷人							
复核人							

得分	评卷人	复核人

一、名词解释（每小题3分，共15分）

1. 菌落：
2. 培养基：
3. 无菌技术：
4. 细胞培养：
5. ND HI效价（滴度）：

得分	评卷人	复核人

二、填空题（每空1分，共12分）

1. 干热灭菌的温度一般为＿＿＿＿＿＿，灭菌时间一般为＿＿＿＿＿＿。

2. 细菌革兰染色的四个主要步骤顺序依次为_____、_____、_____和_____。

3. 病毒分离培养的方法主要有_____、_____和鸡胚接种。其中病毒的鸡胚接种方法一般分为_____、_____、_____和_____。

得分	评卷人	复核人

三、单项选择题（每小题2分，共12分）

1. 冷冻真空干燥法可以长期保藏微生物的原因是微生物处于（　　）的环境，代谢水平大大降低。
   A. 干燥、缺氧、寡营养　　　B. 低温、干燥、缺氧
   C. 低温、缺氧、寡营养　　　D. 低温、干燥、寡营养

2. 菌落是指（　　）。
   A. 不同种细菌在培养基上繁殖而形成肉眼可见的细胞集团
   B. 细菌在培养基上繁殖而形成肉眼可见的细胞集团
   C. 一个细菌在培养基上生长繁殖而形成肉眼可见的细胞集团
   D. 一个细菌细胞

3. 固体培养基中琼脂含量一般为（　　）。
   A. 0.5%　　B. 1%　　C. 2%　　D. 3%

4. 一般细菌适宜的生长pH为（　　）。
   A. 5.0~6.0　　B. 6.0~6.5　　C. 7.2~7.6　　D. 8.0~8.5

5. 平皿、试管等高压蒸汽灭菌的温度和时间一般是（　　）。
   A. 80℃和30min　　　B. 100℃和30min
   C. 121℃和30min　　　D. 160~170℃和2h

6. 在红细胞凝集抑制（HI）试验中，试验结果如下，

孔数	1	2	3	4	5	6	7	8	9	10	病毒对照	血清对照
试验结果	-	-	-	-	+	++	+++	++++	++++	++++	++++	-

注：-表示完全抑制，++++表示完全凝集。

根据试验结果计算该血清的效价为（　　）。
   A. 4log2　　B. 5log2　　C. 6log2　　D. 8log2

得分	评卷人	复核人

四、判断题（每小题 1 分，共 10 分，对的打√，错的打×）

1. 直接挑取在平板上形成的单个菌落就可以获得微生物的纯培养。（　）
2. 一般来说，采用冷冻法时，保藏温度越低，保藏效果越好。（　）
3. 基础培养基可用来培养所有类型的微生物。（　）
4. 分离病毒的标本一般采用加入抗生素和/或过滤除菌方法处理。（　）
5. 通过红细胞凝集试验（HA），以此来推测被检材料中有无 ND 或 AI 等具有血凝特性的病毒存在。（　）
6. 酒精脱色是决定革兰染色成败很关键的一步。（　）
7. 细菌的硫化氢试验，发现培养液呈黑色的为阳性。（　）
8. 葡萄球菌和链球菌都是 G^+ 球菌，一般普通肉汤就可以培养。（　）
9. 鸡胚接种培养是病毒学的重要方法之一，它可以培养所有病毒。（　）
10. 病毒接种鸡胚后，一般将在 24h 内死亡的鸡胚弃去。（　）

得分	评卷人	复核人

五、简答题（每小题 9 分，共 36 分）

1. 采集用于细菌分离培养的临床标本时应注意哪些问题？
2. 简述纸片法药敏试验操作过程、注意事项及有何临床意义。
3. 简述鸡胚原代细胞培养的基本过程及注意事项，并比较与传代细胞培养的异同点。
4. 简述鸡感染新城疫病毒后的临床症状及实验室诊断方法。

得分	评卷人	复核人

六、问答题（共 15 分）

某规模鸡场肉仔鸡疑似感染大肠杆菌，设计一个实验，结合临床症状、病理剖检及实验室诊断进行鉴定，并证明分离菌具有致病性。

×××大学考试试卷　　　（B）卷

20____—20____学年　第一学期

(考试日期：　　年　　月　　日　　地点：　　　　　　方式：闭卷)

课程名称：预防兽医学实验（理论）　考试时间：120分钟　成绩：_____
_____专业_____年级____班　学号：_____　姓名：_____

题　号	一	二	三	四	五	六	总得分
得　分							
评卷人							
复核人							

得分	评卷人	复核人

一、名词解释（每小题 3 分，共 15 分）

1. 纯培养：
2. 培养基：
3. 平板划线法：
4. 细胞病变效应：
5. 盲传：

得分	评卷人	复核人

二、填空题（每空 1 分，共 15 分）

1. 高压蒸汽灭菌的温度一般为_____，灭菌时间一般为_____。
2. 细菌革兰染色的四个主要步骤顺序依次为_____、_____、_____和_____。
3. 病毒分离培养的方法主要有_____、_____和_____。
4. 细菌在固体培养基表面生长繁殖，可形成肉眼可见的菌落，观察的主要内容有：_____、_____、_____、_____、_____、_____等。

得分	评卷人	复核人

三、单项选择题（每小题2分，共10分）

1. 半固体培养基中琼脂含量一般为（ ）。
   A. 0.2%　　　　B. 1%　　　　C. 2%　　　　D. 3%
2. 革兰染色法属于（ ）染色法。
   A. 单染法　　　B. 复染法　　　C. 合成　　　D. 混合
3. 一般细菌适宜的生长pH为（ ）。
   A. 5.0～6.0　　B. 6.0～6.5　　C. 7.2～7.6　　D. 8.0～8.5
4. 干热灭菌的温度和时间一般是（ ）。
   A. 160～170℃和30min　　　　B. 160～170℃和1～2h
   C. 121℃和30min　　　　　　D. 121℃和1～2h
5. 在红细胞凝集抑制（HI）试验中，试验结果如下，

孔数	1	2	3	4	5	6	7	8	9	10	病毒对照	血清对照
试验结果	−	−	−	−	−	+	++	++++	++++	++++	++++	−

注：−表示完全抑制，++++表示完全凝集。

根据试验结果计算该血清的效价为（ ）。
   A. 4log2　　　B. 5log2　　　C. 6log2　　　D. 8log2

得分	评卷人	复核人

四、判断题（每小题1分，共9分，对的打√，错的打×）

1. 采集用于细菌分离的标本，一定要新鲜，并且病变应典型。　　　　（　）
2. 通过红细胞凝集试验（HA）就可以确诊ND。　　　　　　　　　　（　）
3. 直接挑取在平板上形成的单个菌落就可以获得微生物的纯培养。　　（　）
4. 一般来说，采用冷冻法时，保藏温度越低，保藏效果越好。　　　　（　）
5. 鲜血琼脂培养基可用来培养大多数细菌及少数病毒。　　　　　　　（　）
6. 革兰染色中酒精脱色过长会把阳性菌变成阴性菌。　　　　　　　　（　）
7. 大肠杆菌在靛基质试验中，能分解蛋白质中的色氨酸产生吲哚，形成玫瑰吲哚而呈红色。　　　　　　　　　　　　　　　　　　　　　　　　　　　（　）
8. 葡萄球菌和链球菌都是G^+球菌，一般普通肉汤就可以培养。　　（　）
9. 病毒接种鸡胚后，24h内死亡的鸡胚一般认为是强毒所致。　　　　（　）

得分	评卷人	复核人

五、简答题（每小题 9 分，共 36 分）

1. 简述细菌培养基制作的一般要求及注意事项。
2. 常用鸡胚接种方法有哪些？接种时应注意哪些事项？
3. 简述革兰染色的基本原理及关键步骤。
4. 简述 PCR 试验的基本原理及在兽医传染病诊断中的应用。

得分	评卷人	复核人

六、问答题（共 15 分）

某猪场一群 10 日龄仔猪疑似感染猪伪狂犬病毒，设计一个实验，从临床诊断、病理剖检及实验室诊断进行鉴定。

附录Ⅳ
预防兽医学实验实践操作考试试卷

×××大学考试试卷　　（A）卷

20____—20____学年　第一学期

课程名称： 预防兽医学实验（实践操作部分）

考试日期：____年____月____日　考试时间：_____　成绩：_____

_____专业_____年级_____班　学号：_____　姓名：_____

题　号	题目一	题目二	总得分
得　分			
评卷人			
复核人			

题目一：细菌的分离纯化和增菌培养（60分）

1. 试验材料：

(1) 已培养好大肠杆菌的琼脂平板（1块）。

(2) 待接种的普通琼脂平板（1块）和普通肉汤（1管）。

(3) 酒精灯（1盏），打火机（1个），接种棒（1根），试管架（1个），记号笔（1支）。

2. 具体要求：请从已培养好大肠杆菌的琼脂平板挑取细菌接种1个普通琼脂平板和1管普通肉汤。

题目二：鸡新城疫病毒的红细胞凝集（HA）试验（40分）

1. 试验材料：

(1) 病毒：鸡新城疫病毒（1mL）。

(2) 仪器：微量振荡器（1台），恒温培养箱（1台）。

(3) 其他：1%鸡红细胞（20mL），生理盐水（20mL），96孔血凝板（1块），50μL移液器（1把），吸头（1盒），洗缸（1个）。

2. 具体要求：请根据红细胞凝集试验的要求，检测已知鸡新城疫病毒的红细胞凝集价。

×××大学考试试卷　　（B）卷

20____—20____学年　第一学期

课程名称：预防兽医学实验（实践操作部分）

考试日期：____年____月____日　考试时间：_____　成绩：_____

_____专业_____年级_____班　学号：_____　姓名：_____

题　号	题目一	题目二	总得分
得　分			
评卷人			
复核人			

题目一：细菌涂片的制备、染色及镜检（80分）

1. 试验材料：

（1）菌种：已培养好大肠杆菌的琼脂平板（1块）；

（2）仪器：光学显微镜（配油镜）；

（3）其他：革兰染色试剂（1套），酒精灯，打火机，接种棒，记号笔，玻片，吸水纸，擦镜纸，洗瓶，染色缸，染色架，蒸馏水等。

2. 具体要求：请从已培养好大肠杆菌的琼脂平板中挑取细菌制作涂片，革兰染色，镜检。

题目二：动物接种试验（20分）

1. 试验材料：

（1）动物：小鼠

（2）其他：1mL注射器，生理盐水，酒精棉球，镊子，记号笔等。

2. 具体要求：请用1mL注射器吸取生理盐水皮下接种小鼠，接种剂量为0.3mL。

主要参考文献

蔡宝祥,2001. 家畜传染病学 [M].4版. 北京:中国农业出版社.
陈溥言,2007. 兽医传染病学 [M].5版. 北京:中国农业出版社.
崔治中,2006. 兽医免疫学实验指导 [M]. 北京:中国农业出版社.
崔治中,崔保安,2007. 兽医免疫学 [M]. 北京:中国农业出版社.
郭鑫,2007. 动物免疫学实验教程 [M]. 北京:中国农业大学出版社.
胡桂学,2006. 兽医微生物学实验教程 [M]. 北京:中国农业大学出版社.
井波,赵爱云,2011. 兽医传染病学实验实习指导 [M]. 北京:冶金工业出版社.
李晓红,2010. 病原生物与免疫学实验指导 [M]. 西安:第四军医大学出版社.
陆承平,2001. 兽医微生物学 [M].3版. 北京:中国农业出版社.
唐丽杰,2005. 微生物学实验 [M]. 哈尔滨:哈尔滨工业大学出版社.
姚火春,2001. 兽医微生物学实验指导 [M].2版. 北京:中国农业出版社.
殷震,刘景华,1997. 动物病毒学 [M].2版. 北京:科学出版社.
郑明球,1999. 家畜传染病学实验指导 [M].3版. 北京:中国农业出版社.
朱旭芬,2011. 现代微生物学实验技术 [M]. 杭州:浙江大学出版社.

图书在版编目（CIP）数据

预防兽医学实验/曾显成，殷光文主编．—2版．—北京：中国农业出版社，2018.5（2023.12重印）
全国高等农林院校"十三五"规划教材　国家级实验教学示范中心教材　国家级卓越农林人才教育培养计划改革试点项目教材
ISBN 978-7-109-24074-2

Ⅰ.①预⋯　Ⅱ.①曾⋯②殷⋯　Ⅲ.①兽医学－预防医学－高等学校－教材②兽医卫生检验－高等学校－教材　Ⅳ.①S851

中国版本图书馆CIP数据核字（2018）第086410号

中国农业出版社出版
（北京市朝阳区麦子店街18号楼）
（邮政编码100125）
责任编辑　武旭峰　王晓荣
文字编辑　王晓荣

北京中兴印刷有限公司印刷　新华书店北京发行所发行
2011年12月第1版　2018年5月第2版
2023年12月第2版北京第2次印刷

开本：787mm×1092mm 1/16　印张：16.5
字数：396千字
定价：48.50元

（凡本版图书出现印刷、装订错误，请向出版社发行部调换）